Kindermann
Das Profibuch Nikon D90

Klaus Kindermann

Profibuch
Nikon D90

Kameratechnik
Videotechnik
Objektive und Blitzgeräte
Fotoschule

Mit 626 Abbildungen

FRANZIS

Bibliografische Information der Deutschen Bibliothek

Die Deutsche Bibliothek verzeichnet diese Publikation in der Deutschen Nationalbibliografie; detaillierte Daten sind im Internet über **http://dnb.ddb.de** abrufbar.

Hinweis
Alle Angaben in diesem Buch wurden vom Autor mit größter Sorgfalt erarbeitet bzw. zusammengestellt und unter Einschaltung wirksamer Kontrollmaßnahmen reproduziert. Trotzdem sind Fehler nicht ganz auszuschließen. Der Verlag und der Autor sehen sich deshalb gezwungen, darauf hinzuweisen, dass sie weder eine Garantie noch die juristische Verantwortung oder irgendeine Haftung für Folgen, die auf fehlerhafte Angaben zurückgehen, übernehmen können. Für die Mitteilung etwaiger Fehler sind Verlag und Autor jederzeit dankbar.
Internetadressen oder Versionsnummern stellen den bei Redaktionsschluss verfügbaren Informationsstand dar. Verlag und Autor übernehmen keinerlei Verantwortung oder Haftung für Veränderungen, die sich aus nicht von ihnen zu vertretenden Umständen ergeben.
Evtl. beigefügte oder zum Download angebotene Dateien und Informationen dienen ausschließlich der nicht gewerblichen Nutzung. Eine gewerbliche Nutzung ist nur mit Zustimmung des Lizenzinhabers möglich.

© 2009 Franzis Verlag GmbH, 85586 Poing

Alle Rechte vorbehalten, auch die der fotomechanischen Wiedergabe und der Speicherung in elektronischen Medien. Das Erstellen und Verbreiten von Kopien auf Papier, auf Datenträgern oder im Internet, insbesondere als PDF, ist nur mit ausdrücklicher Genehmigung des Verlags gestattet und wird widrigenfalls strafrechtlich verfolgt.

Die meisten Produktbezeichnungen von Hard- und Software sowie Firmennamen und Firmenlogos, die in diesem Werk genannt werden, sind in der Regel gleichzeitig auch eingetragene Warenzeichen und sollten als solche betrachtet werden. Der Verlag folgt bei den Produktbezeichnungen im Wesentlichen den Schreibweisen der Hersteller.

Herausgeber: Ulrich Dorn
Satz & Layout: G&U Language & Publishing Services GmbH, Flensburg
art & design: www.ideehoch2.de
Druck: Himmer AG, Augsburg
Printed in Germany

ISBN 978-3-7723-**7057-1**

VORWORT

Vorwort

Mit der überraschend eingeführten D90 hat Nikon ein weiteres Kameramodell auf den Markt gebracht, das sich in Bezug auf Technik und Leistung an der D300 orientiert. Dieses neue, preisgünstige Modell stellt zugleich den Nachfolger der D80 dar, die technisch gesehen in etwa der D200 entsprach. Die D90 verwendet denselben CMOS-Sensor mit einer effektiven Auflösung von 12,3 Millionen Pixeln, der auch in der D300 eingesetzt wird. Der EXPEED-Bildprozessor wurde ebenfalls direkt von der D300 übernommen. Allerdings wird zur Belichtungsermittlung nur ein 420-Pixel-RGB-Sensor verwendet. Auch das Autofokussystem basiert noch auf dem älteren MultiCAM 1000 mit elf Messfeldern, davon ein Kreuzsensor; die Funktion wurde jedoch weiter verbessert.

Die besondere Neuerung, die diese Kamera bietet, besteht jedoch in der Möglichkeit zur Aufzeichnung von Filmsequenzen im Motion-JPEG-Format. Dabei steht erstmals auch das Format HD720p mit 1.280 x 720 Pixeln zur Verfügung. Eine Bildwiedergabe ist außer auf dem Kameramonitor auch per Computer, Fernseher oder HDTV-Bildschirm möglich. Zu den Besonderheiten der Filmaufzeichnung mit der D90 zählen die durch den großen Sensor ermöglichte höhere Bildqualität, die Verwendung von höheren Empfindlichkeiten und die durch die reduzierte Schärfentiefe kreative Bildgestaltung. Dazu kann die hervorragende Bildqualität der zahlreichen Nikon-Objektive genutzt werden.

Dennoch bleibt die D90 in erster Linie eine Kamera für fotografische Aufnahmen, die speziell für den gehobenen Amateuranspruch entwickelt wurde. Auch die im Kit mitgelieferten neuen Objektive wie das AF-S DX 18-105 mm 1:3,5-5,6G ED mit VR-Funktion wurden eigens für diesen Anspruch entwickelt und stellen eine positive Ergänzung zu dieser Kamera dar. Die D90, basierend auf einem Metallchassis und Polycarbonat-Kunststoff, liegt ausgezeichnet in der Hand und ist kompakt und bedienungsfreundlich nach dem bewährten Nikon-Schema aufgebaut. Das für diese Kameraklasse typische Programmwählrad an der linken Seite wird durch ein Display oben rechts ergänzt. Auch die Verwendung eines vorderen und hinteren Einstellrads in Kombination mit den diversen Tasten ermöglicht eine schnelle Anpassung an die jeweilige Aufnahmesituation.

Durch Druck auf die *info*-Taste kann der Monitor als Informationsbildschirm und auch zur Einstellung diverser Kameraoptionen genutzt werden. Die auswählbaren und individuell anzupassenden Bildoptimierungseinstellungen ermöglichen es dem Anwender, seine eigenen Vorstellungen noch besser umzusetzen. Auch das aktive D-Lighting wurde weiter ausgebaut und verfügt neben einer Automatik auch über die neue Option *Extrastark*. Der Standard-Empfindlichkeitsbereich erstreckt sich von ISO 200 bis ISO 3200 und kann dazu um jeweils einen Lichtwert nach oben oder nach unten ergänzt werden.

Weitere Highlights sind die Live-View-Funktion mit dem neuen hochauflösenden (920.000 Bildpunkte) 3 Zoll großen Monitor, eine Bildrate bei Serienaufnahmen mit bis zu 4,5 Bildern pro Sekunde, das integrierte Blitzgerät mit Master-Funktion zur Ansteuerung weiterer Systemblitzgeräte und die erweiterten Möglichkeiten der Bildwiedergabe sowie der Kontrollfunktionen.

Für den Neueinsteiger in das Nikon-System stellt die D90 eine hochwertige und für diese Preisklasse sicherlich ausgezeichnete Kamera dar und für den Umsteiger, beispielsweise von der D80, eine deutliche Verbesserung mit einem bewährten, jedoch ständig weiterentwickelten und vereinfachten Bedienkonzept. Über das Menü erhält der Nutzer zudem Zugriff auf alle relevanten und individuellen Anpassungsoptionen zur optimalen Bildgestaltung und zur Erstellung hochwertiger Aufnahmen.

Sollten Sie sich bereits für diese Kamera entschieden haben, kann ich Ihnen wirklich gratulieren, und das vorliegende Buch wird Ihnen dazu sicherlich als nützlicher Ratgeber dienen. Abgesehen von den rein technischen Informationen zur Kamera und den wesentlichen Aspekten der modernen Fotografie werden Ihnen hier mit vielen Beispielen und Tipps auch Anregungen zur eigenen fotografischen Entwicklung vermittelt.

Ich wünsche Ihnen viel Freude damit und allzeit gute Fotos.

Klaus Kindermann, im Dezember 2008

INHALTSVERZEICHNIS

Vorwort   5

Die Nikon D90 im Detail   12

    Was dabei ist und was fehlt   17
    Innere Werte der Nikon D90   21
    Sensor versus Film   23
    Bildschärfe und Dynamikumfang   27
    Farbraum und Dateiformate   30
    Grundlegende Bedienelemente   32
    HD-Filmsequenzen mit der D90   45
    Anzeige der Aufnahmeeinstellungen   47
    Sucheransichten und Anzeigen   51
    Aufnahmeinformationen bei der Bildwiedergabe   53
    Bildverzeichnis und Zoomfunktionen   55

Aufnahmekonfiguration   58

    Bilder wiedergeben und verwalten   63
    Aufnahmeeinstellungen festlegen   66
    Individuelle Feineinstellungen   80
    Grundlegende Systemeinstellungen   86
    Bildbearbeitung in der Kamera   88
    Benutzerdefinierte Einstellungen   97

Der Weißabgleich   98

    Messen der Farbtemperatur   102
    Automatischer Weißabgleich   103
    Manueller Weißabgleich   103
    Weißabgleich per Datenübernahme   105
    Voreingestellten Weißabgleich anpassen   107
    Weißabgleich mit Adobe Photoshop   108
    Mischlichtsituationen   109
    Effekte und Stimmungen   110

Der Autofokus   114

    Einsatz der verschiedenen Methoden   119
    Die Messfeldsteuerung   120
    Autofokus in der Praxis   122
    Autofokusmesswertspeicher   123
    Problemfälle und Lösungen   124

INHALTSVERZEICHNIS

Die Belichtungssteuerung 126

Faktoren für eine optimale Belichtung 131
Belichtungsmessmethoden der D90 132
Belichtungssteuerung und Belichtungsprogramme 133
Belichtungskorrekturen und Anpassung 136
Externe Belichtungsmesser verwenden 140
Bildinformationen anzeigen lassen 141
Belichtung kontrollieren und beurteilen 142
Blendeneinstellungen und Schärfentiefe 143

Aufnahmen mit Blitzlicht 146

Integriertes Blitzgerät der D90 150
Externe Nikon-Blitzgeräte 152
Blitzsynchronisation 158
Blitzbelichtungskorrektur 160
Blitzbelichtungsmesswertspeicher 161
Blitzen mit manueller Einstellung 161
Serienblitzaufnahmen 162
Besondere Blitztechniken 163

Objektive für die D90 168

Das Nikon-System 173
Objektivtypen und -zubehör 176
Nikon-Objektive für die D90 180
Lichtstärke, Schärfentiefe und Perspektive 195
Das Bokeh oder die Schönheit der Unschärfe 196
Konstruktionsbedingte Abbildungsfehler 197

Kamerapflege und Zubehör 200

Aufbewahrung bei längerer Nichtbenutzung 204
Außenreinigung und Schutzmaßnahmen 205
Innenreinigung der D90 207
Automatische Sensorreinigung 207
Manuelle Sensorreinigung 207
Sinnvolles Fotozubehör für die D90 209
Kamerastative 213
Fernsteuerung für Blitzgeräte 214
Taschen, Fotokoffer, Rucksäcke 215
Digitale Speichermedien 215

Nikon-Software 220

Bildübertragung mit Nikon Transfer 225
Bildverwaltung mit Nikon ViewNX 226
Kamera fernsteuern mit Camera Control Pro 2 229
Bildbearbeitung mit Capture NX 2 231
IPTC- und Exif-Daten bearbeiten 234
Kamera-RAW-Daten entwickeln 237

Fototipps 244

Makro-/Nah 249
Porträt 250
Kinder 251
Blitzlicht 253
Sport-/Bewegung 254
Architektur 258
Landschaft 259
Gegenlicht 261
Sonnenauf-/Untergang 262
Glas 264
Tiere 265
D90 Schwarz-Weiß 266
Schwierige Lichtbedingungen 269
Hoher Kontrastumfang 274

Index 276

Bildnachweis 285

INHALT

[1] Die Nikon D90 im Detail — 12

[2] Aufnahmekonfiguration — 58

[3] Der Weißabgleich — 98

[4] Der Autofokus — 114

[5] Die Belichtungssteuerung — 126

PROFIBUCH NIKON D90
INHALT

[6] Aufnahmen mit Blitzlicht 146

[7] Objektive für die D90 168

[8] Kamerapflege und Zubehör 200

[9] Nikon-Software 220

[10] Fototipps 244

DIE NIKON D90
IM DETAIL

KAPITEL 1
**DIE NIKON D90
IM DETAIL**

KAPITEL 1
DIE NIKON D90
IM DETAIL

Die Nikon D90 im Detail

Was dabei ist und was fehlt   17
- Speicherkarte   18
- Zubehöranschluss   18
- Stromversorgung   18
- Dioptrienokularlinsen   19
- Nach dem Einschalten   19

Innere Werte der Nikon D90   21
- CMOS-Sensor kontra CCD   21
- Funktionsweise des Sensors   22
- Bayer-Filter und Farbinterpolation   22
- Antialiasing- oder auch Tiefpassfilter   23
- Anders: der Foveon-Sensor   23

Sensor versus Film   23
- Woher kommt das Sensorrauschen?   24
- Fehlerhafte Stellen auf dem Sensor entdecken   24

Bildschärfe und Dynamikumfang   27
- Optimale Schärfeleistung ermitteln   27
- Farbkontrast und Farbsättigung steigern   28
- Dynamikumfang des Sensors   29
- Verlässliche Bildbeurteilung vornehmen   29

Farbraum und Dateiformate   30

Grundlegende Bedienelemente   32
- D90-Frontansicht   32
- D90-Rückseitenansicht   36
- Aufnahme- und Belichtungsprogramme   39
- Die Einstellräder und mögliche Anwendungen   41
- Multifunktionswähler und mögliche Anwendungen   42
- Aufnahmebetriebsart Live-View   43

HD-Filmsequenzen mit der D90   45
- Und so filmen Sie mit der D90   45
- Filmaufnahmen auf einem Fernseher abspielen   46
- Filmaufnahmen auf dem LCD-Monitor anzeigen   46

Anzeige der Aufnahmeeinstellungen   47
- Aufnahmeeinstellungen anpassen   49
- Aufnahmeeinstellungen im Display   49

Sucheransichten und Anzeigen   51
- Anzeigen im Sucherbild   51
- Anzeigen in der Sucherbildsymbolleiste   52

Aufnahmeinformationen bei der Bildwiedergabe   53
- Anzeigeoptionen in der Einzelbildansicht   53
- Histogramm und Metadaten   54

Bildverzeichnis und Zoomfunktionen   55

Die Nikon D90 mit aufgeklapptem Blitz sowie dem Objektiv AF-S DX NIKKOR 18-105 mm, 1:3,5-5,6G ED VR.

Die Nikon D90 im Detail

Mit der Nikon D90 besitzen Sie eine universell einsetzbare DSLR-Kamera mit einer Vielzahl innovativer Funktionen für Fotos und Filmsequenzen von überragender Qualität. Die Nikon D90 wird auch als Kit mit den Objektiven AF-S DX NIKKOR 18-105 mm, dem AF-S DX NIKKOR 16-85 mm oder dem AF-S DX NIKKOR 18-200 mm ausgeliefert. Alle drei Objektive verfügen über die VR-Funktion und sind daher auch bei ungünstigeren Lichtbedingungen noch aus der Hand einsetzbar. Die Kamera selbst wirkt sehr kompakt und liegt mit einem Gewicht von ca. 710 Gramm, inklusive Akku und Speicherkarte, aber ohne Objektiv und Trageriemen, sehr gut in der Hand.

KAPITEL 1
**DIE NIKON D90
IM DETAIL**

Der erste Eindruck nach dem Laden des Akkus und dem Vornehmen der Grundeinstellungen ist absolut positiv und wird auch nach den ersten Aufnahmen mit dem 18-105 mm-Objektiv nicht getrübt. Im Gegensatz zur D60 wirkt sie weniger spielzeughaft, und der Betriebsartenwähler, auch Programmwahlrad genannt, auf der linken Seite oben ist deutlich besser zugänglich. Die Symbole darauf entsprechen bis auf das hier nicht vorhandene Kindersymbol denen der D60, aber das Display auf der linken Seite lässt dieses Modell wesentlich professioneller wirken.

Die Anordnung der Tasten und deren Funktionen unterscheiden sich im Wesentlichen nicht von anderen Nikon-Modellen, werden aber durch neue Varianten ergänzt. So ist auf der Rückseite, rechts oberhalb des Multifunktionswählers, eine neue Taste für den Live-View-Betrieb hinzugekommen. Die *OK*-Taste sitzt im Zentrum des Multifunktionswählers, und der Sperrschalter für die Messfeldvorwahl des Autofokus sitzt jetzt darunter. Auch an der Oberseite neben dem Auslöser gibt es wiederum Neues zu entdecken. So ist ein neuer Knopf zur Auswahl der Belichtungsmessmethode hinzugekommen sowie eine Taste zur Auswahl der Autofokusmethode. Die Taste *AF* sitzt nun ebenfalls an der Oberseite.

Als absolut positiv empfinde ich auch, dass die Nikon D90 – wie ihre größeren Schwestern Nikon D300 und D700 – über zwei Einstellräder (vorne und hinten) verfügt. Damit muss nicht, wie bei der D60, ein zusätzlicher Knopf gedrückt werden, um die Blende zu verstellen. Die Kamera wirkt insgesamt sehr durchdacht und ist ein guter Nachfolger für die D80, die der D90 in der Bedienung am ähnlichsten ist.

Was dabei ist und was fehlt

Im Lieferumfang enthalten ist neben der obligatorischen Software-CD mit den Programmen „Nikon Transfer" und „Nikon ViewNX" der bereits in den Profimodellen bewährte Lithium-Ionen-Akku EN-EL3e, der mit seiner enormen Leistungsfähigkeit eine große Anzahl von Aufnahmen ohne erneute Aufladung ermöglicht. Dazu passend gibt es das Ladegerät MH-18a, den Trageriemen AN-DC1, die Okularabdeckung DK-5, die Abdeckung für den Sucherschuh BS-1 und den Monitorschutz BM-10.

Ansichten- und Größenvergleich: oben die D90, unten die D300.

ERGONOMISCHE TRAGERIEMEN-BEFESTIGUNG

Die Lösung für dieses Problem finden Sie im Eisenwarenhandel: kleine, aber stabile Karabinerhaken, am Umhängeriemen befestigt und schnell an der Kamera ein- oder ausgehakt. Vorsicht, unbedingt vor dem Kauf ausprobieren, ob die Größe passt, für eventuelle Beschädigungen kann keine Haftung übernommen werden. Bei der Nikon D90 sind übrigens die Riemenbefestigungen als Steg fest am Gehäuse angebracht und nicht wie bei einigen anderen Modellen an einem Bügel in einer Öse.

Auch das Audio-/Videokabel EG-D2 und ein USB-Kabel UC-E4 liegen bei, um die Kamera an einen Computer oder ein Fernsehgerät anzuschließen. Das im Rahmen dieses Buchs getestete Kitobjektiv AF-S DX NIKKOR 18-105 mm wird mit Schutzdeckeln und Sonnenblende ausgeliefert. Auch ein Objektivbeutel aus weichem Leder ist dabei. Was hier wie bei allen Nikon-Kameras stört, ist die umständliche Trageriemenbefestigung. Sie muss mühsam in die dafür vorgesehenen Ösen an der Kamera eingefädelt werden, was ein schnelles Abnehmen des Trageriemens unmöglich macht. Deshalb habe ich mir zwei passende kleine Karabinerhaken besorgt und den Riemen damit befestigt.

Speicherkarte

Eine Speicherkarte vom Typ SD-SDHC oder kompatibel muss ebenfalls noch gekauft werden. Im Handel sind derzeit Speicherkarten mit einer Kapazität von bis zu 8 GByte erhältlich. Besonders dann, wenn Sie beabsichtigen, die neue HD-Movie-Funktion zur Aufnahme vom Filmsequenzen zu nutzen, sollten Sie sich eine möglichst große und schnelle Speicherkarte besorgen.

Überaus praktisch – im Lieferumfang der SanDisk-SDHC-4-GByte-Karte (rechts) ist bereits ein USB-Kartenleser enthalten.

Zubehöranschluss

Die D90 verfügt außerdem über einen Zubehöranschluss unter der Gummiabdeckung an der linken Kameraseite ganz unten. Damit besteht die Möglichkeit, einen Fernauslöser vom Typ MC-DC2 anzuschließen. Für die kabellose Fernsteuerung kann auch das optional erhältliche ML-L3 verwendet werden. Der Zubehöranschluss ermöglicht zusätzlich eine Verbindung mit einem GPS-Empfänger (GP-1) zur Aufzeichnung der genauen Position nach Längen- und Breitengrad sowie der geografischen Höhe und der Weltzeit. Das GP-1 kann dabei auf dem Sucherschuh der Kamera befestigt werden. Der Anschluss von Zubehör mithilfe eines zehnpoligen Kabels, wie ansonsten gern von Nikon verwendet, ist damit jedoch nicht möglich.

Stromversorgung

Zur direkten Stromversorgung wird ein Netzteil vom Typ EH-5a oder das ältere Netzteilmodell EH-5 verwendet, das z. B. auch mit der Nikon D300 genutzt werden kann. Auch ein Multifunktionsakkuhandgriff mit der Bezeichnung MB-D80 kann verwendet werden. Damit können zwei Lithium-Ionen-Akkus EN-EL3a oder auch sechs Batterien vom Typ AA als Stromversorgung genutzt werden. Der Handgriff verfügt über einen Auslöser, eine *AE-L/AF-L*-Taste, einen Multifunktionswähler sowie über ein hinteres und ein vorderes Einstellrad und erleichtert damit die Bedienung auch bei Hochformataufnahmen. Zum Ansetzen an die Kamera müssen zuvor die Akkufachabdeckung abgenommen und der Akku entfernt werden.

WELCHE SPART MEHR STROM: D90 ODER D80?

Laut Hersteller soll die D90 stromsparender arbeiten als die D80. Aus diesem Grund sollen bei gleichem Lithium-Ionen-Akku (EN-EL3e mit 7,4 V/1.500 mAh) rund 950 Aufnahmen möglich sein, während für die D80 etwa ein Drittel weniger an möglichen Aufnahmen pro Akkuladung genannt wird.

Dioptrienokularlinsen

Als weiteres optionales Zubehör erhältlich sind Dioptrienokularlinsen (DK-20C) mit Dioptrienwerten von −5, −4, −3, −2, +0,5, +1, +2 und +3. Diese können dann verwendet werden, wenn eine Anpassung nicht mit der in die Kamera integrierten Dioptrieneinstellung von −2 bis +1 erreicht werden kann. Das sehr empfehlenswerte Vergrößerungsokular DK-21M mit einem Vergrößerungsfaktor von ca. 1,17 vergrößert das Sucherbild und bringt zudem etwas Distanz zum Kameragehäuse mit sich. Im Bereich Software noch sehr zu empfehlen sind das Bildbearbeitungsprogramm „Nikon Capture NX 2" und zur Fernsteuerung der Kamera von einem Computer aus die Software „Camera Control Pro 2".

Nach dem Einschalten

Nach dem Laden des Akkus und dem ersten Einschalten der Kamera wird der Benutzer durch das Menü zur Spracheinstellung sowie zur Datums- und Zeitanpassung geführt. Danach kann die Kamera sofort verwendet werden. Durch Drücken der *info*-Taste werden die verwendeten Einstellungen auch großflächig auf dem Monitor dargestellt. Über einen Eye-Sensor, wie an der D60 vorhanden, verfügt die D90 jedoch nicht. Zum Abschalten der Monitoransicht genügt jedoch ein Antippen des Auslösers. Auch eine Drehung der Monitorinformationen ins Hochformat ist nicht möglich. Die Darstellung der Anzeige selbst kann auf *Automatisch* – dabei ändert sich die Anzeigeinformation je nach Umgebungshelligkeit – oder auf *Manuell,* wählbar zwischen dunkler Schrift auf hellem Grund oder heller Schrift auf dunklem Grund, im Menü *Individualfunktionen d8* eingestellt werden. Die Monitorhelligkeit wird dabei automatisch angepasst.

Bewegen im Kameramenü

Zum Blättern im Kameramenü benutzen Sie den Multifunktionswähler, mit Druck auf *OK* wird die angewählte Option bestätigt. Zum Verlassen des Menüs ohne eine Anpassung genügt ein kurzes Antippen des Auslösers, damit wird auch die Aufnahmebereitschaft sofort wiederhergestellt. Im Automatikmodus mit den grafischen Darstellungen ist allerdings bei dunkler Umgebung das sofortige Aufklappen des eingebauten Blitzgeräts etwas nervig. Die fünf Menüs der Kamera entsprechen im Prinzip denen der größeren Modelle wie der D300 oder D700 und bieten alle wesentlichen Einstellungsoptionen, bis auf bestimmte unter *A*, *B*, *C* oder *D* festlegbare Voreinstellungen. Je nach Programmwahl, durch Drehen des Programmeinstellrads, werden bei der D90 nur die relevanten Menüoptionen angezeigt. Der Zugriff auf alle Funktionen ist lediglich in den Aufnahmeeinstellungen *P*, *S*, *A* oder *M* möglich.

Integrierte Sensorreinigung

Die integrierte Sensorreinigung kann manuell oder optional bei jedem Ein- bzw. Ausschalten der Kamera ausgeführt werden. Die Kamera ist danach sofort wieder aufnahmebereit.

Auslöseverzögerung und Serienbildfunktion

Eine Auslöseverzögerung, mit Ausnahme der durch den Autofokus bedingte, ist nicht wahrnehmbar, und somit gelingen auch spontane Bilder. Die Serienbildfunktion ermöglicht eine Bildrate von bis zu 4,5 Bildern pro Sekunde, und es können je nach Bildgröße und Datenformat bis zu 100 Bilder in Folge aufgenommen werden. Wie bei allen Kameras sollten jedoch für eine maximale Bildfolge auch eine manuelle Fokussierung, eine manuelle Belichtung oder die Blendenautomatik mit mindestens 1/250 Sekunde genutzt werden.

Präzise Bildgestaltung mit Randreserve

Je länger ich mich mit dieser Kamera beschäftige, desto besser gefällt sie mir. Sie ist kompakt, liegt gut in der Hand, und das helle Sucherbild mit ca. 0,9-facher Vergrößerung und 95 % Bildfelddarstellung ermöglicht eine präzise Bildgestaltung mit etwas Randreserve.

Autofokus: schnelle Scharfstellung

Der Autofokus mit seinen elf Messfeldern arbeitet zuverlässig und genau. Damit wird eine präzise und schnelle Scharfstellung auch unter etwas ungünstigeren Bedingungen möglich. Die Autofokusvorwahl durch Drücken der Taste *AF* und Drehen des hinteren Einstellrads ist allerdings nicht gerade anwenderfreundlich und kann nur mit einer gewissen Fingerakrobatik vorgenommen werden.

Aktives D-Lighting

Das um die Einstellung *Extrastark* erweiterte aktive D-Lighting kann nur über das Menü oder die Aufnahmeeinstellungen am Kameramonitor ausgewählt werden. Eine entsprechende Taste wie bei der D60 ist nicht vorhanden.

ISO und Weißabgleich

Eine Anpassung der ISO-Empfindlichkeit ist über das Aufnahmemenü möglich, dabei kann auch die ISO-Automatik eingeschaltet und eingestellt werden. Dasselbe gilt für die Auswahl von Bildqualität und Größe. Um diese Anpassungen über eine Taste in Verbindung mit einem Einstellrad vorzunehmen, können für die ISO-Empfindlichkeit die *Index*-Taste und für die Bildqualität die *Zoom*-Taste auf der Kamerarückseite genutzt werden. Auch die Einstellung für den Weißabgleich kann im Aufnahmemodus durch Drücken der *Schlüssel*-Taste und Drehen des hinteren Einstellrads sowie zur Korrektur durch Drehen des vorderen Einstellrads vorgenommen werden.

Empfindlichkeitsbereich

Der Empfindlichkeitsbereich ist in Schritten von jeweils 1/3 Lichtwerten (EV oder LW) zwischen ISO 200 und ISO 3200 einstellbar, mit weiteren zusätzlichen Stufen sogar bis ISO 6400 (Hi1). Nach unten kann die Empfindlichkeit auch bis auf ISO 100 (Lo1) reduziert werden.

Belichtungszeiten

Der vertikal verlaufende, elektronisch gesteuerte Schlitzverschluss ermöglicht Belichtungszeiten von 1/4000 bis zu 30 Sekunden in Schrittweiten von 1/3 oder 1/2 EV. Auch eine *bulb*-Einstellung für beliebig lange Belichtungszeiten ist bei den manuellen Belichtungseinstellungen vorhanden.

Blitzsynchronzeit

Die Blitzsynchronzeit beträgt 1/200 Sekunde oder länger und kann sowohl mit dem eingebauten als auch mit einem externen Blitzgerät, angeschlossen am Zubehörschuh, verwendet werden. Das integrierte Blitzlicht bringt es auf eine Leitzahl von 17 bzw. 18 bei manueller Einstellung bezogen auf ISO 200. Die Blitzsteuerung erfolgt dabei über den eingebauten 420-Pixel-RGB-Sensor und verfügt über eine TTL-Funktion sowie einen i-TTL-Aufhellblitz und AA-Blitzautomatik, je nach verwendetem Objektiv und/oder externem Blitzgerät. Die nutzbare Funktion ist dabei auch abhängig von der jeweiligen Belichtungsmessmethode und Aufnahmeprogrammvorwahl.

Brillanter 3-Zoll-Monitor

Der verwendete 3-Zoll-Monitor, genauer gesagt der Niedertemperatur-Polysilizium-TFT-LCD-Monitor, verfügt über ca. 920.000 Bildpunkte, eine Helligkeitsregelung und einen Betrachtungs- oder Blickwinkel bis zu 170 Grad bei 100 % Bildfeldabdeckung. Dabei sind eine Einzelbildwiedergabe, eine Indexansicht mit 4, 9 oder 72 Bildern, eine nach Aufnahmedatum sortierte Ansicht, positionierbare Ausschnittvergrößerungen, eine Diashow, die Filmwiedergabe von mit der D90 erstellten Filmen sowie die Anzeige von Histogramm und Lichtern bei jedem Bild möglich. Bei Verwendung der automatischen Bildorientierung können die aufgenommenen Fotos zur Wiedergabe ins Hochformat gedreht werden. Auch die Eingabe und Anzeige von Bildkommentaren mit bis zu 36 Zeichen ist möglich.

EV ODER LW

EV = Exposure Value bzw. LW = Lichtwert — diese Maßeinheit basiert auf dem Zusammenhang zwischen Blendenstufe, Zeitstufe und ISO-Wert, die gleichwertig miteinander korrespondieren.

KAPITEL 1
DIE NIKON D90 IM DETAIL

Innere Werte der Nikon D90

Mit Einführung der Nikon D300, D700 sowie der D3 und jetzt auch in der D90 verwendet Nikon erstmals einen CMOS-Chip als Sensor für seine Spiegelreflexkameras. In der Nikon D60 wird beispielsweise noch ein CCD-Sensor, wie auch schon bei der D200, verwendet. Beide Sensoren, CMOS und CCD, sind Halbleiterbauelemente, und beide sind in der Lage, das auf dem Sensor auftreffende Licht in Bildinformationen umzusetzen. Der Unterschied liegt darin, wie dies geschieht.

CMOS-Sensor kontra CCD

Bei CCD-Sensoren werden zunächst die erzeugten elektrischen Ladungen ausgelesen und anschließend verstärkt. Das Ganze basiert auf dem sogenannten Eimerkettenprinzip. Bei einem CMOS-Sensor besitzt jedes Bildelement eine eigene Verstärkereinheit, die es möglich macht, dass die elektrische Ladung für jedes Pixel einzeln ausgelesen werden kann. Dies führt zu einer Beschleunigung der Auslesezeit bei gleichzeitig geringerem Stromverbrauch. Der CMOS-Sensor ist also deutlich schneller als ein CCD-Sensor. Das Ganze geschieht jedoch in Lichtgeschwindigkeit, und so werden Sie einen Unterschied kaum bemerken.

Die prinzipiellen Hauptnachteile des CMOS-Sensors sollen jedoch auch nicht verschwiegen werden. Diese bestehen in einer geringeren Lichtempfindlichkeit, einem reduzierten Dynamikumfang und einer erhöhten Anfälligkeit für Bildrauschen. Die neuesten Technologien haben diese Probleme jedoch deutlich verringert und sind dadurch in der Lage, mit dem CCD-Sensor mitzuziehen und diesen möglicherweise sogar noch zu übertreffen.

Der CCD-Sensor besitzt den Vorteil einer hohen Lichtempfindlichkeit, dadurch kann das Bildrauschen niedrig gehalten werden. Nachteile sind die relativ langsame Auslesezeit und der hohe Stromverbrauch. Dies kann bei den neueren Kameramodellen jedoch durch den neuen EXPEED-Prozessor sehr gut ausgeglichen werden. Zudem neigt dieser Sensor auch zum sogenannten Blooming. Das entsteht, wenn ein Pixel keine weitere Ladung mehr aufnehmen kann. Die überschüs-

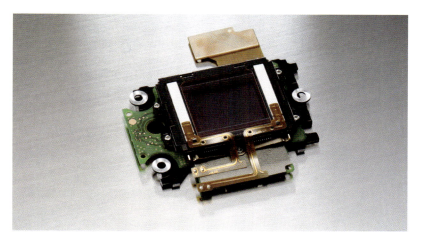
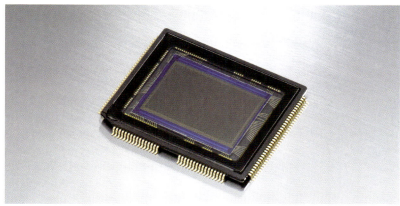

Die in der Nikon D90 verwendete Sensoreinheit (oben) und der CMOS-Sensor (unten).

sige Ladung kann dann auf andere Pixel in der Umgebung überspringen, und diese erzeugen dadurch möglicherweise im Bild Helligkeiten, die in Wirklichkeit gar nicht vorhanden sind. So können im Extremfall einzelne Bildbereiche fälschlicherweise weiß oder farblich verändert dargestellt werden.

Da aufgrund der technologischen Entwicklung die Möglichkeit einer Massenfertigung hochwertiger CMOS-Sensoren erst in jüngster Zeit realisiert werden konnte, wurde dieser Sensor bis vor Kurzem nur in minderer Qualität bei Consumerkameras verwendet. Sowohl der CCD- als auch der CMOS-Sensor ermöglichen heute jedoch absolut hochwertige Kameras.

Funktionsweise des Sensors

Beide Systeme, sowohl CMOS als auch CCD, basieren auf demselben Prinzip. Das einfallende Licht wird durch eine sich über jedem Bildpunkt befindliche Mikrolinse gebündelt. Durch einen dazwischenliegenden Farbfilter, der nur das Licht in seiner Eigenfarbe durchlässt, wird in dem darunter befindlichen Bildpunkt (Pixel) eine elektrische Ladung erzeugt.

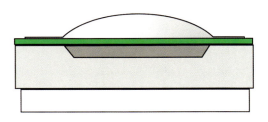

Schematische Darstellung eines Bildpixels oder Bildpunkts mit darüber befindlicher Mikrolinse und Farbfilter.

Der Sensor der Nikon D90 verfügt insgesamt über 12,3 Millionen effektive Pixel. Dies bedeutet, dass die eigentliche Pixelzahl auf dem Sensor noch höher ist (12,9 Millionen), aber für die Bilderzeugung nur die genannten effektiven Pixel genutzt werden. Die anderen, am Rand befindlichen Pixel dienen der Bildberechnung.

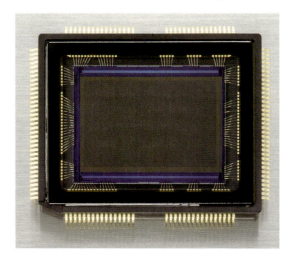

Da die jeweiligen Bildpunkte nur hell und dunkel in entsprechenden Abstufungen, abhängig von der Lichtintensität, unterscheiden können, sind, um ein Farbbild zu erfassen, mindestens drei Pixel in den Filterfarben Rot, Grün und Blau notwendig. In der Praxis werden aus Gründen der Anordnung und aufgrund einer dem menschlichen Auge entsprechenden erwünschten höheren Grünempfindlichkeit jeweils zwei grüne Bildpunkte verwendet.

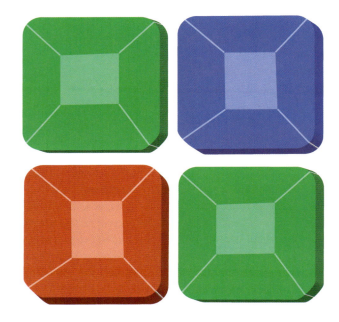

Aufbau der Bildpunkte.

Bayer-Filter und Farbinterpolation

Dabei kommt ein Farbraster, der erstmals von der Firma Kodak und einem Mitarbeiter namens Bayer entwickelt wurde, zum Einsatz: der sogenannte Bayer-Filter. Da ein Bildpunkt nur Informationen über eine Farbe liefern kann, werden zur Ermittlung der tatsächlichen Farbe benachbarte Bildpunkte in diese Berechnung mit einbezogen. Diese Verfahren nennt man Farbinterpolation. Genauer betrachtet, ist also für eine Farbinformation nur ca. ein Drittel der eigentlichen Auflösung des Sensors nutzbar. Erst durch eine erneute Berechnung der ermittelten Daten wird die ursprüngliche Auflösung realisiert.

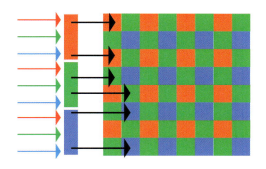

Funktionsweise des Bayer-Filters.

Antialiasing- oder auch Tiefpassfilter

Der verwendete Farbraster, die rasterförmige Anordnung der Bildpixel und die durch die Interpolation entstehenden scharfen Kanten in der Darstellung eines Bildes können zu Bildfehlern wie z. B. einem Moiré führen. Deshalb liegt ein weiterer Filter über dem Sensor, der sogenannte Antialiasing- oder auch Tiefpassfilter. Dieser wirkt wie ein Weichzeichner, der die scharfen Kanten verwischt. Dies ist der Grund dafür, dass die Fotos einer Digitalkamera zunächst immer etwas unscharf sind. Die Bildschärfe wird erst softwaretechnisch, also wiederum durch Berechnung, erzeugt. Diese Berechnung erfolgt dabei entweder bereits in der Kamera oder später bei der digitalen Bildbearbeitung. Diese Prinzipien gelten für alle CMOS- und CCD-Sensoren. Bei Kameras, die wie die D90 über eine automatische Sensorreinigung verfügen, kann der Tiefpassfilter vibrieren und dadurch Staubpartikel von seiner Oberfläche abschütteln.

Anders: der Foveon-Sensor

Eine ganz andere Entwicklung ist der Foveon-Sensor, der bisher allerdings nur bei sehr wenigen Kameramodellen der Firma Sigma verwendet wird. Dieser Sensor benötigt weder einen Bayer-Filter noch einen Antialiasingfilter. Die Funktionsweise dieses Chips ähnelt dem des fotografischen Films. Wie bei diesem liegen drei Schichten von lichtempfindlichen Ebenen untereinander. Durch die je nach Farbe unterschiedliche Wellenlänge des Lichts dringt diese nur in eine dieser drei Ebenen vor. Dadurch kann im Prinzip eine höhere Schärfe und Detailtreue erzielt werden. Allerdings neigt dieses System zu verstärktem Farbrauschen, da die Farbtrennung nicht ganz perfekt ist.

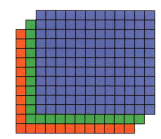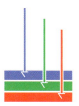

Funktionsweise des Foveon-Sensors.

Sensor versus Film

Obwohl die rein rechnerische Auflösung des Filmmaterials im Vergleich zu der eines Sensors deutlich höher liegt, ist die effektive Auflösung von üblichen Filmmaterialien, bedingt durch technische Gegebenheiten, jedoch wesentlich geringer. Würde beispielsweise Filmmaterial in der Größe des DX-Formats in einer Kamera verwendet, wäre die erzielbare Qualität gegenüber einem modernen Sensor mit nur sechs Megapixeln deutlich schlechter. Der Film kann bezüglich der Auflösung also nur durch größere Formate gewinnen.

Was sofort auffällt, ist die Klarheit einer digitalen Abbildung im Vergleich zum Film. Dies ist eines der wichtigsten Kriterien in Verbindung mit der Auflösung der Details. Kein Korn und keine sonstigen Unregelmäßigkeiten stören das Bild. Selbst bei hochwertigen Scans von 35-mm-Film fallen diese Störungen ab einer bestimmten Größe der Abbildung deutlich ins Gewicht.

Auch bezüglich der effektiven Auflösung kann die Nikon D90 mit dem Kleinbildfilm (beide bei ISO 200) nicht nur mithalten, sondern übertrifft diesen sogar, die Verwendung von hochwertigen Objektiven immer vorausgesetzt. Das Auftreten von sichtbar werdenden Bildpixeln bei extremen Vergrößerungen kann dabei durchaus mit der durch eine Erhöhung der Filmempfindlichkeit ebenfalls ansteigenden Abbildung des Filmkorns gleichgesetzt werden.

HOT-PIXEL

Mit Hot-Pixel bezeichnet man wiederkehrende Bildfehler durch fehlerhafte Stellen auf dem Sensor, die speziell bei Langzeitbelichtungen verstärkt sichtbar werden. Bei Aufnahmen mit Objektivdeckel und einer Belichtungszeit von einer Sekunde können diese lokalisiert werden. Sie erscheinen als weiße oder farbige helle Punkte.

REKLAMATIONSGRUND?

Bereits bei der Herstellung der Kamera wird eine Referenzaufnahme gemacht, und die fehlerhaften Stellen werden mittels einer kamerainternen Software korrigiert. Im Lauf der Lebenszeit eines Sensors und je nach Belichtungseinstellung können jedoch weitere solcher Fehler im Bild sichtbar werden. Solange diese nicht übermäßig stark auftreten, ist dies kein Reklamationsgrund. Bei der späteren digitalen Bildbearbeitung gibt es zudem Möglichkeiten, diese fehlerhaften Stellen zu beseitigen.

RAUSCHEFFEKTE BEI LANGZEITAUFNAHMEN

Bei Langzeitaufnahmen werden durch in der Elektronik entstehende Ladungen mehr oder weniger stark in Erscheinung tretende Rauscheffekte erzeugt, die auch als Dunkelrauschen bezeichnet werden, da diese kein Licht zur Entstehung benötigen. Je nachdem, wie lange die Belichtungszeit ausfällt, kann ein Bild durch diese Störungen sogar unbrauchbar werden. Abhilfe ist hier nur bedingt möglich, da dieser Effekt temperaturabhängig ist. Bei einer kühleren Umgebungstemperatur wird dieser deutlich weniger stark in Erscheinung treten. Um die Kamera nicht noch zusätzlich zu erwärmen, sollten Sie diese bei Langzeitaufnahmen möglichst nicht in der Hand halten.

Woher kommt das Sensorrauschen?

Jeder Sensor erzeugt, auch ohne dass Licht auf diesem auftrifft, Eigenströme, die bauartbedingt stärker oder schwächer ausfallen können. Diese stellen keine feste Größe dar, sondern verändern sich insbesondere unter Wärmeeinfluss. Dieses sogenannte Grund- oder Dunkelrauschen wird durch entsprechende Filter begrenzt, ist aber nicht grundsätzlich zu verhindern. Mit stärkerer Erwärmung erhöht sich dieser Rauschpegel.
Die eindeutige Trennung der Bildsignale von diesem Rauschen ist in den hellen Bildbereichen immer besser als in dunklen Sektoren. Dies macht sich insbesondere bei Langzeitbelichtungen und mit zunehmender Erhöhung der Lichtempfindlichkeit bemerkbar. In den dunklen, flächigen Bildbereichen fängt es an zu „grieseln". Eine ähnliche optische Wirkung ist in der analogen Fotografie als Korn bekannt. Je höher die Lichtempfindlichkeit des Filmmaterials, umso deutlicher wird diese Kornstruktur.

Fehlerhafte Stellen auf dem Sensor entdecken

Das Sensorrauschen erzeugt auch farbige Punkte oder Flecken, die sich ungleichmäßig über das gesamte Bild verteilen. Dieser Effekt ist auch abhängig von Verunreinigungen des Sensormaterials bei der Herstellung. Einzelne besonders leuchtende Punkte, die immer wieder an der gleichen Stelle im Bild erscheinen, werden als Hot-Pixel bezeichnet. Pixel, die ständig dunkel bleiben und keine Lichtreaktion zeigen, nennt man Stuck- oder Dead-Pixel. Da kein Sensor absolut perfekt ist, finden sich solche speziellen Pixel in nahezu jedem Bild.
Wenn Sie eine Aufnahme bei aufgesetztem Objektivdeckel mit voller Auflösung machen, können Sie fehlerhafte Stellen leicht entdecken. Verwenden Sie dazu eine Belichtungszeit von einer Sekunde. Bei den besonders leuchtenden hellen Punkten handelt es sich um Hot-Pixel.

Referenzbild für die Staubentfernung erzeugen

Die Nikon D90 kann zur späteren Korrektur ein Referenzbild erzeugen, mit dem auch vorhandener Staub auf dem Sensor lokalisiert und dadurch später entfernt werden kann. Staub zeigt sich, als dunkler, zumeist unscharfer Fleck, am deutlichsten in flächigen Bereichen Ihrer Aufnahmen. Sensorverunreinigung ist ein großes Problem in der digitalen Fotografie. Besonders bei Kameras mit Wechseloptiken ist eine Verschmutzung durch Staubpartikel auf Dauer kaum auszuschließen. Zur manuellen Reinigung sind besondere Vorkehrungen erforderlich. Absolut empfehlenswert ist es, diese Reinigung in einer Nikon-Vertragswerkstatt vornehmen zu lassen.

Durch die integrierte Selbstreinigungsfunktion des Tiefpassfilters kann die D90 eine Staubablagerung zwar nicht immer verhindern, wohl aber deutlich reduzieren. Im Systemmenü steht dazu die Funktion *Bildsensor-Reinigung* zur Verfügung.

[1] Zur Anwendung benötigen Sie ein CPU-Objektiv mit mindestens 50 mm Brennweite. Im Kameramenü *System* wählen Sie *Bild aufnehmen* oder *Reinigen & Bild aufnehmen* aus und bestätigen mit *OK*. Zum Erfassen von Referenzdaten für die Staubentfernung wählen Sie *Start*. Dabei wird eine Meldung zum weiteren Vorgehen angezeigt.

[2] Zum Erfassen von Referenzdaten wählen Sie im Systemmenü die Option *Referenzbild (Staub)* aus. Im Menü wählen Sie *Bild aufnehmen* oder die Option *Starten nach Sensorreinigung*. Im Sucher und auf dem Display erscheint nach Abschluss des Vorgangs die Meldung *rEF*. Um den Vorgang ohne Erfassung der Daten abzubrechen, drücken Sie die einfach die *MENU*-Taste.

[3] Als Vorlage für diese Aufnahme verwenden Sie eine strukturlose, gleichmäßig beleuchtete weiße Fläche in ca. 10 cm Entfernung vom Objektiv. Die Vorlage muss das Sucherbild vollständig ausfüllen. Drücken Sie dann den Auslöser bis zum ersten Druckpunkt. Der Autofokus stellt sich automatisch auf die Entfernung *unendlich* ein. Bei manueller Scharfstellung stellen Sie selbst auf *unendlich*.

[4] Zur Bilddatenaufzeichnung drücken Sie nun den Auslöser ganz durch. Sollte das Motiv zu hell oder zu dunkel sein, gibt die Kamera nach dem Auslösen eine Fehlermeldung aus. In diesem Fall sollten Sie die Beleuchtungssituation verändern. Das Nikon-Programm Capture NX 2 kann dieses Referenzbild mit Ihren anderen Aufnahmen vergleichen und rechnet die fehlerhaften Stellen heraus. Andere Bildbearbeitungsprogramme können diese Methode jedoch nicht anwenden. Ein Referenzbild ist nur auf die zuvor erstellten Aufnahmen anwendbar. Für Aufnahmen, die nach einer Sensorreinigung gemacht wurden, sollte gegebenenfalls ein neues Referenzbild erstellt werden.

Bildrauschen reduzieren

Zur Reduzierung des Bildrauschens besitzt die Nikon D90 zwei Rauschfilter, die sich je nach eingestellter Lichtempfindlichkeit und Belichtungsdauer automatisch konfigurieren. Im Aufnahmemenü können diese ein- und ausgeschaltet werden. Der Filter *Rauschreduzierung bei Langzeitbelichtung* wendet diesen im Modus *Ein* ab einer Belichtungszeit von 8 Sekunden auf die jeweilige Aufnahme an. Für die Bearbeitung wird etwa die gleiche Zeit wie zur Belichtung benötigt, währenddessen blinkt die Anzeige *Job nr* auf dem Display und im Sucher. Bei Serienaufnahmen verringert sich dadurch die Bildrate, und während der Bildverarbeitung können keine weiteren Aufnahmen gemacht werden. Der Filter *Rauschreduzierung bei ISO+* wendet diese Option nach dem Aktivieren für Bilder ab einer Empfindlichkeit von ISO 800 an. Dabei kann unter den Optionen *Aus*, *Stark*, *Normal* und *Schwach* gewählt werden.

Die in der Kamera verwendete Rauschunterdrückung ist eine Kombination aus verschiedenen Methoden. Zunächst analysiert die Kamera das Bild und legt anschließend die folgenden Verarbeitungsschritte fest. Dabei werden Scharfzeichnung, Tonwertwiedergabe, Weißabgleich sowie Randabdunkelungskorrekturen und Komprimierung der Bilddaten berücksichtigt.

[i]

KONTRA RAUSCHREDUKTION

Spezielle Softwaretools zur nachträglichen Reduzierung von Bildrauschen sind auch im Handel erhältlich. Einige davon arbeiten dabei durchaus effektiver als die kamerainternen Filter. Beabsichtigen Sie, Ihre Bilder digital nachzubearbeiten, sollten die Rauschfilter der Kamera nicht eingesetzt werden.
Jede Unterdrückung des Bildrauschens geht auf Kosten der Bildschärfe und kann zu einem Verlust feinster Bilddetails führen. Deshalb sollte eine manuell zuschaltbare Rauschreduktion nur verwendet werden, wenn das Motiv dies erfordert.

LEBENSDAUER DES SENSORS

Prinzipiell ist ein Sensor verschleißfrei, wenn er gemäß seinen Spezifikationen betrieben wird. Eine Abnutzung kann aber durch übermäßiges Erhitzen, zu starke Helligkeitseinstrahlung oder fehlerhafte Betriebsspannung entstehen. All dies sind sich addierende Faktoren, die Einfluss auf die Lebensdauer eines Sensors haben.

ISO-Einstellungen bei der D90

Die minimale ISO-Einstellung der Nikon D90 beginnt bei ISO 200 und kann bis zu ISO 6400 (Hi1) angehoben werden. Auch eine Anpassung nach unten bis ISO 100 (Lo1) ist möglich. Tatsächlich kann die Empfindlichkeit des Sensors jedoch nicht verändert werden. Alle Aufnahmen basieren demnach auf ISO 200. Die Empfindlichkeitssteigerung wird nur durch eine zunehmende Verstärkung der Bilddaten erzeugt. Mit einer gesteigerten Empfindlichkeitseinstellung steigt jedoch auch das sogenannte Bildrauschen an. Dieses macht sich, ähnlich wie das Korn bei einem hochempfindlichen Film, in Form von Farbmustern besonders in dunklen, flächigen Bereichen bemerkbar.
Das Bildrauschen entsteht auch durch die Bauweise des jeweils verwendeten Sensors. Dieser produziert sogar auch dann Strom, wenn kein Licht darauf fällt. Diese vergleichsweise niedrige Spannung tritt dann, mit zunehmender Verstärkung, immer deutlicher in den Vordergrund. Bei Einstellungen bis ISO 400 ist dieses Bildrauschen normalerweise nur sehr wenig zu bemerken. Ab ISO 800 beginnt es, je nach Motiv und späterer Vergrößerung, deutlicher aufzufallen, besonders auf glatten, einfarbigen Flächen und in dunklen Bereichen. Zwar ist eine spätere Anpassung mittels Bildbearbeitung durchaus möglich, dies geht jedoch immer auf Kosten der eigentlichen Bildschärfe.

Sensor vor Überhitzung schützen

Das sogenannte Color-Blooming entsteht dann, wenn Teile des Sensors überhitzt werden. Bei Langzeitaufnahmen und einer entsprechend hohen Umgebungstemperatur kann dieser Effekt verstärkt auftreten. Um die Gefahr zu verringern, sollten Sie deshalb zwischen mehreren Langzeitaufnahmen längere Pausen einlegen und die Umgebungs- und Kameratemperatur möglichst niedrig halten. Grundsätzlich gilt, dass eine übermäßige Erwärmung der Kamera möglichst zu vermeiden ist. Dazu gehört das Aufheizen durch Liegenlassen in der Sonne oder im Sommer in einem Auto. Dieses sowie auch die direkte, intensive Sonneneinstrahlung in das Objektiv kann zudem die Kamera beschädigen.

[i]

BILDRAUSCHEN DURCH FALSCHE BELICHTUNG

Besonders wichtig zur Reduzierung dieses Bildrauschens ist auch die richtige Belichtung des jeweiligen Motivs. Bei unterbelichteten Bildern, die mittels digitaler Bildbearbeitung wieder aufgehellt werden müssen, wird das im Bild enthaltene Rauschen verstärkt.

Noch ein weiterer Effekt erhöhter ISO-Werte kommt hinzu. Ab ISO 800 werden die Farben deutlich blasser, und der Kontrast lässt nach. Die kcamerainternen Rauschfilter reduzieren diesen Effekt, können ihn jedoch nicht komplett verhindern. Solche Bilder können später eventuell noch mit einer Bildbearbeitungssoftware optimiert werden. Das durch eine Einstellungserhöhung über ISO 3200 entstehende Bildrauschen ist jedoch auch in der Bildbearbeitung kaum noch korrigierbar.

Besteht bei einer Aufnahme die Möglichkeit, anstelle der ISO-Erhöhung mit einer längeren Belichtungszeit zu arbeiten, kann dies mit der eingeschalteten Funktion *Rauschreduzierung bei Langzeitbelichtung* durchaus von Vorteil sein. Wenn Sie die Wahl haben zwischen einer deutlichen Unterbelichtung und der Erhöhung des ISO-Werts, sollten Sie jedoch unbedingt den ISO-Wert anheben, da dies in der Regel die besseren Ergebnisse bringt.

Bildschärfe und Dynamikumfang

Schärfe definiert sich für das menschliche Auge in erster Linie als Kantenkontrast. Je deutlicher sich eine Fläche oder Linie von der Umgebung abgrenzt, als desto schärfer wird das Bild empfunden. Dabei spielen auch Farb- und Komplementärkontraste eine wesentliche Rolle. Die eigentliche Bildschärfe ist abhängig von der Auflösung des Bildes und besonders auch von der Qualität und der Auflösung des verwendeten Objektivs. Durch die Erhöhung der ISO-Empfindlichkeit und das damit verbundene höhere Grundrauschen vermindert sich auch die im Bild darstellbare Schärfe. Das Rauschen löst Flächen und Kanten auf. Besonders bemerkbar macht sich dies bei einer starken Vergrößerung. Werden die Bilder nur klein abgebildet, ist dieser Effekt weniger deutlich.

Optimale Schärfeleistung ermitteln

Zur Ermittlung der optimalen Werte kann eine Grafik, der Siemensstern, abfotografiert werden. Dieser besteht aus keilförmig aufeinander zulaufenden und immer feiner werdenden Liniensegmenten, die sich in der Mitte in einem Punkt treffen. Die Auflösung endet da, wo die Linien miteinander verschwimmen. Sie wird dabei nicht in Pixeln, sondern in Linien pro mm angegeben. Diese Bildvorlage wird hauptsächlich zum Testen von Objektiven verwendet.

Der Siemensstern wird zum Ermitteln der Schärfeleistung von Objektiven verwendet und kann auf Seite 57 in voller Größe abfotografiert werden.

Eine künstliche Scharfzeichnung erfolgt durch die Erhöhung des Kantenkontrasts. Ein gutes Beispiel für die Funktionsweise stellt z. B. der Filter *Unscharf maskieren* im Bildbearbeitungsprogramm Adobe Photoshop dar. Dabei können mittels dreier Regler die Intensität (*Stärke*), die Kantenbreite (*Radius*) und der Übergangspunkt (*Schwellenwert*) getrennt angepasst werden. Der Schwellenwert dient dazu, flächige Bereiche zu schützen und die Scharfzeichnung erst ab einem bestimmten Kontrastwert anzuwenden.

Die ungeschärfte Aufnahme

Das Bild nach der Scharfzeichnung.

Das Bild nach der Scharfzeichnung und der Erhöhung der Farbsättigung.

SIGNAL-CLIPPING

Eine zu starke Scharfzeichnung bewirkt, dass die Kanten wie ausgebrannt aussehen und auf der einen Seite ganz nach Weiß, auf der anderen ganz nach Schwarz kippen. Dieser Fehler wird als Signal-Clipping bezeichnet.

Scharfzeichnungsfilter Unscharf maskieren *in Adobe Photoshop CS4.*

Farbkontrast und Farbsättigung steigern

Auch eine Steigerung des Farbkontrasts vermittelt dem Betrachter den Eindruck eines schärferen Bildes. Dieser Effekt wird vor allem bei Billigkameras ausgenutzt. Durch das farbliche Aufpeppen der Bilder entsteht ein schärferer Eindruck, und das Bild wird, entsprechend den Vorstellungen des fotografierenden Amateurs, schön bunt.

Bei einer Erhöhung der Farbsättigung ist jedoch zu beachten, dass diese Bilder vielleicht auf dem Bildschirm und in der Projektion mit einem Beamer

Dynamikumfang des Sensors

Unter Dynamikumfang versteht man in der Fotografie den von Film oder Sensor verarbeitbaren Kontrastumfang. Dieser wird in Lichtwerten (EV) angegeben. Der Sensor der D90 verfügt über eine Eingangsdynamik von bis zu 10 EV, abhängig vom jeweiligen Motivkontrast. Entscheidend für den Nutzer ist jedoch, wie groß die Ausgangsdynamik ist, also der Kontrastumfang, der bei der Ausgabe wiedergegeben werden kann, beispielsweise der Ihres Bildschirms.

Für die Betrachtung und Ausgabe eines Bildes ist aber in erster Linie der Dynamikumfang des Ausgabegeräts oder des dazu verwendeten Mediums von Bedeutung. Die Mehrzahl der auf dem Markt verfügbaren Bildschirme bieten einen effektiven Kontrastumfang von 1:32 bis 1:64. Dies entspricht einem Helligkeitsunterschied von 5 oder 6 Lichtwerten (EV). Es gibt aber auch Geräte, die noch nicht einmal diese Leistung erbringen.

Bei TFT-Monitoren sind erhöhte Kontrastangaben von 2000:1 oder sogar noch höher auch abhängig von der Helligkeit, die teilweise ebenfalls extrem hoch liegt. Dies bedeutet jedoch nicht, dass diese Geräte zur Bildbearbeitung auch wirklich tauglich sind. Aufschluss über die Nutzbarkeit eines solchen Monitors geben nur die Testberichte in den Fachzeitschriften. Spezielle grafiktaugliche Geräte sind dabei in der Regel sehr hochpreisig. Handelsübliche TFT-Bildschirme bieten oftmals nur einen geringen nutzbaren Bildkontrast. Damit wird die Darstellung in den helleren und dunkleren Bereichen stark begrenzt. Grafiktaugliche Monitore verfügen nicht nur über einen hohen Bildkontrast, sondern sind auch farbverbindlich kalibrierbar. Dabei spielt eine gleichmäßige Helligkeit und Farbdarstellung über die gesamte Bildschirmfläche ebenfalls eine große Rolle.

Auch bei der Präsentation mit einem Beamer wird der Kontrastumfang trotz einer erhöhten Brillanz extrem eingeschränkt. Dadurch können Ihre Bilder auch bei bester Aufnahmequalität erheblich an Darstellungskraft und Informationsgehalt verlieren.

Verlässliche Bildbeurteilung vornehmen

Um eine realistische Bildbeurteilung vornehmen zu können, benötigen Sie demnach auch hochwertige Ausgabegeräte. Selbst wenn Sie über einen solchen Grafikmonitor verfügen, müssen Sie zunächst sicherstellen, dass Bildvorlage und Ansicht an Ihrem Gerät übereinstimmen. Dazu müssen Sie Ihren Bildschirm kalibrieren. Mit einem speziellen Messgerät werden bei der Kalibrierung Helligkeits-, Kontrast- und Farbverhalten Ihres Bildschirms überprüft und entsprechende Korrekturwerte eingestellt, die eine zuverlässige Ansicht und damit auch Bildkontrolle ermöglichen.

Korrekturen in einem ICC-Profil sichern

Sollen Ihre Bilder nach einer Bearbeitung weitergegeben werden, ist es erforderlich, diese Korrekturen mittels der Einbindung eines ICC-Profils in das Bild zu sichern. Nur so kann ein weiterer Anwender (z. B. in der Druckvorstufe) auf seinem kalibrierten System für eine zuverlässige Bildausgabe sorgen. Bei Aufnahmen mit der D90 wird das verwendete ICC-Profil (sRGB oder Adobe RGB) von der Kamera direkt in das Bild eingebettet.

LICHTWERT EV

Der Lichtwert EV (Exposure Value) entspricht jeweils einer ganzen Zeit- oder Blendenstufe. Dieser Wert steht für eine Kombination aus Blendenwert und Belichtungszeit. 1 EV oder LW steht für eine ganze Blenden- oder Zeitstufe. Dies ist zugleich eine Verdopplung oder Halbierung der Helligkeit. Für eine Berechnung ist zudem die Angabe der ISO-Empfindlichkeit erforderlich. Da Belichtungszeit, Blende und Lichtempfindlichkeit miteinander korrespondieren, kann eine Änderung auch in Lichtwerten angegeben werden.

ICC-PROFIL

Ein ICC-Profil (International Color Consortium) ist ein genormter Datensatz, der den Farbraum der Bilddaten genau beschreibt, damit diese auf einem anderen Gerät (Bildschirm oder Drucker) möglichst identisch ausgegeben werden können.

DATENTIEFE

12 Bit Datentiefe erzeugen einen Tonwertbereich von $2^{12} = 4.096$ Stufen, 8 Bit Datentiefe erzeugen einen Tonwertbereich von $2^8 = 256$ Stufen.

Die Ausnutzung der vollen Sensordynamik der Kamera ist jedoch nur bei Aufnahmen im NEF-Format – dem hauseigenen Nikon-RAW-Format – ohne vorherige Beschneidung möglich. Dadurch haben Sie auch die Möglichkeit, einen extremen Kontrastumfang zunächst in einem hellen und dann in einem dunklen Bild auszugeben und diese beiden Bilder dann in der Bildbearbeitung miteinander zu verrechnen, um damit eine bessere Wiedergabe zu erreichen.

Das Bild überstrahlt – Blooming und Smearing

Blooming oder Smearing entsteht durch einen extrem hohen Lichteinfall auf den Sensor. Dadurch geben die lichtempfindlichen Dioden Energie an benachbarte Dioden ab. Das Bild überstrahlt. Oftmals entsteht gleichzeitig ein meist violetter Farbsaum (Purple Fringing) an den Rändern der überbelichteten Bereiche. Um diese Effekte zu vermeiden, müssen Sie den Lichteinfall auf den Sensor reduzieren, am einfachsten durch eine kleinere Blende und eine Verringerung der Belichtungszeit. Bei Verwendung einer Programmautomatik passen Sie die Belichtungskorrektur an (Regler in den Minusbereich verschieben).

Farbraum und Dateiformate

Die D90 verfügt über die Dateiformate JPEG in den Bildgrößen L = 4.288 x 2.848 Pixel, M = 3.216 x 2.136 Pixel und S = 2.144 x 1.424 Pixel, einstellbar durch Drücken der *Zoom*-Taste und Drehen des vorderen Einstellrads oder über das Aufnahmemenü.
Durch die kleineren Bilder verringert sich die Datenmenge, und es können mehr Fotos gespeichert werden. Die Wiedergabequalität nimmt jedoch mit zunehmender Verringerung der Auflösung enorm ab. Auf Bilder im NEF-Format wirkt sich diese Einstellung nicht aus. Diese werden immer in der vollen Auflösung von 4.288 x 2.848 Pixeln und zudem noch mit einer Datentiefe von 12 Bit erstellt. JPEG-Dateien arbeiten dagegen mit einer Datentiefe von 8 Bit.
An der Nikon D90 können Sie folgende Dateiformate einstellen:

Format	Beschreibung
NEF (RAW)	Die vom Sensor gelieferten Daten werden ohne weitere Verarbeitung mit einer Datentiefe von 12 Bit gespeichert. Dabei wird nur eine geringe Kompressionseinstellung verwendet. Zur weiteren Verarbeitung benötigen Sie dazu ViewNX, Capture NX 2 oder einen anderen kompatiblen RAW-Konverter.
JPEG Fine	Die Bilder werden im JPEG-Format gespeichert und im Verhältnis 1:4 komprimiert.
JPEG Normal	Komprimierungsverhältnis 1:8.
JPEG Basic	Komprimierungsverhältnis 1:16.
NEF + JPEG Fine, Normal oder Basic	Zusätzlich zur NEF-Datei wird eine JPEG-Datei in der jeweiligen Komprimierungsstufe gespeichert.

KAPITEL 1
DIE NIKON D90 IM DETAIL

BILDER IM TIFF-FORMAT SPEICHERN

Bei Aufnahmen im JPEG-Modus sollten Sie die Bilder nach der Übertragung und Bearbeitung auf dem Computer nicht sofort wieder im JPEG-Modus speichern. Durch die dadurch erfolgende erneute Komprimierung verschlechtert sich die Bildqualität zunehmend. Besser ist die Speicherung im unkomprimierten TIFF-Modus. Dieses Format empfiehlt sich auch für bearbeitete NEF-Dateien (RAW-Daten). Eine weitere JPEG-Komprimierung sollte nur erfolgen, wenn dies zur Datenweitergabe erforderlich ist. TIFF (TIF – Tagged Image Format) speichert verlustfrei oder mit geringer Komprimierung (LZW). Es wird hauptsächlich in der Druckvorstufe verwendet und kann von fast allen Rechnersystemen gelesen werden.

Formate für Anwendungen und Datensicherung

- JPEG-Dateien in geringer Auflösung und mit hoher Kompression sind für hochwertige Drucke nicht geeignet, bei der Verwendung im Internet bzw. nur auf dem Bildschirm aber völlig ausreichend.

- Daten für die Druckvorstufe sollten, abhängig vom jeweiligen Ausgabeformat, möglichst in *JPEG Fine* und mit geringer Komprimierung aufgezeichnet werden.

- Bilder für eine besonders hochwertige Ausgabe und für eine spätere Bildbearbeitung erzeugen Sie am besten im NEF-Format. Dies setzt allerdings die erforderliche Software zur RAW-Konvertierung voraus. Alternativ kann jedoch auch eine Umwandlung bereits in der Kamera in das JPEG-Format erfolgen.

- Eine anschließende Datensicherung im TIFF-Format (oder einem anderen verlustfreien Bildformat) bei der Bildübernahme von NEF-Dateien sollte am besten noch in der 16-Bit-Einstellung erfolgen. Dies garantiert ein Maximum an Bildqualität. Die Originale sollten Sie aber immer zusätzlich noch im Originalformat für eine spätere individuelle Anpassung speichern.

Die Einstellung erfolgt, wie bereits weiter oben erwähnt, über die Aufnahmeeinstellungen oder auch durch Drücken der *Zoom*-Taste und Drehen des hinteren Einstellrads. Die jeweils verwendete Komprimierungsstufe hat dabei maßgeblichen Einfluss auf die Qualität der Bildwiedergabe. Weitere Qualitätsfaktoren stellen die im Kameramenü unter dem Menüpunkt *Bildoptimierung* einstellbaren Parameter dar. Hier können Bilder je nach Verwendungszweck und Aufnahmesituation in Bezug auf Scharfzeichnung, Kontrast, Farbwiedergabe, Sättigung und Farbton voreingestellt werden. Auf RAW-Dateien wirken sich diese Optionen lediglich in der Voransicht aus.

sRGB- und Adobe RGB-Farbraum

Der jeweils verwendete Farbraum (sRGB oder Adobe RGB) ist ebenfalls für die Bildqualität von Bedeutung. sRGB ist empfehlenswert für Bilder, die ohne weitere Nachbearbeitung gedruckt oder als Foto ausgegeben werden sollen. Dieser Farbraum ist zudem optimal für eine Verwendung der Bilder im Internet. Der Farbraum Adobe RGB umfasst einen wesentlich größeren Farbbereich. Diese Einstellung ist für eine professionelle Weiterverarbeitung der Bilder zu empfehlen.

Die Bilder der D90 im JPEG-Format, die im Farbraum Adobe RGB aufgenommen wurden, sind DCF-kompatibel, und alle Anwendungen und Drucker, die DCF unterstützen, wählen automatisch den passenden Farbraum zur Weiterverarbeitung aus. Bei anderen Geräten muss dieser manuell ausgewählt werden.

DCF

DCF ist die Abkürzung für „Design rule for Camera File system". Die vollständige Kompatibilität zwischen verschiedenen Kameras und anderen Geräten kann jedoch nicht garantiert werden.

Bedienelemente der Frontansicht.

Grundlegende Bedienelemente

Um ein korrektes und den Aufnahmebedingungen angepasstes Funktionieren Ihrer Kamera zu gewährleisten, sind das Kennenlernen der Bedienelemente und ein Verständnis für diese von größter Bedeutung. Mit der nachfolgenden Übersicht und einer entsprechenden Kurzerklärung erhalten Sie das Rüstzeug zur Bedienung der Kamera und zur Erstellung technisch optimaler Bilder.

D90-Frontansicht

❶ Die *Fn*-Taste kann mit unterschiedlichen Anwendungen belegt werden. Zur Anpassung verwenden Sie *Individualfunktionen f3*. Standardeinstellung ist die Blitzbelichtungsmesswertspeicherung.

❷ Das vordere Einstellrad dient der Einstellung der Blendenöffnung in den Programmarten *A* und *M* sowie der Anpassung der Belichtungsstufen innerhalb einer Belichtungsreihe. Dabei muss die *BKT*-Taste gedrückt gehalten werden. Auch eine Feinabstimmung des Weißabgleichs in Kombination mit der Taste *WB* (*Schlüssel/Hilfe*-Taste auf der Kamerarückseite) ist damit möglich. Durch Gedrückthalten der *Blitz*-Taste nehmen Sie eine Blitzbelichtungskorrektur vor.

❸ Ein-/Ausschalter mit Display-Beleuchtungsfunktion.

❹ Durch Festhalten der Taste *Belichtungskorrektur* und Drehen des hinteren Einstellrads kann eine Belichtungskorrektur zwischen −5

KAPITEL 1
DIE NIKON D90
IM DETAIL

EV und +5 EV vorgenommen werden. Diese Anpassungsoption steht in den Programmen P, S, und A zur Verfügung. Bei M erfolgt keine Anpassung. Zur Anwendung der Belichtungskorrektur sollte die mittenbetonte oder die Spotmessung eingesetzt werden.

Grüner Punkt: Durch gleichzeitiges Drücken der Taste *Belichtungskorrektur* und der Taste *AF* setzen Sie die Kamera wieder auf die Werkeinstellungen zurück. Beide Tasten müssen dabei länger als zwei Sekunden gedrückt gehalten werden.

Fernsteuerung ML-L3.

❺ Auswahl der Betriebsart, durch Drücken dieser Taste und Drehen des hinteren Einstellrads kann die zur Aufnahme verwendete Betriebsart ausgewählt werden. Die betreffenden Symbole werden dann auf dem Display angezeigt.

❻ Mit Drücken der *AF*-Taste und Drehen des hinteren Einstellrads kann die Autofokusbetriebsart ausgewählt werden. Die Vorgabe ist dabei abhängig vom jeweils verwendeten Aufnahmeprogramm. Zur Wahl stehen folgende Optionen:

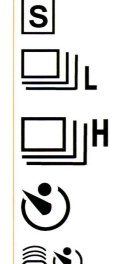

Einzelbild, mit jedem Drücken des Auslösers wird ein Bild aufgenommen.

Serienaufnahme – Langsam: Während der Auslöser gedrückt gehalten wird, nimmt die Kamera je nach Voreinstellung 1 bis 4 Bilder pro Sekunde auf.

Serienaufnahme – Schnell: Die Kamera nimmt durch Festhalten des Auslösers die maximal mögliche Anzahl von Bildern pro Sekunde auf (bis zu 4,5 Bilder pro Sekunde).

Selbstauslöser: Durch das Auslösen der Kamera startet die voreingestellte Vorlaufzeit.

Verzögerte Fernauslösung: in Kombination mit der Fernsteuerung ML-L3.

Sofortauslöser: Fernauslösung ebenfalls in Kombination mit der Fernsteuerung ML-L3.

AF-A	Automatische Auswahl, die Kameras wählt je nach Programmvorgabe die geeignete Autofokusmethode aus – *AF-S* oder *AF-C*.
AF-S	Einzelautofokus, durch Festhalten des ersten Druckpunkts am Auslöser kann die Schärfeebene gespeichert werden. Die Kamera löst nur aus, wenn eine Scharfstellung zuvor erfolgt ist – der Schärfeindikator im Sucher leuchtet auf. Diese Methode eignet sich für unbewegte Motive.
AF-C	Durch Festhalten des Auslösers am ersten Druckpunkt wird die Bildschärfe des anvisierten Objekts ständig nachgeführt. Eine Auslösung ist jederzeit möglich. Diese Methode eignet sich für bewegte Objekte.

❼ Auslöser mit zwei Druckpunkten. Beim ersten Druckpunkt stellt der Autofokus scharf. Die ermittelte Entfernung kann durch Festhalten gespeichert werden. Ein Tonsignal bestätigt, dass die Entfernung eingestellt ist. Verwenden Sie hingegen den kontinuierlichen Autofokus *AF-C*, erfolgt keine Fixierung der Entfernung, und es ertönt auch kein Tonsignal. Beim Durchdrücken löst die Kamera aus. Das Tonsignal kann jedoch auch deaktiviert werden.

❽ Hier wählen Sie das Belichtungsmesssystem aus oder formatieren die Speicherkarte direkt in der Kamera. Um die Speicherkarte zu formatieren, müssen Sie diese Taste und die *Löschen*-Taste gleichzeitig mindestens zwei Sekunden lang gedrückt halten. Daraufhin zeigt das Display *For* blinkend an. Durch erneutes Drücken beider Tasten wird die Formatierung durchgeführt. Achtung: Bei einer Formatierung werden sämtliche Bilder auf der Speicherkarte gelöscht.

Eine Anpassung des Belichtungsmesssystems ist nur mit den Programmen *P*, *S*, *A* und *M* möglich. Die anderen Aufnahmeprogramme verwenden stets die Matrixmessung.

❾ Das AF-Hilfslicht dient sowohl als Kontrollleuchte für den Selbstauslöser als auch zur Reduzierung des Rote-Augen-Effekts. Es wird bei zu dunkler Umgebung und Druck auf den Auslöser automatisch eingeschaltet (Standardeinstellung) und verbessert dabei die Scharfstellung des Autofokus. Die Reichweite beträgt ca. 3 m. Es kann nur mit Brennweiten zwischen 24 und 200 mm und ohne aufgesetzte Gegenlichtblende verwendet werden.

	3D-Colormatrixmessung II, auch vereinfacht Matrixmessung genannt. Die Anwendung erfolgt automatisch in den *Automatik*-Betriebsarten oder bei der Auswahl eines Motivs. Die Kamera misst Helligkeitsverteilung und Farbe innerhalb eines großen Bereichs des Sucherfelds. Diese Informationen werden mit den in der Kamera gespeicherten Informationen verglichen, und eine passende Belichtungseinstellung wird ausgewählt.
	Mittenbetonte Messung: Hierbei wird die Helligkeitsverteilung über das gesamte Bildfeld gemessen, der Schwerpunkt in der voreingestellten Bildmitte (Standardeinstellung 8 mm) wird jedoch mit 75 % gewertet.
	Spotmessung: Die Kamera misst ausschließlich innerhalb eines Kreises mit 3,5 mm Durchmesser, die Umgebungshelligkeit wird dabei nicht berücksichtigt. Der Messpunkt entspricht dabei dem jeweils aktiven Fokusmessfeld. Bei Objektiven ohne CPU (Nikkore Typ D) wird immer das mittlere Messfeld verwendet.

Bei Verwendung dieser beiden Programme sowie bei anderen Aufnahmeeinstellungen mit Verwendung des kontinuierlichen Autofokus *AF-C* oder bei Nutzung eines anderen als des mittleren Fokuspunkts ist das Hilfslicht abgeschaltet. Über *Individualfunktionen a3/Integriertes AF-Hilfslicht* können Sie es auch vollständig deaktivieren.

❿ Der Zubehörschuh dient der Befestigung von externen Blitzgeräten. Benutzen Sie kein externes Blitzgerät, sollten Sie die mitgelieferte Abdeckung zum Schutz aufgesteckt lassen.

⓫ Dies ist das Funktions- oder Programmwählrad mit den Belichtungsprogrammen *P, S, A, M* und den Aufnahmeprogrammen *Automatik, Blitz aus, Porträt, Landschaft, Sport, Makro* und *Nachtporträt*.

Die Aufnahmeprogramme passen die Einstellungen der Kamera automatisch an die jeweils ausgewählte Situation optimal an.

Aufnahmeprogramme: **Automatik, Blitz aus, Porträt, Landschaft, Sport, Makro** *und* **Nachtporträt**.

⓬ Mit der Taste *Blitzsteuerung* klappen Sie den Kamerablitz auf und passen die Blitzbelichtungskorrektur an. Der Kamerablitz arbeitet nur mit den Belichtungsprogrammen *P, S, A,* und *M*. Sie ändern die Einstellung durch Drücken der Taste *Blitzbelichtungskorrektur* und Drehen des vorderen Einstellrads. Eine Anpassung ist in 1/3 Lichtwerten (EV) zwischen −3 EV bis +1 EV möglich.

Symbol für **Blitzbelichtungskorrektur** *und* **Blitzsteuerung**.

⓭ Durch Drücken der Taste *BKT* und Drehen des vorderen Einstellrads stellen Sie die Schrittweite für Belichtungs- und Blitzbelichtungsreihen ein. Durch Festhalten und Drehen des hinteren Einstellrads legen Sie die Anzahl der Aufnahmen fest.

GPS-MINI-EMPFÄNGER

Auf den Blitzschuh der Kamera lässt sich der optional erhältliche GPS-Mini-Empfänger GP-1 aufstecken, anschließend ist die Kamera in der Lage, den Bildern globale Positionsdaten anzuhängen. Über sogenannte Geo-Tagging-Portale wie Flickr oder Google Panoramio2 können die Bilder dann auf einer Weltkarte eindeutig einem Ort zugeordnet werden.

Bedienelemente der Kamerarückseite.

D90-Rückseitenansicht

Taste für Ausschnittvergrößerung, Bildqualität und Bildgröße.

❶ Taste *Ausschnittvergrößerung/QUAL* (Lupe mit Plussymbol). Mit dem Multifunktionswähler verschieben Sie den vergrößerten Bildausschnitt auf dem LCD-Monitor. Dabei wird ein Navigationsfenster eingeblendet.

Durch Drehen des vorderen Einstellrads bei vergrößerter Ansicht können von der Kamera erkannte Gesichter auch direkt ausgewählt werden. Diese sind durch einen weißen Navigationsrahmen markiert. Mit dem hinteren Einstellrad kann während der Anzeige auch zu anderen Bildern geblättert werden. Die gewählte Vergrößerung und die Position werden dabei beibehalten. Durch Drücken der *OK*-Taste wird die normale Bildanzeige wiederhergestellt. Mit Antippen des Auslösers kehrt die Kamera zur Aufnahmebereitschaft zurück.

Die Taste *Ausschnittvergrößerung* kann im Aufnahmemodus auch zur Einstellung der Bildqualität und Bildgröße benutzt werden. Durch Drücken und Drehen des hinteren Einstellrads wird die gewünschte Einstellung ausgewählt.

Taste für Ausschnittverkleinerung und Bildindex.

❷ Die *Bildindex*-Taste/*ISO* (Lupe mit Minuszeichen) dient der Anzeige von Indexbildern und der Verkleinerung des angezeigten und zuvor vergrößerten Bildes. Im Index können 4, 9 oder bis zu 72 Bilder zugleich angezeigt werden. Auch eine Ansicht sortiert nach Datum ist damit möglich. Um ein bestimmtes

KAPITEL 1
**DIE NIKON D90
IM DETAIL**

Bild auszuwählen, benutzen Sie den Multifunktionswähler. Mit Drücken der *OK*-Taste wird das ausgewählte Bild als Einzelbild angezeigt. Durch Antippen des Auslösers kehren Sie zur Aufnahmebereitschaft zurück.

Die Taste kann im Aufnahmemodus auch zur Empfindlichkeitseinstellung (ISO) verwendet werden. Durch Drücken der Taste und Drehen des hinteren Einstellrads wird die ISO-Empfindlichkeit angepasst.

Hilfe- und **Schutz**-Taste, Bildansicht mit Schutzsymbol.

❸ *WB/Hilfe-* und *Schutz*-Taste: Während des Blätterns im Menü oder in den Aufnahmeeinstellungen am Monitor kann durch Druck auf diese Taste eine Hilfeinformation aufgerufen werden. Während der Bildwiedergabe kann ein ausgewähltes Bild damit geschützt werden. Die geschützten Bilder können nicht mehr versehentlich gelöscht werden. Geschützte Bilder werden durch ein Schlüsselsymbol gekennzeichnet. Zum Aufheben des Schutzes rufen Sie das Bild erneut auf und deaktivieren diesen durch einen nochmaligen Druck auf die *Hilfe-* und *Schutz*-Taste. Um den Schutz für alle geschützten Bilder zugleich aufzuheben, halten Sie diese Taste und die *Papierkorb*-Taste für etwa zwei Sekunden gedrückt.

Die Taste kann im Aufnahmemodus auch für den Weißabgleich (*WB*) genutzt werden. Durch Drehen des vorderen und des hinteren Einstellrads erfolgt die Anpassung (siehe unter Weißabgleich).

❹ Mit der Taste *MENU* rufen Sie das Kameramenü auf. Die Navigation durch die Menüs erfolgt mit dem Multifunktionswähler. Mit Drücken der *OK*-Taste bestätigen Sie die jeweilige Auswahl.

❺ Mit der Taste *Wiedergabe* können Sie sich Ihre gespeicherten Aufnahmen und HD-Filme auf dem LCD-Monitor anschauen und prüfen. Mit dem Multifunktionswähler blättern Sie durch die gespeicherten Bilder und rufen die dazugehörigen Informationen auf. Welche Informationen angezeigt werden sollen, legen Sie im Wiedergabemenü unter *Infos bei Wiedergabe* fest.

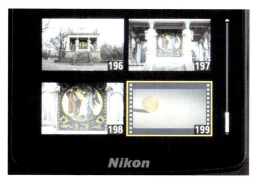

Auswahl eines gespeicherten Bildes oder Films in der Indexansicht.

❻ Mit der Taste *Löschen* befördern Sie markierte Bilder in den Papierkorb. Vor dem Löschen erfolgt eine Sicherheitsabfrage, die Sie mit erneutem Druck auf die Taste *Löschen* bestätigen. Möchten Sie den Löschvorgang abbrechen, drücken Sie die Taste *Wiedergabe*.

❼ Aus Gummi bestehende Okularabdeckung DK-21 zum Schutz des Suchers. Zur Befestigung von Sucherzubehör ziehen Sie die Okularabdeckung nach oben hin ab.

❽ Mit dem Dioptrieneinstellrad passen Sie die Bildschärfe an Ihre Sehstärke an. Zur Anpassung richten Sie die eingeschaltete Kamera auf eine helle Fläche und drehen das Einstellrad, bis die angezeigten Fokuspunkte absolut scharf dargestellt werden.

⑨ Als Belichtungsmesswertspeicher *AE-L* steht die *AE-L/AF-L*-Taste bei Verwendung der Programme *P*, *S* und *A* zur Verfügung. Dabei muss jedoch zugleich für die Belichtungsmessung die mittenbetonte Messung oder die Spotmessung verwendet werden.

Bei Nutzung des kontinuierlichen Autofokus *AF-C* kann die Taste genutzt werden, um einen zuvor gewählten Schärfepunkt festzuhalten – Funktion *AF-L*.

Sie können die *AE-L/AF-L*-Taste im Kameramenü in den *Individualfunktionen f4* auch mit anderen Funktionen belegen.

⑩ Mit dem hinteren Einstellrad passen Sie bei den Kameraeinstellungen *M* und *S* die Belichtungszeit an. Im Programmmodus *P* kann es zur Programmverschiebung genutzt werden. In Kombination mit entsprechenden Tasten ist eine weitergehende Anpassung und Auswahl verschiedener Optionen möglich.

⑪ Mit der *Lv*-Taste schalten Sie die Kamera in den Live-View-Modus um. Das Motiv wird nun auf dem Kameramonitor angezeigt. Die Aufnahmen erfolgen nach den zuvor gewählten Einstellungen. Während des Live-View-Betriebs kann die Belichtungsmessmethode nicht geändert werden. Um den Live-View-Modus zu beenden, drücken Sie erneut die *Lv*-Taste.

Zum Start und zum Beenden einer Filmaufnahme drücken Sie während des Live-View-Betriebs die Taste *OK*. Filme können bis zu einer Dateigröße von 2 GByte aufgenommen werden, der Autofokus steht dabei nicht zur Verfügung, und es muss manuell scharf gestellt werden. Je nach voreingestellter Filmgröße kann die maximale Filmlänge bis zu 20 Minuten betragen. Bei einer Bildgröße von 1.280 x 720 beträgt die maximale Filmlänge 5 Minuten.

⑫ Verwenden Sie den Multifunktionswähler zur Menüauswahl, zur Bildauswahl im Wiedergabemodus und zum Einstellen des Fokusmessfelds, das bei der Aufnahme verwendet werden soll. Mit der *OK*-Taste bestätigen Sie all Ihre Einstellungen.

⑬ Sperrschalter für die Messfeldvorwahl. In Position *L* kann der gewählte Fokusmesspunkt nicht geändert werden. Um ein bestimmtes Fokusmessfeld für den Einzelautofokus *AF-S* bzw. den dynamischen Autofokus *AF-C* oder auch *3D-Tracking* auszuwählen, stellen Sie den Sperrschalter auf den Punkt. Die Art der Messfeldsteuerung muss zuvor im Menü *Individualfunktionen a1* festgelegt werden.

⑭ Bei Zugriff auf die Speicherkarte leuchtet die Kontrolllampe auf.

⑮ Durch Drücken der Taste *info* werden die Aufnahmeinformationen auf dem Monitor angezeigt. Die in der unteren Leiste angezeigten Optionen können durch erneutes Drücken der Taste mit dem Multifunktionswähler ausgewählt und danach mit der *OK*-Taste aufgerufen und geändert werden.

Aufnahmeinformationsanzeige auf dem Kameramonitor und Auswahl zur Anpassung der unten angezeigten Optionen.

Aufnahme- und Belichtungsprogramme

Das Aufnahmeprogramm *AUTO* eignet sich für Schnappschüsse aller Art. Die Kamera nimmt je nach Aufnahmesituation die erforderlichen Einstellungen selbstständig vor. Auf dem Monitor im Aufnahmeinformationsfenster werden die aktuellen Einstellungen angezeigt. Bei zu dunkler Umgebung wird das integrierte Blitzgerät automatisch aufgeklappt. Eine Einstellung der zum jeweiligen Programm verfügbaren Optionen kann über das Fenster zur Anpassung der Aufnahmeeinstellungen (Aufruf durch zweimaligen Druck auf die *info*-Taste) erfolgen. Dabei wird der Multifunktionswähler zum Blättern durch die Auswahl benutzt. Die jeweils gelb markierte Einstellung kann dann durch Druck auf die *OK*-Taste aufgerufen und durch ein weiteres Betätigen des Multifunktionswählers durchsucht werden. Die vorgenommenen Einstellungen werden bis zu einer erneuten Änderung oder Durchführung eines Kamera-Resets gespeichert.

 Blitz aus

Automatikfunktion wie zuvor, jedoch ohne Verwendung des eingebauten oder aufgesetzten Blitzgeräts. Bei ungünstigen Lichtverhältnissen wird zur Fokussierung das AF-Hilfslicht automatisch zugeschaltet.

 Porträt

Aufnahmeprogramm zur Bildwiedergabe von weichen, natürlichen Hauttönen. Die Kamera aktiviert den Fokuspunkt im Motiv, der sich in kürzester Entfernung zur Kamera befindet. Um den Hintergrund im Bild weichzuzeichnen, wird von der Kamera bei dieser Einstellung immer eine möglichst große Blende verwendet. Bei zu dunkler Umgebung wird das integrierte Blitzgerät automatisch aufgeklappt.

 Landschaft

Aufnahmeprogramm speziell für alle Arten von Landschaftsaufnahmen. Die Kamera aktiviert den Fokuspunkt im Motiv, der sich in kürzester Entfernung zur Kamera befindet. Blitzlicht und AF-Hilfslicht werden nicht verwendet.

 Sport

Die Einstellungen der Kamera sind hier speziell auf den Sportbereich abgestimmt. Es werden möglichst kurze Belichtungszeiten verwendet, um Bewegungen einzufrieren. Zur Autofokussierung wird der kontinuierliche Autofokus *AF-C* verwendet. Dieser wird durch Drücken des Auslösers zum ersten Druckpunkt aktiviert. Die Kamera stellt dabei die Schärfe ausgehend vom mittleren Fokuspunkt oder von einem zuvor mit dem Multifunktionswähler links oder rechts ausgewählten Fokuspunkt kontinuierlich nach. Eine Aufnahme kann durch Drücken des Auslösers zum zweiten Druckpunkt jederzeit erfolgen. Das integrierte Blitzlicht und das AF-Hilfslicht sind bei dieser Einstellung deaktiviert. Die Messfeldsteuerung ist auf *Dynamisch* voreingestellt. Dadurch kann die Entfernung bei sich bewegenden Objekten von der Kamera automatisch neu berechnet werden.

 Nahaufnahme/Makro

Das Programm für Aufnahmen im Nahbereich. Zur Scharfstellung wird standardmäßig der Einzelpunkt im Modus *AF-S* benutzt. Der Autofokus verwendet dabei den mittleren Einstellpunkt oder einen durch Vorauswahl mit dem Multifunktionswähler ausgewählten Fokuspunkt auf den Seiten. Um Verwacklungen durch Langzeitbelichtungen zu vermeiden, sollte eventuell ein Stativ verwendet werden. Bei zu dunkler Umgebung wird das integrierte Blitzgerät automatisch aufgeklappt.

MATRIXMESSUNG

Bei den Aufnahmeprogrammen wird zur Belichtungsmessung immer die Matrixmessung vorgegeben. Durch Drücken der Taste *AF* und Drehen des hinteren Wählrads kann jedoch auch die mittenbetonte Messung oder die Spotmessung ausgewählt werden.

VERWENDUNG VON NIKKOREN DES TYPS D

Die maximal und die minimal mögliche Blendenöffnung sind vom jeweils verwendeten Objektiv abhängig. Bei Verwendung von Objektiven mit CPU und Blendenring – Nikkore des Typs D – muss am Objektiv die kleinste Blende (der höchste Blendenwert) eingestellt werden. Die Arbeitsblende wird immer an der Kamera eingestellt.

MANUELLE BELICHTUNGS-KORREKTUR

Um die von der Kamera in den Belichtungsprogrammen *P, S, A* und in den Aufnahmeprogrammen ermittelte Belichtungseinstellung zu verändern, muss eine manuelle Belichtungskorrektur vorgenommen werden. Diese erfolgt durch Drücken der Taste *Belichtungskorrektur* und Drehen des hinteren Einstellrads.

 Nachtporträt

Aufnahmeprogramm zur Verwendung bei schwachen Lichtverhältnissen. Die Kamera sorgt für eine ausgeglichene Belichtung von Hauptmotiv und Hintergrund. Die AF-Messfeldsteuerung fixiert auf das nächstgelegene Objekt. Um Verwacklungen zu vermeiden, sollte eventuell ein Stativ verwendet werden. Bei zu dunkler Umgebung wird das integrierte Blitzgerät automatisch aufgeklappt.

P Programmautomatik

Aufnahmeprogramm mit dem Zugriff auf alle Einstellungsoptionen. Die Kamera übernimmt selbstständig nach den Vorgaben die Einstellung von Blende und Belichtungszeit. Das Blitzgerät muss zur Anwendung durch Drücken der Taste *Blitzsteuerung* manuell aufgeklappt werden.
Programmverschiebung – durch Drehen des hinteren Einstellrads kann eine andere Zeit-Blende-Kombination eingestellt werden. Im Sucher und auf der Anzeige der Aufnahmeinformationen wird dann *P** angezeigt. Drehen nach rechts bewirkt eine größere Blendenöffnung, Drehen nach links eine kleinere. Die Belichtungszeit wird entsprechend angepasst. Nach einem Programmwechsel wird die Standardkombination wiederhergestellt.

S Blendenautomatik

Bei der Blendenautomatik wird die Belichtungszeit durch Drehen des hinteren Einstellrads vorgegeben, die Kamera passt die Blende zur richtigen Belichtung automatisch an. Die Einstellung ist zwischen 1/4000 Sekunde und 30 Sekunden wählbar. Der Zugriff auf alle Aufnahmeoptionen ist möglich.

A Zeitautomatik

Bei dieser Automatik wird die Blende durch Drehen des vorderen Einstellrads vorgegeben. Die erforderliche Belichtungszeit wird von der Kamera automatisch angepasst. Die maximale und die minimale Blendenöffnung sind vom jeweils verwendeten Objektiv abhängig. Der Zugriff auf alle Aufnahmeoptionen ist möglich.

M Manuelle Belichtungseinstellung

Belichtungszeit und Blende werden manuell eingestellt. In diesem Modus ist auch die Einstellung *bulb* verfügbar, mit der die Belichtungszeit unbegrenzt verlängert werden kann. Der Verschluss bleibt dabei so lange geöffnet, wie der Auslöser gedrückt gehalten wird. Der Zugriff auf alle Einstellungsoptionen ist in diesem Modus möglich.

KAPITEL 1
DIE NIKON D90
IM DETAIL

Durch Drehen des hinteren Einstellrads kann die Belichtungszeit vorgegeben werden. Zur Einstellung der Blendenöffnung wird durch Drehen des vorderen Einstellrads die Blende gewählt. Um von der durch die Kamera ermittelten Belichtungsvorgabe abzuweichen, kann manuell ein beliebiger Wert für Belichtungszeit und Blende eingestellt werden. Dabei muss jedoch die ISO-Automatik deaktiviert werden, da ansonsten die Belichtung über diese wieder an den ermittelten Wert angepasst wird. Die Taste *Belichtungskorrektur* ist bei manueller Einstellung nicht zu verwenden, da diese lediglich die Werte verändert, jedoch ohne Einfluss auf die Einstellung.

Die auf dem Monitor, nach Drücken der *info*-Taste, und im Sucher angezeigte Belichtungsskala zeigt die optimale Einstellung durch die Position *0* an. Teilstriche links zeigen eine Überbelichtung, Teilstriche rechts eine Unterbelichtung in jeweils 1/3 Lichtwerten an.

Symbol für die Belichtungskorrektur.

*Anzeigen der Belichtungsskala.
Oben: mehr als 2 Lichtwerte überbelichtet,
Mitte: richtige Belichtungseinstellung.
Unten: 2/3 Lichtwerte unterbelichtet.*

Die Einstellräder und mögliche Anwendungen

Funktion	Anwendung
	Programmverschiebung: Drehen des hinteren Einstellrads nach links bewirkt eine kleinere Blende, Drehen nach rechts eine größere Blendenöffnung bei gleichzeitiger Anpassung der Belichtungszeit. Nur bei Programmauswahl *P* möglich.
	Einstellung der Belichtungszeit, nur mit den Aufnahmeprogrammen *S* und *M* möglich.
	Einstellung der Blende, nur mit den Aufnahmeprogrammen *A* und *M* möglich.
	Stufenweise Anpassung der Belichtungskorrektur zwischen −0,3 und −5,0 sowie zwischen +0,3 und +5,0 Lichtwerten.
	Blitzbelichtungskorrektur, Anpassung nur mit den Aufnahmeprogrammen *P, S, A, M* möglich.
	Auswahl der *Blitzsteuerung*, auswählbare Optionen siehe unter Blitzlicht. Für die Aufnahmearten ⊘, 🏔, 🏃 nicht verfügbar.
	Auswahl der Schrittweite für die Belichtungsreihe zwischen 0,3 und 2 Lichtwerten. Nur mit den Aufnahmeprogrammen *P, S, A, M* möglich.

Funktion	Anwendung
BKT + hinteres Rad	Belichtungsreihe aktivieren oder abbrechen, Anzahl der Aufnahmen in Serie einstellen.
?/⛓ + vorderes Rad	*WB* – Feinanpassung des Weißabgleichs, Farbtemperatur auswählen, Weißabgleichsspeicher auswählen.
?/⛓ + hinteres Rad	*WB* – Weißabgleicheinstellung auswählen. Weitere Informationen siehe unter Weißabgleich.
🔍⊖ + hinteres Rad	*ISO* – ISO-Empfindlichkeit einstellen.
🔍⊕ + vorderes Rad	Bildgröße auswählen.
🔍⊕ + hinteres Rad	Bildqualität einstellen.
⊙ + hinteres Rad	Auswahl des Belichtungsmesssystems: 3D-Colormatrixmessung, mittenbetonte Messung oder Spotmessung.
▣ + hinteres Rad	Auswahl der Auslöserbetriebsart: für Einzelbild, Serienaufnahme langsam, Serienaufnahme schnell, Fernauslösung verzögert oder sofort.
AF + hinteres Rad	Auswahl der Autofokusbetriebsart: *AF-A* = automatische Auswahl durch die Kamera, *AF-S* = Einzelautofokus, *AF-C* = kontinuierlicher Autofokus.

▬ = hinteres Einstellrad   ⛓ = vorderes Einstellrad

Multifunktionswähler und mögliche Anwendungen

	Anwendungen
Beim Fotografieren	Setzen der Fokuspunkte durch Drücken nach links oder rechts. Das Fixieren des gewählten Messpunkts erfolgt durch den Sperrschalter darunter.
Im Einstellungsfenster	Auswahl der Optionen durch Drücken des Wippschalters in die gewünschte Richtung. Bestätigung der Auswahl mit *OK*.
In den Menüs	Nach links: Rückkehr zum vorherigen Menü. Nach rechts: Aufruf des Untermenüs. Nach oben: Bewegen oder Erhöhung eines Werts. Nach unten: Bewegen oder Verringern eines Werts. Bestätigung der Auswahl mit *OK*.
Bei der Wiedergabe	Nach links: Anzeige des vorhergehenden Bildes. Nach rechts: Anzeige des nächsten Bildes. Nach oben oder nach unten: Anzeigen weiterer Bildinformationen. *OK*-Taste zum Aufruf des Bildbearbeitungsmenüs.

KAPITEL 1
DIE NIKON D90 IM DETAIL

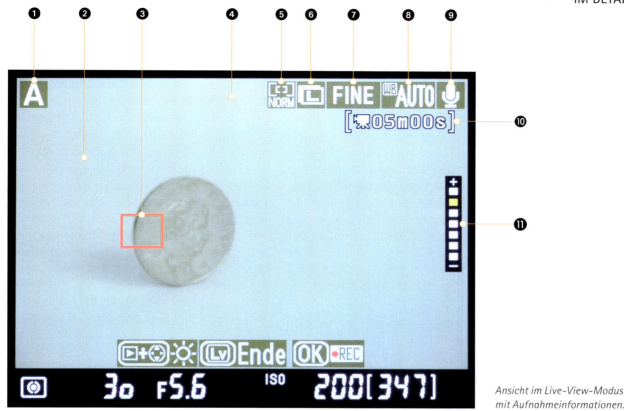

Ansicht im Live-View-Modus mit Aufnahmeinformationen.

Aufnahmebetriebsart Live-View

Die D90 verfügt als erste Nikon-Kamera über eine *Lv*-Taste, mit der direkt in den Live-View-Modus geschaltet werden kann. Dabei wird der Spiegel im Kamerainneren nach oben geklappt, und das Motiv kann damit im Sucher nicht mehr betrachtet werden, stattdessen wird dieses auf dem LCD-Monitor angezeigt. Um in den Normalbetrieb zurückzukehren, drücken Sie erneut die *Lv*-Taste. Durch Drücken der *info*-Taste kann die Ansicht mit oder ohne Aufnahmeinformationen sowie mit einer Gestaltungshilfe in Form eine Gitternetzes dargestellt werden.

❶ Aufnahmebetriebsart.

❷ Anzeigebereich für die verbleibende Restzeit bis zum Abschalten von Live-View. Die Information in Sekunden wird angezeigt, wenn die Aufnahme nach 30 Sekunden oder weniger endet.

❸ Fokusmessfeld: Anzeige in Rot bedeutet unscharf, Anzeige in Grün nach der Scharfstellung.

❹ Anzeigebereich für das Symbol *Kein Film*. Das Symbol wird nur angezeigt, wenn keine Filmaufnahme möglich ist.

❺ Aktuelle Autofokusbetriebsart, es kann zwischen *Normal* und *Wide* umgeschaltet werden.

❻ Bildgröße.

❼ Bildqualität.

❽ Weißabgleich.

❾ Symbol für die Tonaufzeichnung.

❿ Verbleibende Zeit für Filmaufnahmen.

⓫ Anpassung der Monitorhelligkeit, Taste *Wiedergabe* drücken und mit dem Multifunktionswähler die Helligkeit anpassen.

Vor Anwendung des Live-View-Modus

Bevor Sie den Live-View-Modus anwenden, sollten Sie sich für eine Belichtungsmessmethode entscheiden, da diese während des Live-View-Betriebs nicht geändert werden kann. Zur optimalen Anwendung werden AF-S-Objektive empfohlen. Die Wahl der Autofokusmethode erfolgt durch Drücken der *AF*-Taste und Drehen des hinteren Einstellrads. Die verfügbaren Optionen unterscheiden sich dabei von den im Normalbetrieb üblichen Einstellungen. Die Fokussierung ist zudem wesentlich langsamer als im Normalbetrieb. Es stehen folgende Einstellungen zur Wahl (diese Einstellungen sind auch in den *Individualfunktionen a7* möglich):

Porträt-AF	Porträtmotive (bis zu fünf Personen) werden von der Kamera erkannt, und die Scharfstellung erfolgt automatisch. Dabei werden der Fokus und die Belichtung des erkannten Porträts durch einen gelben Rahmen gekennzeichnet. Wird kein Gesicht erkannt, stellt die Kamera auf die Mitte des Motivs scharf.
Großer Messbereich	Diese Einstellung – die Standardeinstellung – eignet sich für die meisten Aufnahmen aus der Hand mit Ausnahme von Porträts.
Normal	Zur gezielten Scharfstellung auf ein ausgewähltes Messfeld. Dazu sollte ein Stativ verwendet werden. Um Verwacklungsunschärfen zu vermeiden, sollte bei dieser Anwendung auch die Spiegelvorauslösung – *Individualfunktionen d10* – auf *Ein* gestellt werden.

Messfeldauswahl mit dem Multifunktionswähler

Eine Messfeldauswahl für die Optionen *Großer Messbereich* und *Normal* kann mit dem Multifunktionswähler nach dem Positionieren des Sperrhebels auf den Markierungspunkt vorgenommen werden. Zum Fixieren der Position setzen Sie den Sperrhebel anschließend wieder auf die Position *L*.

Scharfstellen im Live-View-Modus

Zur Scharfstellung im Live-View-Modus wird unabhängig von der Autofokuseinstellung an der Kamera stets der Einzelautofokus *AF-S* verwendet. Kann die Kamera scharf stellen, wird das Autofokusmessfeld grün angezeigt, blinkt oder leuchtet dieses rot, ist keine Scharfstellung erfolgt. Eine Auslösung gelingt jedoch auch dann, wenn keine Scharfstellung erfolgt ist. Zur Scharfstellung drücken Sie den Auslöser zum ersten Druckpunkt.
Die Aufnahme erfolgt nach Durchdrücken des Auslösers, dabei entstehen mehrere Klackgeräusche durch Spiegel und Verschluss der Kamera. Das erstellte Bild wird danach in der Monitoransicht gezeigt, und nach Ablauf der eingestellten Anzeigezeit kehrt die Kamera in den Live-View-Modus zurück. Um den Live-View-Modus zu beenden, drücken Sie erneut die *Lv*-Taste.

Belichtungsmesswerte speichern

Belichtungsmesswerte können durch Drücken und Festhalten der *AE-L/AF-L*-Taste gespeichert werden. Eine Belichtungskorrektur kann durch Festhalten der entsprechenden Taste und Drehen des hinteren Einstellrads erfolgen. Die Auswirkungen der Anpassung sind dabei auf dem Monitor sichtbar.

Automatischer Shutdown bei drohender Überhitzung

Im Live-View-Betrieb kann die Kamera bis zu einer Stunde genutzt werden. Bei drohender Überhitzung wird nach der Anzeige eines 30-Sekunden-Countdowns die Kamera automatisch abgeschaltet. Erhöhte Temperaturen können jedoch bereits vorher zu einer Verschlechterung der Bildqualität führen. Aufnahmen in Richtung Sonne oder besonders heller Lichtquellen sind in dieser Betriebsart nicht zu empfehlen und können auch Schäden an der Kamera verursachen. Die Auswirkungen der Blendeneinstellung sind während der Live-View-Ansicht nicht zu erkennen, die *Abblend*-Taste ist zudem außer Funktion. Durch den Anschluss an ein HDMI-Gerät wird der Monitor deaktiviert und das Live-Bild auf dem Bildschirm des angeschlossenen Geräts angezeigt.

HD-Filmsequenzen mit der D90

Von der Live-View-Technik ist es gedanklich nur ein kleiner Schritt zur Videofunktion, die man von den Kompakten seit Langem kennt. Ein kluger Schachzug von Nikon, mit der D90 gleichzeitig das Videozeitalter bei digitalen SLR-Kameras einzuläuten. Die D90 ist damit als universelle Kamera für Freizeit und Reise nahezu unschlagbar. Sie können HD-Filmsequenzen bis zu einer Dateigröße von maximal 2 GByte aufnehmen. Die Einstellungen für die Bildgröße und die Tonaufzeichnung (Audio) in Einkanaltechnik erfolgen im Aufnahmemenü unter *Videoeinstellungen*.

Einziger Wermutstropfen: Der Autofokus führt die anfangs eingestellte Schärfe nicht nach, manuelles Fokussieren und Zoomen sind aber möglich.

Und so filmen Sie mit der D90

[1] Möchten Sie filmen, aktivieren Sie zunächst mit der *Lv*-Taste die Live-View-Funktion. Anschließend genügt ein Druck auf die *OK*-Taste, um die Videoaufzeichnung zu starten. Wählen Sie den entsprechenden Bildausschnitt und stellen Sie das erste Bild durch Druck auf den ersten Druckpunkt des Auslösers scharf. Auf dem Monitor werden nun die Aufnahmeanzeige und die verbleibende Aufnahmezeit angezeigt.

Ansicht des LCD-Monitors während der Videoaufzeichnung.

Sie beenden die Videoaufnahme durch abermaliges Drücken der *OK*-Taste oder durch Betätigen des Auslösers. Zeitgleich wird dann das Video gestoppt und eine Aufnahme gemacht. Nach Erreichen der maximalen Filmgröße oder wenn die Speicherkarte voll ist, wird die Aufzeichnung automatisch beendet. Bei zu geringer Schreibgeschwindigkeit der eingesetzten Speicherkarte kann ebenfalls ein vorzeitiger Abbruch erfolgen.

[2] Während oder bevor Sie die Videofunktion aktivieren, können Sie eine Belichtungskorrektur einstellen oder durch Drücken der *AEL*-Taste einen Belichtungsmesswert speichern. Über die eingestellte Blende steuern Sie die Schärfentiefe, und der Bildstabilisator hilft gegen Verwackeln.

[3] Videos werden im Motion-JPEG-Format (AVI) aufgezeichnet. Drei Bildgrößen sind möglich: Neben 640 x 424 und 320 x 216 Pixeln lässt sich das hochauflösende HD-Format mit 1.280 x 720 Bildpunkten einstellen.

In allen drei Fällen werden 24 Bilder pro Sekunde aufgezeichnet. HD-Videos sind jedoch auf 5 Minuten und eine maximale Dateigröße von 2 GByte beschränkt. Bei den anderen Formaten kann die Videoaufzeichnung bis zu 20 Minuten dauern.

[4] Über die HDMI-Schnittstelle und das passende Kabel, das leider nicht im Lieferumfang der D90 enthalten ist, können Sie Ihre hochauflösenden Bilder oder Videos auf einem HD-fähigen Fernsehgerät im 16:9-Format anzeigen lassen.

Ton zeichnet die D90 nur in Mono auf, was zumindest als Pilotton für Nachvertonungen ausreicht. Ein externes Mikrofon kann nicht angeschlossen werden.

Die D90 wird per HDMI-Kabel an einen Full-HD-Fernseher angeschlossen. Am TV-Gerät muss vorher der entsprechende Eingangskanal festgelegt werden – hier das Menü eines Panasonic-LCD-Fernsehers der Viera-Baureihe.

Filmaufnahmen auf einem Fernseher abspielen

Sie können die Kamera über das mitgelieferte Audio-/Videokabel an jeden handelsüblichen Fernseher anschließen, sofern dieser über einen Audio-/Videoeingang verfügt. Ihre ganze Pracht entfalten die mit der D90 aufgenommenen Bilder und Videos aber erst an einem Full-HD-kompatiblen Fernseher mit HDMI-Schnittstelle.

[1] Ist Ihre Videoaufnahme im Kasten, schalten Sie die Kamera aus und verbinden die D90 mit Ihrem Fernsehgerät, vorzugsweise über ein HDMI-Kabel. Im Menü Ihres Fernsehers stellen Sie den entsprechenden HDMI-Kanal ein.

[2] Jetzt steht der Anzeige des Videos nichts mehr im Weg. Schalten Sie die Kamera ein und drücken Sie die Taste *Wiedergabe*. Während das Video am Fernseher läuft, bleibt der LCD-Monitor der D90 inaktiv.

Filmaufnahmen auf dem LCD-Monitor anzeigen

Aufgenommene Filme werden in der Einzelbildansicht mit einem Kamerasymbol gekennzeichnet, auch die Wiedergabezeit und ein Symbol für die Tonaufzeichnung werden angezeigt.

Monitoransicht bei der Filmwiedergabe.

Während der Filmwiedergabe sind folgende Bedienschritte möglich:

Aktion	Beschreibung
Start/Pause/Fortfahren	Drücken der *OK*-Taste.
Vorspulen/Zurückspulen	Multifunktionswähler nach rechts oder links drücken.
Lautstärke einstellen	Lauter: mit der Taste *Ausschnittvergrößerung*. Leiser: mit der Taste *Bildindex*.
Rückkehr zur Einzelbilddarstellung	Multifunktionswähler nach oben oder Drücken der Taste *Wiedergabe*.
Zurück zur Aufnahmebereitschaft	Auslöser drücken.
Menüsteuerung aktivieren	*MENU*-Taste drücken.

AUFNAHMEN IN RICHTUNG HELLER LICHTQUELLEN

Aufnahmen in Richtung Sonne oder besonders heller Lichtquellen sind während des Filmens nicht zu empfehlen und können auch Schäden an der Kamera verursachen. Schlieren und Störungen können ebenfalls durch Fluoreszenz-, Quecksilber- oder Natriumdampflampen entstehen. Auch Motive mit hoher Geschwindigkeit oder helle Lichtquellen können Bildstörungen verursachen.

Anzeige der Aufnahmeeinstellungen

Bei der Nikon D90 dient der wirklich brillante LCD-Monitor der Anzeige und Einstellung der Aufnahmeoptionen sowie der Anzeige von Bildern und Bildinformationen zugleich. Dabei ist die Darstellung von Aufnahme- und Bildinformationen individuell einstellbar. Mit einer Auflösung von ca. 920.000 Bildpunkten, einer Bilddiagonalen von 3 Zoll und einer Helligkeitsanpassung ist dieser ein Präzisionsinstrument mit hervorragenden Eigenschaften. Die automatische Abschaltung erfolgt nach der vorgegebenen Zeit (Standard ist 10 Sekunden), in den *Individualfunktionen c4* kann diese jedoch angepasst werden.

Die nach dem Druck auf die *info*-Taste der Kamera erscheinende Informationsanzeige ist klar und überschaubar strukturiert und vermittelt dem Benutzer die wesentlichen Aufnahmeeinstellungen auf einen Blick. Je nach Programmvorwahl werden dabei nur die entsprechenden Einstellungen angezeigt.

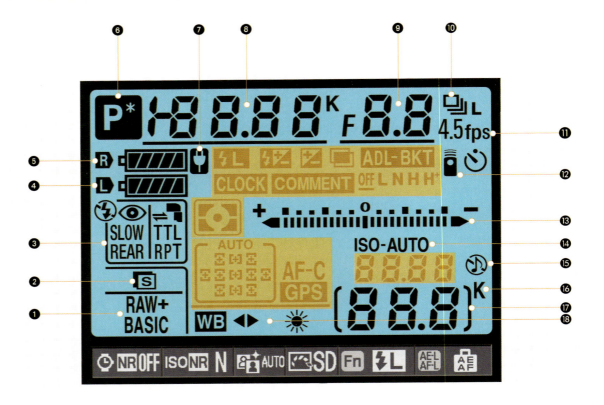

❶ Bildqualität, das aktuell gewählte Bildaufzeichnungsformat wird hier angezeigt. Zur Wahl stehen die Einstellungen RAW (NEF), JPEG Fine, JPEG Normal, JPEG Basic oder die jeweiligen Kombinationen mit dem RAW-Format.

❷ Bildgröße, bei Auswahl des JPEG-Formats wird eine der drei möglichen Bildgrößen (L, M, S) angezeigt.

❸ Anzeigebereich der Blitzsteuerung. Die verfügbaren Blitzeinstellungen sind von der aktuell verwendeten Betriebsart abhängig.

❹ + ❺ Symbole für den Akkuladestand, bei Verwendung des optionalen Handgriffs MB-D80 wird dessen Ladestand gesondert angezeigt.

❻ Aufnahmebetriebsart, das gewählte Programmsymbol wird angezeigt.

❼ Netzanschlusssymbol, wird mit dem Anschluss des Netzteils anstelle der Akkuanzeige abgebildet.

❽ Anzeigebereich der Belichtungszeit, der Belichtungskorrektur, der Farbtemperatur und der Anzahl der Aufnahmen bei Belichtungsreihen.

❾ Anzeigebereich der Blendeneinstellung. Auch die Schrittweite bei Belichtungs- und Blitzbelichtungs- oder Weißabgleichsreihen wird hier angezeigt.

❿ Auslöserbetriebsart, Anzeige für Einzelbild, Serienaufnahmen oder Selbst- und Fernauslöser.

⓫ Anzeige der verwendeten Bildrate.

⓬ Symbole für die eingestellte Selbstauslöser- oder Fernbedienungsbetriebsart.

⓭ Belichtungsskala.

⓮ Anzeige der ISO-Empfindlichkeit und der ISO-Automatik.

⓯ Tonsignalanzeige.

⓰ K, wird bei mehr als 1.000 verbleibenden Aufnahmen angezeigt.

⓱ Anzahl der noch zur Verfügung stehenden Aufnahmen.

⓲ Symbole für den Weißabgleich.

KAPITEL 1
DIE NIKON D90 IM DETAIL

Die Auswahl der direkt in der Monitoransicht einstellbaren Optionen wird durch einen zweiten Druck auf die *info*-Taste aufgerufen. Mit dem Multifunktionswähler navigieren Sie durch die verfügbaren Optionen am unteren Bildrand. Die jeweils gelb markierte Option wird durch Druck auf die *OK*-Taste aufgerufen. Ausgegraut dargestellte Funktionen sind im aktuell ausgewählten Programm nicht verfügbar.

A Rauschunterdrückung bei Langzeitbelichtung.

B Rauschunterdrückung bei hoher Empfindlichkeit (ISO+).

C Aktives D-Lighting.

D Picture Control, Auswahl der Bildoptimierungseinstellungen.

E Belegung der *Fn*-Taste.

F Belegung der *AE-L/AF-L*-Taste.

Aufnahmeeinstellungen anpassen

Die Art der Darstellung in der Aufnahmeanzeige kann unter drei möglichen Optionen ausgewählt werden: *Automatisch*, dabei wird die Anzeigeart von der Kamera je nach Umgebungshelligkeit bestimmt, *Manuell*, die Darstellung ist wählbar zwischen dunkler Schrift auf hellem Grund oder heller Schrift auf dunklem Grund. Die Einstellungen finden Sie unter den *Individualfunktionen d8 (Aufnahmeinformationen)*.

Die zur Bilddarstellung verwendete Monitorhelligkeit passen Sie im Systemmenü stufenweise an. Dabei sollten Sie jedoch bedenken, dass ein zu hell oder zu dunkel eingestellter Monitor möglicherweise eine Aufnahme nicht so wiedergibt, wie diese anschließend im Bild erscheint. Deshalb sollten Sie auch eine Bildkontrolle anhand des zu jeder Aufnahme anzeigbaren Histogramms vornehmen.

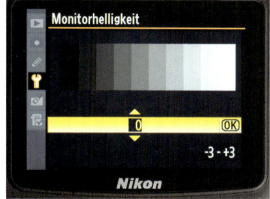

Anpassung der Monitorhelligkeit im Systemmenü.

Aufnahmeeinstellungen im Display

Auf dem Display der Nikon D90 werden die relevanten Aufnahmeeinstellungen angezeigt. Je nach Einstellung sind die Informationen immer nur teilweise sichtbar.

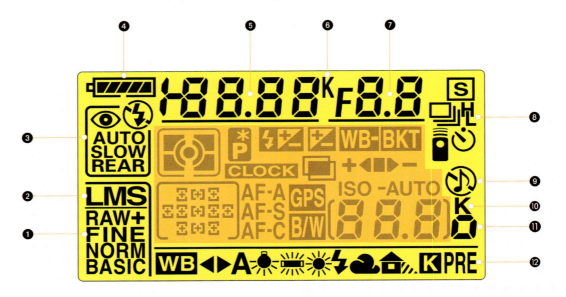

❶ Bildqualität.

❷ Bildgröße.

❸ Blitzeinstellungen.

❹ Akkustand.

❺ Belichtungszeit, Belichtungs- und Blitzbelichtungskorrektur, Farbtemperatur sowie Feinabstimmung und Messwertspeicher für den Weißabgleich.

❻ Farbtemperatur, K für Kelvin.

❼ Blendenwertanzeige sowie die Schrittweite für Belichtungs- und Blitzbelichtungs- oder Weißabgleichsreihen.

❽ Auslöserbetriebsart.

❾ Tonsignalanzeige.

❿ K, wird bei mehr als 1.000 verbleibenden Aufnahmen angezeigt.

⓫ ISO-Wert, Empfindlichkeitsanzeige.

⓬ Symbole für den Weißabgleich.

⓭ Symbolische Darstellung der Autofokusmessfelder.

⓮ Symbol für die Belichtungsmessmethode.

⓯ Programmsymbol.

⓰ Autofokusmethode.

⓱ Anzeige für Aufnahmen in Schwarz-Weiß.

⓲ Symbol für die Blitzbelichtungskorrektur.

⓳ Symbol für die Belichtungskorrektur.

⓴ Anzeige für Weißabgleichsreihen und Belichtungsreihen.

Sucheransichten und Anzeigen

Die Nikon D90 verwendet einen optischen Spiegelsucher mit Dachkantprisma. Das sichtbare Sucherbild zeigt den von der Kamera erfassten Bildbereich zu ca. 96 % sowohl vertikal als auch horizontal an. Die nicht mehr sichtbaren ca. 4 % bieten somit einen Randbereich, der sozusagen als Reserve bei der Aufnahme dient.

Die Sucherbildvergrößerung ist ca. 0,94-fach, kann sich jedoch je nach Dioptrienanpassung (Einstellrad am Sucher) verändern. Diese Einstellungsmöglichkeit zwischen –2 und +1 ermöglicht eine individuelle Anpassung an Ihre Sehstärke. Die Anzeigen im Sucherbild und in der Suchersymbolleiste sind von den jeweiligen Einstellungen und Vorgaben abhängig.

Anzeigen im Sucherbild

① Anzeige bei Schwarz-Weiß-Aufnahmen.

② Akkustandsanzeige.

③ Warnzeichen Auslösesperre, Anzeige bei nicht eingelegter Speicherkarte.

④ Gitternetzlinien.

⑤ Referenzmarkierung für die mittenbetonte Messung.

⑥ Mittleres Fokusmessfeld, normaler Messbereich.

⑦ Fokuspunkte, die vom Autofokus zur Scharfstellung herangezogen werden. Die verwendete Fokussiermethode wird durch die Messfeldsteuerung bestimmt.

⑧ Mittleres Fokusmessfeld, großer Messbereich.

Den optischen Sucher der D90 mit hochwertigem Glasprisma und einblendbaren Gitterlinien kennt man von der D80 und D300, ebenso die hohe effektive Suchervergrößerung von 0,6. Die Bildfeldabdeckung wurde bei der D90 gegenüber der D80 geringfügig erhöht – von 95 auf 96 %.

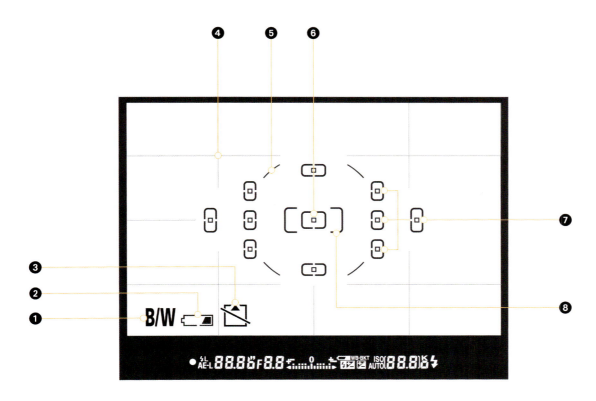

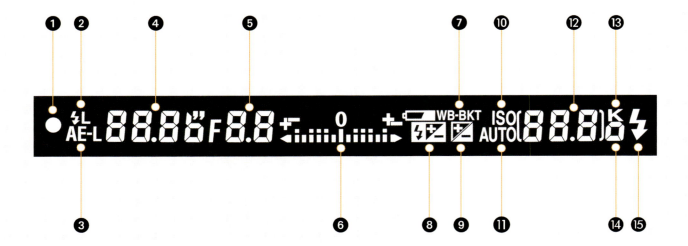

Anzeigen in der Sucherbildsymbolleiste

❶ Der Fokusindikator, auch elektronische Einstellhilfe. Bei abgeschlossener Scharfstellung leuchtet der Schärfeindikator auf. Der dabei verwendete Fokuspunkt wird kurzzeitig rot angezeigt. Blinkt der Schärfeindikator, ist keine Scharfstellung erfolgt.

❷ Anzeige für den Blitzbelichtungsmesswertspeicher.

❸ Belichtungsmesswertspeicher – die Anzeige A-EL erscheint bei Verwendung der AE-L/AF-L-Taste zur Messwertspeicherung.

❹ Belichtungszeitanzeige.

❺ Blendenanzeige.

❻ Belichtungsskala, Belichtungskorrektur, Anzeige je nach Anwendung.

❼ Anzeige für Weißabgleichsreihen und Belichtungsreihenanzeige.

❽ Blitzbelichtungskorrekturanzeige – Anzeige bei einer Anwendung.

❾ Belichtungskorrekturanzeige – Anzeige bei einer Anwendung.

❿ ISO-Symbol.

⓫ Anzeige für die Aktivierung der ISO-Automatik.

⓬ Anzeige der Anzahl verbleibender Aufnahmen sowie Anzahl verbleibender Aufnahmen der Pufferkapazität, Anzeige der Weißabgleichsmessung, Wert der Belichtungs- und der Blitzbelichtungskorrektur, Anzeige für Weißabgleichsmessung, Wert der Belichtungskorrektur, Anzeige der Aufnahmebetriebsart, ISO-Empfindlichkeitsanzeige. Je nach Anwendung wird ein entsprechender Wert oder eine Information angezeigt.

⓭ Die Anzeige K erscheint, wenn noch mehr als 1.000 Aufnahmen auf der Speicherkarte abgelegt werden können. Die Anzeige 1.2K bedeutet, dass noch ca. 1.200 Aufnahmen mit der derzeit eingestellten Bildqualität und -größe gespeichert werden können.

⓮ Letzte Ziffer des ISO-Werts.

⓯ Blitzbereitschaftsanzeige.

KAPITEL 1
DIE NIKON D90
IM DETAIL

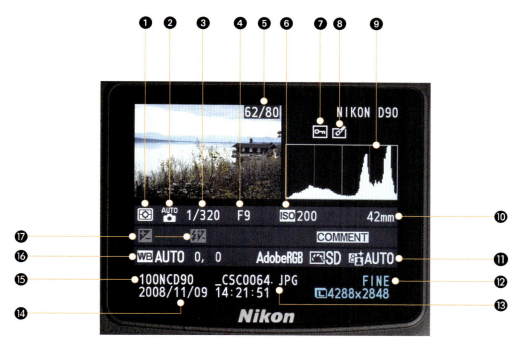

Übersichtsdaten, Aufnahme-informationen.

Aufnahmeinformationen bei der Bildwiedergabe

❶ Belichtungsmessung.

❷ Aufnahmeprogramm.

❸ Belichtungszeit.

❹ Blende.

❺ Bildnummer/Anzahl der gespeicherten Aufnahmen.

❻ ISO-Wert.

❼ Schutzsymbol.

❽ Symbol für die Bildbearbeitung.

❾ Histogramm.

❿ Verwendete Brennweite.

⓫ Aktives D-Lighting.

⓬ Bildqualität und Bildgröße.

⓭ Dateiname.

⓮ Datum.

⓯ Ordnerbezeichnung.

⓰ Weißabgleich, Feinabstimmung und Messwertanzeige.

⓱ Belichtungskorrektur und Blitzbelichtungskorrektur.

Anzeigeoptionen in der Einzelbildansicht

Darstellung mit optionalen Dateiinformationen in der Einzelbildansicht.

Eine Einzelbilddarstellung auf dem Monitor kann bei hochformatig aufgenommenen Bildern auch im Hochformat erfolgen – das ist die Standardeinstellung. Wenn Sie jedoch lieber eine größere Ansicht wünschen, kann diese Option im Menü *Wiedergabe* auch deaktiviert werden. Danach müssen Sie zur Bildansicht die Kamera eben drehen.

Histogramm und Metadaten

Bei der Bildwiedergabe können ein der jeweiligen Aufnahme entsprechendes Histogramm und weitere in das Bild eingebettete Informationen, sogenannte Metadaten, angezeigt werden. Der Aufruf dieser Anzeigen erfolgt mit dem Multifunktionswähler. Durch Druck nach oben oder nach unten des Wippschalters wird die gewünschte Information zum jeweilig angezeigten Bild ausgewählt.

Der Multifunktionswähler dient auch der Auswahl von Bildinformationen.

Metadaten

Die Metadaten enthalten alle von der Kamera mit dem jeweiligen Bild gespeicherten Informationen zur Kamera, wie die Belichtungs- und Blendeneinstellungen, Brennweite des Objektivs etc. Diese Daten können auch von einigen Computerprogrammen gelesen und eventuell sogar verändert werden.

Bildbearbeitungsprogramme wie Adobe Photoshop oder Capture NX nutzen einige der in das Bild integrierten Informationen, um die Darstellung entsprechend anzupassen. In diesen Programmen und auch in ViewNX können die Daten eingesehen und weitere Informationen zum jeweiligen Bild eingegeben werden.

Bildwiedergabe im Hoch- und Querformat.

Anzeige von Metadaten.

Lichter

Eine weitere Darstellungsoption auf dem Monitor ist die Anzeige von Spitzlichtern. Dabei werden Bildbereiche, die sehr hell und zumeist überlichtet sind, durch Blinken markiert. Diese Bildteile erscheinen später als reines Weiß und können daher keine im Motiv noch enthaltenen Details oder Bildinformationen mehr wiedergeben.

Anzeige bei der Darstellung von Spitzlichtern: Markierte, zu helle Stellen im Bild blinken.

Histogramm

Das Histogramm gilt als eines der wesentlichsten Kontrollmittel in der digitalen Fotografie. In Form eines Diagramms stellt es die Tonwertverteilung im Bild grafisch dar. Das ermöglicht dem Betrachter, Rückschlüsse auf die vorgenommene Belichtung des Bildes zu ziehen. Dabei kann eine Beurteilung jedoch immer nur im Zusammenhang mit dem jeweils aufgenommenen Motiv und dessen Umfeld erfolgen. Weitere Informationen finden Sie im Kapitel Histogramme.

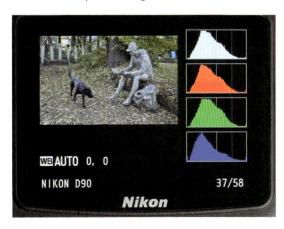

Anzeige der Histogramme für alle Farbkanäle.

Bildverzeichnis und Zoomfunktionen

Die D90 ermöglicht eine Anzeige der gespeicherten Bilder in der Einzelbildansicht oder in einer Indexansicht, wahlweise mit 4, 9, oder 72 Fotos. Auch eine Ansicht nach Datum ist möglich. Um mehrere Bilder gleichzeitig anzuzeigen, drücken Sie die *Bildindex*-Taste. Dadurch werden zunächst vier Bilder angezeigt, durch erneutes Drücken der Taste werden die Bilder nochmals verkleinert, und es werden 9 bzw. 72 Bilder oder die Datumsansicht angezeigt.

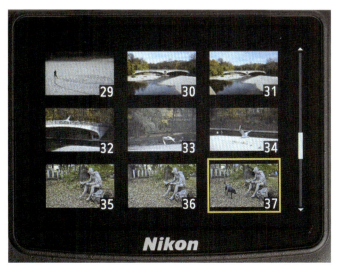

Indexansichten – der gelbe Rahmen zeigt das aktuell markierte Bild.

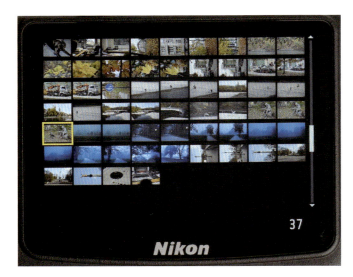

Indexansichten – der gelbe Rahmen zeigt das aktuell markierte Bild.

Befinden sich noch weitere Fotos auf der Speicherkarte, wird auf der rechten Seite ein Scrollbalken angezeigt. Ein Bewegen durch die Bilder und ein Verschieben der Anzeige erfolgt mithilfe des Multifunktionswählers. Der um ein Bild gelegte gelbe Rahmen zeigt an, dass dieses aktuell markiert ist. Um durch die Bilder zu blättern, kann auch das hintere Einstellrad verwendet werden.
Durch Druck auf die Taste *Ausschnittvergrößerung* wird eine Vergrößerung der Bilddarstellung vorgenommen. Dabei wird zunächst von neun angezeigten Bildern in die Indexansicht mit vier Bildern gewechselt. Mit jedem weiteren Druck auf die Taste wird dann das markierte Bild stufenweise weiter vergrößert.

Wird ein Bild nur noch als Ausschnitt auf dem Monitor dargestellt, kann mit dem Multifunktionswähler der angezeigte Bildausschnitt verschoben werden. Dabei wird in der Ansicht rechts unten kurzzeitig ein verkleinertes Bild mit einer Markierung des derzeitigen Ausschnitts zur besseren Orientierung eingeblendet.
Der Druck auf die *OK*-Taste bewirkt, dass ein markiertes oder vergrößertes Bild wieder in der normalen Einzelbildwiedergabe angezeigt wird.

Markierte Bilder können durch Drücken der *Löschen*-Taste gelöscht werden. Zur Bestätigung müssen Sie nach der Sicherheitsabfrage die Taste ein zweites Mal drücken.

Um ein ausgewähltes Bild vor versehentlichem Löschen zu schützen, drücken Sie die *Schlüssel/Hilfe*-Taste. Zum Aufheben dieser Schutzfunktion drücken Sie die Taste erneut. Geschützte Bilder zeigen bei der Ansicht im Bild links oben das Schlüsselsymbol.

KAPITEL 1
DIE NIKON D90
IM DETAIL

[2]

AUFNAHME-
KONFIGURATION

KAPITEL 2
**AUFNAHME-
KONFIGURATION**

2

KAPITEL 2
AUFNAHME-
KONFIGURATION

Aufnahmekonfiguration

Bilder wiedergeben und verwalten 63
- Kamera an einen Computer anschließen 65
- Kamera an einen Drucker anschließen 65
- Kamera an einen Fernseher anschließen 66

Aufnahmeeinstellungen festlegen 66
- Bildoptimierung konfigurieren 66
- Picture-Control-Einstellungen anpassen 67
- Anpassungen für MC-Monochrom 69
- Konfigurationen verwalten 70
- Bildqualität 70
- Bildgröße 72
- Weißabgleich 72
- ISO-Empfindlichkeit 74
- Aktives D-Lighting 77
- Farbraum 77
- Rauschreduzierung bei Langzeitbelichtung 77
- Rauschreduzierung bei ISO+ 78
- Ordner 78
- Mehrfachbelichtung 79
- Videoeinstellungen 79
- Audio 79

Individuelle Feineinstellungen 80
- Zurücksetzen 80
- a. Autofokus 80
- b: Belichtung 81
- c: Timer & Tastenbelegungen 82
- d: Aufnahme & Anzeigen 82
- e: Belichtungsreihen & Blitz 83
- f: Bedienelemente 84

Grundlegende Systemeinstellungen 86
- Formatieren 86
- Monitorhelligkeit 86
- Bildsensor-Reinigung 86
- Inspektion/Reinigung 86
- Videonorm 86
- HDMI 87
- Weltzeit 87
- Sprache 87
- Bildkommentar 87
- Bildorientierung 87
- Referenzbild (Staub) 87
- Akkudiagnose 88
- GPS 88
- Eye-Fi-Bildübertragung 88
- Firmware-Version 88

Bildbearbeitung in der Kamera 88
- D-Lighting 89
- Rote-Augen-Korrektur 90
- Beschneiden 90
- Monochrom 90
- Filtereffekte 91
- Farbabgleich 93
- Kompaktbild 93
- Bildmontage 94
- NEF-(RAW-)Verarbeitung 94
- Schnelle Bearbeitung 95
- Begradigen 95
- Verzeichniskorrektur 95
- Fisheye 96
- Bilder vergleichen 96

Benutzerdefinierte Einstellungen 97

[2] Aufnahmekonfiguration

Die Nikon D90 verfügt über zahlreiche Menüs und Einstellungsoptionen, die eine Anpassung der Kamera an die jeweiligen Anforderungen in Bezug auf Aufnahme und Wiedergabe von Fotos ermöglichen. Dem noch unerfahrenen Anwender erscheinen diese möglicherweise zunächst etwas und kompliziert. Um den Umgang damit verständlicher zu machen, werden nachfolgend die Menüs aufgelistet und deren Optionen und Anwendungen erklärt.

■ Mit Druck auf die *MENU*-Taste öffnen Sie das Kameramenü auf dem LCD-Monitor. Mit dem Multifunktionswähler bewegen Sie sich zwischen den einzelnen Menüs und Optionen. Mit der Taste *OK* bestätigen Sie Ihre Auswahl.
Auf der linken Seite des Fensters sind die Hauptmenüs *Wiedergabe, Aufnahme, Individualfunktionen, System* und *Bildbearbeitung* untereinander angeordnet. Jedes dieser Hauptmenüs verfügt über zahlreiche Untermenüs, die rechts davon aufgelistet werden. Über eine Ihren Anforderungen angepasste Auswahl können Sie in *Letzte Einstellungen/Benutzerdefiniertes Menü* auch selbst bestimmen, indem Sie die Ihren Anwendungen entsprechenden Menüs hinzufügen und anordnen.

KAPITEL 2
AUFNAHME-
KONFIGURATION

Im Verlauf des Buchs gelten die Menübezeichnungen wie folgt:

Menübezeichnung auf dem LCD-Monitor	Menübezeichnung im Buch
WIEDERGABE	Wiedergabemenü
AUFNAHME	Aufnahmemenü
INDIVIDUALFUNKTIONEN	Individualfunktionen
SYSTEM	Systemmenü
BILDBEARBEITUNG	Bildbearbeitungsmenü
LETZTE EINSTELLUNGEN	Benutzerdefiniertes Menü

Bilder wiedergeben und verwalten

Ansicht des Wiedergabemenüs mit der markierten Funktion Löschen.

Bilder auswählen
Sie können Bilder auswählen zum *Löschen*, *Ausblenden*, für die Funktion *Pictmotion*, oder Sie können einen *Druckauftrag* für einen DPOF-fähigen Drucker vergeben. Die Bilder werden in der Indexansicht oder der Datumsauswahl angezeigt und mit dem Multifunktionswähler markiert. Durch Druck auf die *Index*-Taste wird die Auswahl bestätigt, und dem jeweiligen Bild wird ein Symbol angefügt. Mit *OK* wird die Auswahl abgeschlossen. Danach muss die Sicherheitsabfrage mit *Ja* und *OK* bestätigt werden. Die ausgewählten Bilder können Sie nun entsprechend der zuvor gewählten Funktion verwenden.

Wiedergabeordner
Die Funktion *Wiedergabeordner* ermöglicht die Auswahl des zum Speichern verwendeten Ordners zur Bildansicht und Wiedergabe. Verwenden Sie mehrere Ordner, kann zur Wiedergabe die Auswahl auch auf *Alle Ordner* gesetzt werden.

Ausblenden
Mit dieser Option können Sie ausgewählte Bilder ausblenden, dadurch stehen sie in der Wiedergabeansicht und zum Löschen nicht zur Verfügung. Nur eine Ansicht ist im Menü *Ausblenden* zu sehen. Nach dem Aufheben der Auswahl werden die Bilder in der Wiedergabeansicht wieder angezeigt.

Infos bei Wiedergabe
Mit dieser Funktion haben Sie die Möglichkeit, eine Auswahl möglicher Bildinformationen im Wiedergabemodus anzuzeigen; es können die Optionen *Lichter*, *RGB-Histogramm* und *Metadaten* ausgewählt werden.

Bildkontrolle
Ermöglicht die Anzeige von Bildern direkt nach der Aufnahme auf dem Kameramonitor. Die Standardeinstellung dieser Funktion ist *Ein*.

Anzeige im Hochformat
Durch die Auswahl von *Ein*, der Standardeinstellung, zeigt der Kameramonitor die Aufnahmen im Hochformat an. Die Darstellung der Bilder wird dadurch jedoch kleiner.

Anzeige der Bilder im Hochformat.

Pictmotion

Die Funktion *Pictmotion* bietet Ihnen die Möglichkeit, Diashows mit benutzerdefinierten Übergängen und einer ausgewählten Hintergrundmusik zu erstellen und auf dem LCD-Monitor oder einem angeschlossenen Fernsehers auszugeben. Während des Ablaufs einer Diashow können folgende Aktionen ausgeführt werden:

OK	Unterbrechen, Neustart oder Beenden der Diashow.
🔍+	Lautstärke erhöhen.
🔍−	Lautstärke verringern.
MENU	Beenden der Diashow und Einblenden des Wiedergabemenüs.
▶	Beenden der Diashow und Rückkehr zur Wiedergabe.

Ein Druck auf den Auslöser stellt die Aufnahmebereitschaft Ihrer D90 wieder her.

Diashow

Damit lassen sich die gespeicherten Bilder in der Reihenfolge ihrer Aufnahme auf dem LCD-Monitor wie bei einer Diashow anzeigen. Das Bildinter- vall kann zwischen 2 und 10 Sekunden eingestellt werden. Die nachfolgende Tabelle zeigt die möglichen Aktionen während des Ablaufs einer Diashow:

	Mithilfe des Multifunktionswählers können Sie per Druck nach links oder rechts durch die Bilder blättern. Um Bildinformationen anzuzeigen, drücken Sie nach oben oder nach unten.
	Unterbrechen, Neustart oder Beenden der Diashow.
	Beenden der Diashow und Einblenden des Wiedergabemenüs.
	Beenden der Diashow und Ansicht der Einzelbildwiedergabe oder Zurückkehren zum Bildindex.

Ein Druck auf den Auslöser stellt die Aufnahmebereitschaft Ihrer D90 wieder her.

Druckauftrag (DPOF)

Nutzen Sie einen Drucker, der den DPOF-Standard unterstützt, können Sie in diesem Menü die Bilder auswählen und anschließend für den Druckauftrag speichern. Mit der Funktion *Bilder auswählen* treffen Sie die Auswahl der direkt zu druckenden Bilder. In den weiteren Einstellungen legen Sie fest, ob das Datum oder die Metadaten in alle Bilder mit eingedruckt werden sollen. Ausgewählte Bilder sind durch ein Druckersymbol gekennzeichnet und können bis zu 99 Mal hintereinander ausgedruckt werden. Um mehrere Bilder auszudrucken, wiederholen Sie die vorhergehenden Schritte. Mit der Funktion *Druckauftrag löschen* wird der Druckauftrag wieder storniert.

Schließen Sie Ihre D90 an einen PictBridge-Drucker an, erscheint durch Druck auf die Taste *MENU* das PictBridge-Menü mit den entsprechenden Unterfunktionen. Bei einer Direktverbindung der Kamera mit einem kompatiblen Drucker durch ein USB-Kabel werden dann die Bildauswahl und die Druckereinstellungen mittels PictBridge vorgenommen.

DPOF, PICTBRIDGE

Ein Standard, der die Kommunikation zwischen PictBridge-kompatiblen Digitalkameras und Druckern steuert. Über PictBridge ist der direkte Ausdruck von Digitalfotos mit einem Drucker ohne Umweg über den PC möglich. Ähnlich wie PictBridge funktionieren Bubble Jet Direct und DPOF (Digital Print Order Format).

BETRIEBSSYSTEM UND BILDÜBERTRAGUNG

Die Nikon D90 ist zu folgenden Betriebssystemen kompatibel: Windows Vista (alle 32-Bit-Versionen), Windows XP mit Service Pack 2 sowie Mac OS X, Version 10.3.9 und ab Version 10.4.10. Sollten Sie noch ein älteres Betriebssystem einsetzen, ist für die Bildübertragung auf den Computer ein USB-Kartenlesegerät erforderlich. Das Kartenlesegerät muss Speicherkarten mit einer Kapazität ab 2 GByte unterstützen und zudem SDHC-kompatibel sein. Erkennt das Betriebssystem die verwendete Speicherkarte, kann eine Übertragung der Bilddaten auch mit dem Windows-Explorer durchgeführt werden.

Beachten Sie, dass nur Bilder im JPEG-Format direkt ausgedruckt werden können. Möchten Sie RAW-Dateien drucken, müssen Sie diese zuvor auf den Computer übertragen oder im kameraeigenen Menü *Bildbearbeitung* in das JPEG-Format umwandeln. Zur Ausführung eines direkten Druckauftrags muss zudem immer genügend freier Speicherplatz auf der verwendeten Speicherkarte vorhanden sein.

Kamera an einen Computer anschließen

Mit dem mitgelieferten USB-Kabel schließen Sie die Kamera direkt an einen Computer an. Die Übertragung der Bilder erfolgt via High-Speed-USB-2.0. Bevor Sie damit beginnen, Ihre Bilder auf den Computer zu kopieren, bietet es sich an, die im Lieferumfang der D90 enthaltenen Softwareprogramme Nikon Transfer und Nikon View-NX zu installieren. Nach der Installation erkennt Ihr Computer die angeschlossene und eingeschaltete Kamera automatisch. Zur Bildübertragung folgen Sie den Anweisungen der Software. Der Anschluss über ein USB-Kabel erlaubt auch eine Fernsteuerung der D90 von Ihrem Computer aus. Dazu benötigen Sie die Software Camera Control Pro 2. Die Länge des Verbindungskabels sollte dabei zehn Meter nicht überschreiten. Nach dem Start des Programms und dem Anschluss an einen Computer erscheint auf dem Monitor und im Sucher der Kamera die Anzeige *PC*.

Beachten Sie, dass die Kamera beim Anschließen und Entfernen des USB-Kabels immer ausgeschaltet sein muss. Während einer Datenübertragung darf die Kamera weder abgeschaltet noch darf das Verbindungskabel entfernt werden. Achten Sie daher auch auf einen ausreichend geladenen Akku oder verwenden Sie ein Netzteil.

Kamera an einen Drucker anschließen

Mit dem USB-Kabel kann die D90 direkt an einen Drucker angeschlossen werden, um Bilder ohne den Umweg über einen Computer direkt auszudrucken. Wenn der verwendete Drucker den DPOF-Standard unterstützt, können die auszugebenden Fotos im Wiedergabemenü mit der Option *Druckauftrag (DPOF)* ausgewählt und übertragen werden. Dabei können Sie sowohl einzelne Bilder als auch Bildgruppen drucken. Das Drucken eines Indexprints ist ebenfalls möglich.

Ein mit DPOF erstellter Druckauftrag wird zunächst auf der Speicherkarte abgelegt und kann dann direkt von der Kamera gedruckt werden, oder aber die Speicherkarte wird an ein kompatibles Gerät angeschlossen, und der Ausdruck erfolgt von dort. Eine Weitergabe der Speicherkarte an einen Dienstleister zur Bildausgabe ist dann möglich, wenn dieser den DPOF-Standard unterstützt. Zur Ausführung des Druckauftrags muss jedoch noch ausreichend Speicherplatz auf der benutzten Karte vorhanden sein.

Beim Anschluss eines PictBridge-kompatiblen Druckers erscheint auf dem Monitor der D90 zunächst der PictBridge-Startbildschirm, danach wird die PictBridge-Wiedergabeanzeige dargestellt. Die Bedienung erfolgt wie bei den anderen Kameramenüs mit dem Multifunktionswähler. Nach Auswahl des zu druckenden Fotos drücken Sie OK, und das PictBridge-Menü wird angezeigt.

Ändern Sie die entsprechenden Einstellungen nach Ihren Wünschen. Dabei ist eine Anpassung des Papierformats, der Seitenanzahl und der Randeinstellung möglich. Unter *Druckervorgabe* kann bestimmt werden, ob die Bilder mit oder ohne Zeitstempel gedruckt werden sollen. Auch ein vorheriger Beschnitt der zu druckenden Fotos ist möglich.

Kamera an einen Fernseher anschließen

Zum Anschluss der Kamera an einen Fernseher oder ein Videogerät benötigen Sie das mitgelieferte Videokabel EG-D2. Damit können die gespeicherten Aufnahmen direkt auf dem Fernsehgerät angezeigt oder auf Video aufgenommen werden.

Beachten Sie, dass beim Anschließen oder Entfernen des Verbindungskabels die Kamera stets ausgeschaltet sein muss. Die Videonorm Ihrer Geräte sollte mit den Kameraeinstellungen übereinstimmen (siehe Einstellung der *Videonorm* im Systemmenü).

Starten Sie die Bildwiedergabe durch Drücken der Taste *Wiedergabe*. Bildanzeige und -abfolge steuern Sie durch das Betätigen der Tasten analog zur üblichen Darstellung auf dem Monitor der Kamera. So kann beispielsweise eine Diashow oder eine Pictmotion-Show zur Darstellung Ihrer Bilder auf dem Fernseher genutzt werden. Parallel zur Anzeige auf dem Fernsehgerät ist auch eine Videoaufzeichnung möglich.

Zum Anschluss an ein HDMI-Gerät benötigen Sie ein handelsübliches C-Minipin-HDMI-Kabel. Am Wiedergabegerät muss der HDMI-Kanal eingeschaltet werden. Während der Wiedergabe bleibt der Monitor der Kamera ausgeschaltet. Das HDMI-Format kann zuvor im Systemmenü der Kamera ausgewählt werden. Die Standardeinstellung ist *Automatisch*.

Aufnahmeeinstellungen festlegen

Das Aufnahmemenü mit Auswahl von Bildoptimierung konfigurieren.

Die Anzeige der Untermenüs und deren Verfügbarkeit sind abhängig von den zur Aufnahme verwendeten Programmeinstellungen. Eine Anzeige aller Optionen ist nur in der Auswahl von P, S, A oder M möglich.

Bildoptimierung konfigurieren

Hier nehmen Sie Anpassungen zu Kontrast, Schärfe und anderen Bildeigenschaften vor, je nach Einsatzzweck und Aufnahmesituation. Optimale Ergebnisse erzielen Sie laut Hersteller nur bei Verwendung der NIKKOR-Objektive der Typen G oder D. Bei Verwendung des NEF-Formats werden diese Einstellungen immer nur auf die Voransicht des Bildes angewendet. Speichern Sie Ihre Bilder im JPEG-Format, werden die Einstellungen direkt in das jeweilige Bild eingerechnet. Der Zugriff auf diese Funktion ist auch über die Aufnahmeinformationen möglich, dazu drücken Sie zweimal die *info*-Taste. Die Einstellungen stehen jedoch nur für die Aufnahmeprogramme P, S, A und M zur Verfügung.

Zugriff auf die Bildoptimierung über die Aufnahmeinformationen.

KAPITEL 2
AUFNAHME-KONFIGURATION

Bildoptimierungen, auch als Picture-Control-Funktionen bezeichnet, können individuell angepasst und als benutzerdefinierte Konfiguration geladen werden. Auch besteht die Möglichkeit, vordefinierte Konfigurationen von der Nikon-Webseite – *www.Nikon.de* – herunterzuladen. Konfigurationen können auch auf dem Computer erstellt, auf der Speicherkarte abgelegt und auf andere Kameras übertragen werden. Wird eine Basiskonfiguration geändert, wird neben der Bezeichnung im Menü ein Sternchen angezeigt.

Auswahl der Bildoptimierungskonfiguration im Aufnahmemenü.

SD – Standard
Standardeinstellung und empfehlenswert für die meisten Aufnahmen.

NL – Neutral
Reduziert den Kantenkontrast, die Darstellung wirkt weicher und eignet sich für alle Fotos, die später auf dem Computer nachbearbeitet werden sollen.

VI – Brillant
Farbsättigung, Kontrast und Schärfe werden verstärkt, um klarere Farben und schärfere Konturen zu erzeugen.

MC – Monochrom
Die Bilder werden mit angepassten Werten in Schwarz-Weiß oder einer eingestellten Tonung dargestellt. Auch das Verwenden von Filtern bei Schwarz-Weiß-Aufnahmen ist möglich.

PT – Porträt
Schwächt Kontraste im Bild ab und sorgt für eine ausgewogene und natürliche Farbgebung bei Hauttönen.

LS – Landschaft
Ermöglicht dynamische Landschaftsbilder und Städteansichten.

Auf der nächsten Seite sehen Sie eine Serie von Vergleichsaufnahmen mit den Bildoptimierungseinstellungen *Standard* bis *Landschaft*. Die Bilder wurden nacheinander mit der Nikon D90 im Format *JPEG Fine* bei ISO 200 aufgenommen und mit identischen Einstellungen ausgegeben.

Picture-Control-Einstellungen anpassen

Schnelleinstellung
Diese Anpassungsmöglichkeit beeinflusst gleichzeitig die Scharfzeichnung, den Kontrast und die Farbsättigung eines Bildes. Sie können zwischen den Werten *−2* und *+2* auswählen, um die Wirkung abzuschwächen oder zu verstärken. Die Schnelleinstellung steht für die Basiskonfigurationen *Neutral* und *Monochrom* sowie für benutzerdefinierte Picture-Control-Konfigurationen nicht zur Verfügung.

Scharfzeichnung
Die Bildschärfe wird entsprechend der jeweiligen Auswahl durch eine Anhebung oder Reduzierung der Kantenschärfe beeinflusst. Die Automatik *A* bringt im Allgemeinen gute Ergebnisse, wenn die

SD – Standard.

MC – Monochrom (Schwarz-Weiß ohne Filteranwendung).

NL – Neutral.

PT – Porträt.

VI – Brillant.

LS – Landschaft.

Bilder jedoch einheitlich sein sollen, beispielsweise bei einer Bildserie, empfiehlt sich die Festlegung durch eine bestimmte Auswahl der Optionen von 0 bis 9.

Bilder, die mit einem Bildbearbeitungsprogramm weiterverarbeitet werden sollen, können auch dort noch nachträglich geschärft werden, dazu sollte aber die Scharfzeichnung in der Kamera heruntergesetzt werden. Grundsätzlich empfiehlt sich die Verwendung der Standardeinstellung.

Kontrast

Beeinflusst den Bildkontrast mit folgenden Einstellungsmöglichkeiten: *A* (Automatik) oder Werten zwischen *–3* und *+3*. Bei hohen Bildkontrasten sollte dieser reduziert werden (Minuswerte), um eine bessere Zeichnung ohne Verluste von Bilddetails zu erzielen. Bei geringen Bildkontrasten kann die Einstellung angehoben werden (Pluswerte), dadurch wird die Detailzeichnung verstärkt. Bei Verwendung des aktiven D-Lighting steht diese Option nicht zur Verfügung.

Helligkeit

Beeinflusst die Bildhelligkeit mit Werten zwischen *–1* und *+1*. Die Aufnahmen werden entsprechend dunkler oder heller wiedergegeben, ohne die Belichtungseinstellung zu beeinflussen. Bei aktivem D-Lighting steht diese Option nicht zur Verfügung. Möchten Sie aktives D-Lighting verwenden, setzen Sie die Einstellung wieder auf den Wert *0* zurück.

PROGRAMMAUTOMATIKEN

Die Automatiken der D90 erzielen im Regelfall sehr gute Ergebnisse, sollten aber bei Bildserien, deren Einzelbilder eine identische Darstellung haben müssen, deaktiviert werden. Verwenden Sie stattdessen eine festgelegte Einstellungsmöglichkeit.

Farbsättigung

Passt die Intensität der Farbwiedergabe an. Einstellbar zwischen *A* (Automatik) und den Werten *–3* bis *+3*. Höhere Werte erhöhen die Farbsättigung und damit auch die Brillanz Ihrer Aufnahmen.

Farbton

Mit dieser Option verschieben Sie die Farbwerte eines Bildes mit Werten zwischen *–3* und *+3*. Negative Werte verschieben Rottöne zu Violett, Blautöne zu Grün und Grüntöne zu Gelb. Positive Werte verschieben Rottöne zu Orange, Grüntöne zu Blau und Blautöne zu Violett. Möchten Sie Ihre Fotos in Photoshop digital nachbearbeiten, können Sie die Farbanpassung auch nachträglich am Computer vornehmen. Arbeiten Sie vorzugsweise mit Bildern im NEF-Format, ist diese Anpassung daher prinzipiell nicht sinnvoll.

Anpassungen für MC-Monochrom

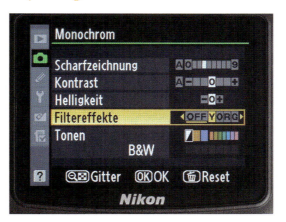

Einstellung der **Filtereffekte**.

Filtereffekte

Die Einstellung *Filtereffekte* simuliert die Anwendung von Farbfiltern in der Schwarz-Weiß-Fotografie. Die Standardeinstellung ist *Aus*. Zur Anpassung stehen die Filter *Y* (Gelb), *O* (Orange), *R* (Rot) und *G* (Grün) zur Verfügung. Die Bildwirkung ist dabei abhängig von den im Motiv enthaltenen Farben. Grundsätzlich gilt, dass die gleichen Farben wie die des Filters heller werden und komplementäre Farben dunkler erscheinen. Der Effekt fällt dabei etwas stärker aus als bei einer klassischen Filteranwendung in der Schwarz-Weiß-Fotografie.

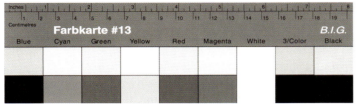

Vergleiche der einzelnen Filteranwendungen bei Schwarz-Weiß-Aufnahmen: von oben nach unten Bildoptimierung Neutral, *Filter* Aus, *Filter* Y, *Filter* O, *Filter* R, *Filter* G.

Tonen
Mit dieser Einstellung tonen Sie Ihre monochromen Bilder mit den Tonungen *Sepia, Cyanotype, Red, Yellow, Green, Blue Green, Blue, Purple Blue* und *Red Purple*.

Konfigurationen verwalten
Benutzerdefinierte Picture-Control-Konfigurationen können in diesem Menü gespeichert, bearbeitet, umbenannt, auf die Speicherkarte kopiert oder von dieser geladen werden. Auch das Löschen ist damit möglich.

Bildqualität
Einstellung der zur Aufzeichnung verwendeten Bildqualität. Alternativ kann eine Einstellung auch über die *Ausschnittvergrößerungs*-Taste (*Qual*) und das hintere Einstellrad vorgenommen werden.

NEF (RAW)	Aufzeichnung im 12-Bit-RAW-Format. Maximale Bildqualität ohne Bearbeitungsverluste. Zur Bildwiedergabe und Bearbeitung auf einem Computer ist ein RAW-Konverter wie Capture NX 2 oder das mitgelieferte ViewNX erforderlich. Im Bildbearbeitungsmenü (NEF-/RAW-Verarbeitung) können auch JPEG-Kopien der RAW-Aufnahmen erstellt werden.
JPEG Fine	Hohe Bildqualität, Komprimierungsfaktor 1:4.
JPEG Normal	Mittlere Bildqualität, Komprimierungsfaktor 1:8.
JPEG Basic	Niedrige Bildqualität, Komprimierungsfaktor 1:16.
NEF (RAW) + JPEG Fine, JPEG Normal, JPEG Basic	Aufzeichnung im NEF-(RAW-) Format und zusätzlich im gewählten JPEG-Format.

Sepia

Von oben nach unten: Cyanotype, Red, Yellow, Green

Von oben nach unten: Blue Green, Blue, Purple Blue, Red Purple.

Bildgröße

L	Bildgröße 4.288 x 2.848 Pixel	Ausdruckgröße bei 200 dpi: 54,5 x 36,2 cm
M	Bildgröße 3.216 x 2.130 Pixel	Ausdruckgröße bei 200 dpi: 40,8 x 27,1 cm
S	Bildgröße 2.144 x 1.424 Pixel	Ausdruckgröße bei 200 dpi: 27,2 x 18,1 cm

Bildgröße

Hierüber erfolgt die Einstellung der zu verwendenden Bildgröße bei einer Aufzeichnung im JPEG-Format. Alternativ kann eine Einstellung auch durch Drücken der *Zoom*-Taste (*Qual*) und Drehen des vorderen Einstellrads vorgenommen werden. Zur Auswahl stehen die Optionen *L*, *M* oder *S*. Im RAW-Format wird stets die maximale Bildgröße (4.288 x 2.848 Pixel) verwendet.

Die Auswahl der passenden Option sollte unter dem Aspekt erfolgen, welche weitere Verwendung die aufgenommenen Bilder finden. Werden diese ohnehin nur klein oder auf einem Bildschirm wiedergegeben, darf auch eine kleinere Bildgröße verwendet und/oder eine Aufzeichnung mit einem höheren Komprimierungsfaktor der JPEG-Datei genutzt werden (*Normal* oder *Basic*). Dies spart Speicherplatz.

Ist die Ausgabe noch unbestimmt oder besteht die Absicht, die Fotos später sehr groß und mit hoher Qualität auszugeben, sollte besser die maximale Bildgröße *L* und *JPEG Fine* oder noch besser das Format *NEF (RAW)* zur Bildaufzeichnung verwendet werden.

Weißabgleich

Der Weißabgleich dient der Anpassung der Farbwiedergabe an die vorherrschende Farbtemperatur. Eine individuelle Anpassung steht nur bei den Belichtungsprogrammen *P*, *S*, *A* und *M* zur Verfügung. Die anderen Programme verwenden die Einstellung *Automatisch*.

Vergleichsaufnahmen mit unterschiedlicher Bildgröße. Von links nach rechts: **L**, **M** *und* **S** *(bei 100-%-Ansicht und gleicher Ausgabeauflösung, Aufnahmen mit* **JPEG Fine***).*

Auswahl des Weißabgleichs.

KAPITEL 2
AUFNAHME-KONFIGURATION

AUTO	*Automatisch*, die Kamera nimmt den Weißabgleich automatisch vor. Diese Einstellung ist für die meisten Aufnahmesituationen geeignet.
💡	*Kunstlicht*, für Aufnahmen bei künstlicher Beleuchtung (Glühlampenlicht).
▭	*Leuchtstofflampe*, im Untermenü kann die Art der Leuchtstofflampe ausgewählt werden.
☀	*Direktes Sonnenlicht*, Aufnahmen am Tag bei direkter Sonneneinstrahlung.
⚡	*Blitzlicht*, bei Aufnahmen mit dem integrierten oder einem externen Blitzlicht.
☁	*Bewölkter Himmel*, bei Tageslichtaufnahmen und bedecktem Himmel.
🏠	*Schatten*, bei Tageslichtaufnahmen im Schattenbereich.
PRE	Eigener Messwert, manuelle Ermittlung der Farbtemperatur oder Übernahme der Werte von einem bereits gespeicherten Bild.

Der Weißabgleich kann auch mit der *WB*-Taste und dem hinteren Einstellrad eingestellt werden. Bei Speicherung der Bilddaten im RAW-(NEF-)Format sollte die Einstellung stets auf *Automatisch* belassen werden, da eine genaue Farbanpassung später bei der Bildumwandlung in ein ausgabefähiges Datenformat erfolgen kann.

Eine Feinabstimmung kann bei jeder Position, auch bei *AUTO*, vorgenommen werden. Dabei wird die Farbwiedergabe anhand des Farbkreises durch Verschieben des Mittelpunkts mit dem Multifunktionswähler stufenweise angepasst (weitere Informationen siehe Kapitel 3 "Der Weißabgleich"). Puristen arbeiten für den Weißabgleich mit der Franzis-Weißabgleichskarte, die diesem Buch beiliegt.

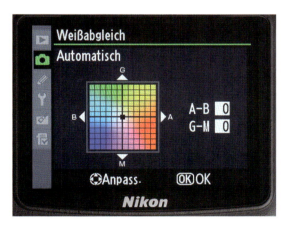

Feinabstimmung der Farbtemperatur.

ISO 100 (Lo1) — *ISO 6400 (Hi1)*

ISO-Empfindlichkeit

Eine Anpassung der ISO-Empfindlichkeit kann bei den Belichtungsprogrammen *P*, *S*, *A* und *M* zwischen ISO 200 und ISO 3200 sowie bis Hi1 – entsprechend ISO 6400 – und bis Lo1 (ISO 100) vorgenommen werden. Bei den anderen Aufnahmeprogrammen wird als Standardeinstellung die ISO-Automatik verwendet. Die Einstellung einer festen Empfindlichkeit ist jedoch auch bei diesen durch Aufruf der Einstellungen möglich. Für die ISO-Automatik kann die maximale Empfindlichkeit und die längste zu verwendende Belichtungszeit eingestellt werden. Durch diese Belichtungszeitvorgabe wird festgelegt, ab wann die ISO-Automatik einsetzt.

ISO 200

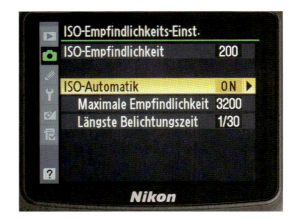

Auswahl der ISO-Empfindlichkeit *und Einstellung der* ISO-Automatik.

ISO 400

Vergleichsaufnahmen mit den ISO-Einstellungen ISO 100 (Lo1), ISO 6400 (Hi1), ISO 200 *und* ISO 400.

ISO-AUTOMATIK EINSETZEN

Beim Einsatz der ISO-Automatik passt die Kamera die Lichtempfindlichkeit den jeweiligen Aufnahmebedingungen an, um so eine optimale Belichtung zu erhalten – mit dem Vorteil, dass in den meisten Aufnahmesituationen bei einer bestimmten Belichtungszeit und Blendeneinstellung fotografiert werden kann. Allerdings ist bei einer erhöhten Empfindlichkeit auch mit zunehmendem Bildrauschen zu rechnen.

KAPITEL 2
AUFNAHME-KONFIGURATION

Vergleichsaufnahmen mit den ISO-Einstellungen. **ISO 800, ISO 1600, ISO 3200.** *Ausschnitte und Ansicht bei 100 % Bildgröße. Aufnahmeformat* **JPEG Fine**, *Bildgröße* **L**, *ohne Rauschreduzierung.*

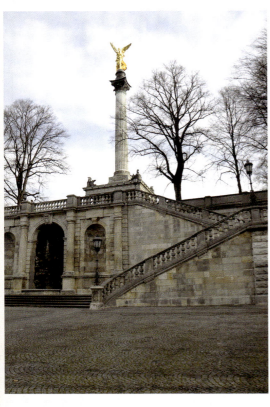  
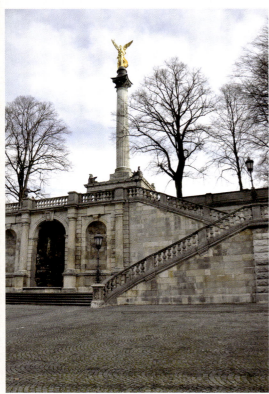  

Vergleichsaufnahmen ohne und mit aktivem D-Lighting. Von oben nach unten: **Aus**, **Moderat**, **Normal**, **Verstärkt**, **Extrastark** *und* **Automatisch**.

KAPITEL 2
AUFNAHME-KONFIGURATION

Aktives D-Lighting

Das aktive D-Lighting bewirkt eine Korrektur der Bildaufzeichnung bei erhöhten Kontrasten und optimiert den Dynamikumfang einer Aufnahme. Die Funktion hat ähnliche Auswirkungen wie eine automatische Tonwertkorrektur und verbessert die Detailzeichnung in ansonsten zu hellen oder zu dunklen Bildbereichen durch eine spezielle, dem jeweiligen Motiv angepasste Bildberechnung. Die Auswirkungen sind dabei jedoch sehr stark vom jeweiligen Motiv abhängig, sodass eventuell einige Versuche mit verschiedenen Einstellungen gemacht werden sollten.

Sie können zwischen den Einstellungsmöglichkeiten *Automatisch*, *Extrastark*, *Verstärkt*, *Normal*, *Schwach* und *Aus* wählen. Beim aktiven D-Lighting wird ein Kontrastausgleich bereits vor der Bildaufzeichnung ermöglicht, dies kann bei Serienaufnahmen zu einer Reduzierung der Bildrate führen. Bei einer ADL-Belichtungsreihe werden immer eine Aufnahme ohne aktives D-Lighting (*Aus*) und eine mit dieser Funktion aufgenommen. Dabei nutzt die Kamera den zuvor eingestellten Wert (ADL = Aktives D-Lighting).

Die Bildspeicherung wird durch Einschalten dieser Funktion etwas verlangsamt. Um das aktive D-Lighting in den Aufnahmeprogrammen *P*, *S*, *A* und *M* optimal anzuwenden, muss für die Belichtungsermittlung die Matrixmessung verwendet werden. Die effektive Wirkung ist dabei immer vom jeweiligen Motivkontrast abhängig.

Farbraum

Zur Auswahl stehen die Farbräume *sRGB* und *Adobe RGB*. Der optimale Farbraum ist von der weiteren Verwendung Ihrer Fotos abhängig. Aufnahmen, die nicht oder nur geringfügig bearbeitet werden sollen, sowie Aufnahmen, die als Foto ausgegeben oder nur auf dem Bildschirm angezeigt werden, sollten im Farbraum *sRGB* aufgenommen werden. Damit erscheinen die Farben in der Regel brillanter, und eine Bildbearbeitung ist nahezu an jedem Monitor möglich.

Fotos, die einer umfassenden Bildbearbeitung bedürfen und später für den professionellen Druck vorgesehen sind, sollten im Farbraum *Adobe RGB* aufgenommen werden. Dieser Farbraum umfasst einen größeren Farbbereich, benötigt aber zur optimalen Bearbeitung auch einen auf diesen Farbraum abgestimmten Monitor.

Um eine effektive und relativ farbverbindliche Bildbearbeitung an Computer und Monitor durchzuführen, sind Bildbearbeitungsprogramme empfehlenswert, die das Farbmanagement unterstützen. Dazu gehören die Programme Nikon ViewNX, Nikon Capture NX 2 und Adobe Photoshop. Absolut empfehlenswert ist in diesem Zusammenhang auch eine häufiger durchgeführte Bildschirmkalibrierung. Entsprechende Messgeräte mit passender Software erhalten Sie im Fachhandel.

Rauschreduzierung bei Langzeitbelichtung

Fotos, die mit einer erhöhten Empfindlichkeitseinstellung oder Belichtungszeiten von mehr als 8 Sekunden aufgenommen werden, zeigen bei entsprechender Vergrößerung zunehmend Bildstörungen in Form von zufälligen hellen oder farbigen Bildpunkten. Diese sind insbesondere in dunklen und flächigen Bildabschnitten zu erkennen, führen aber auch zur Auflösung der Kantenschärfe. Das Bild „grieselt". Eine Rauschreduzierung kann diesen Effekt verringern.

Bei der Einstellung *Aus* ist die Rauschreduzierung deaktiviert – die Standardeinstellung. Wählen Sie die Einstellung *Ein* bei Aufnahmen, die mit einer Belichtungszeit ab 8 Sekunden aufgenommen werden. Im Sucher wird nach der Aufnahme während der Dauer der Anwendung die Anzeige *Job nr* eingeblendet. Die Speicherzeit verlängert sich dadurch auf ca. das Doppelte.

Bei Serienaufnahmen verringert sich dadurch auch die Bildrate, und die Kapazität des Pufferspeichers nimmt ab. Die Kamera ist erst nach abgeschlossener Verarbeitung wieder aufnahmebereit. Während der Verarbeitung sollte die Kamera nicht abgeschaltet werden, da ansonsten die Rauschreduzierung nicht erfolgt. In den Versuchen zeigte sich, dass diese Rauschreduzierung bei einer Empfindlichkeit von ISO 200 besser ist als ihr Ruf; wird jedoch zugleich auch noch die Empfindlichkeit erhöht, nimmt die Unschärfewirkung deutlich zu.

Ausschnittvergrößerung einer Aufnahme ohne (oben) und mit Rauschreduzierung bei Langzeitbelichtung (unten). Ausschnitte bei 100 %.

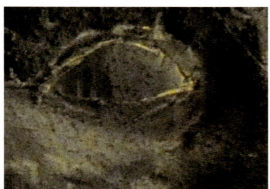

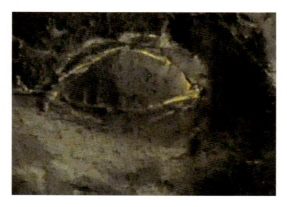

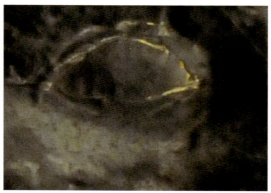

Rauschreduzierung bei ISO+

Ab ISO 800 wird bei aktivierter Option diese Art der Rauschreduzierung verwendet. Dabei stehen die Einstellungen *Stark*, *Normal* und *Schwach* zur Verfügung. Ab einer Empfindlichkeitsstufe von Hi0,3 wird auch bei ausgeschalteter Anwendung (*Aus*) eine geringe Rauschreduzierung verwendet. Bei der Bearbeitung mithilfe moderner Bildbearbeitungsprogramme, z. B. Adobe Photoshop, können Sie ebenfalls eine Rauschreduzierung erzielen. Einige der dabei verwendbaren Methoden sind möglicherweise besser als die in die Kamera integrierten Funktionen zur Rauschreduzierung. Wie bei den Beispielbildern deutlich zu erkennen ist, führt jede Rauschreduzierung zur Verringerung der Bildschärfe.

Ordner

Ordner dient dem Erstellen, Umbenennen und Löschen von Ordnern. Zur Bildspeicherung wird dabei jeweils der ausgewählte Ordner verwendet. Ein Ordnername kann dabei bis zu fünf Zeichen enthalten. Dieser kann selbst ausgewählt werden. Die Bezeichnung des Standardordners lautet *NCD90*. Jede Ordnerbezeichnung wird von der Kamera automatisch eine dreistellige Nummer vorangestellt – z. B. *100NCD90*. Diese Bezeichnung wird auf der Speicherkarte verwendet.

Jeder Ordner kann bis zu 999 Bilder enthalten. Ist der Ordner voll oder enthält dieser ein Bild mit der Nr. 9999, wird automatisch ein neuer Ordner erstellt (z. B. *101NCD90*). Die Kamera behandelt dabei Ordner mit der gleichen Bezeichnung, aber einer anderslautenden Nummer immer als einen Ordner und zeigt den gesamten Inhalt auf dem Monitor an. Bei einer Umbenennung werden immer alle entsprechenden Ordner gleichzeitig umbenannt, lediglich die vorhergehende Nummer bleibt erhalten.

Ausschnittvergrößerungen bei 100 %, Vergleich mit/ohne Rauschreduzierung bei ISO+. Von oben nach unten: **Aus**, **Schwach**, **Normal** *und* **Stark**.

KAPITEL 2
AUFNAHME-KONFIGURATION

Mehrfachbelichtung

Diese Option ist nur für die Belichtungsprogramme *P, S, A* und *M* verfügbar. Damit besteht die Möglichkeit, aus zwei oder drei Belichtungen ein Foto zu erstellen. Die Kamera verwendet hierbei NEF-Bilddaten, um eine möglichst optimale Bildkombination zu erzielen. Die Belichtungsanpassung sollte dabei üblicherweise auf *ON* gestellt sein, dabei berücksichtigt die Kamera für die Belichtung die Anzahl der Teilaufnahmen. Nur bei absolut dunkler Umgebung bzw. einem schwarzen Hintergrund kann die Einstellung *OFF* sinnvoll sein.

Nach Auswahl der Voreinstellungen und Bestätigen mit *Fertig* müssen die Teilbilder unmittelbar hintereinander aufgenommen werden. Dabei sollten zwischen den Teilaufnahmen nicht mehr als 30 Sekunden liegen. Um diese Zeit zu verlängern, kann die Ausschaltzeit des Monitors in den *Individualfunktionen c4* angepasst werden. Das größte Aufnahmeintervall bei Einzelaufnahmen ist dadurch 30 Sekunden länger als die gewählte Ausschaltzeit des Monitors.

In den Auslöserbetriebsarten für Serienaufnahmen werden die Teilbilder unmittelbar hintereinander aufgenommen. In der Live-View-Betriebsart sind keine Mehrfachbelichtungen möglich. Die Anwendung kann über das Menü vorzeitig beendet werden. Eine Beendigung der Belichtungsreihe vor der Aufnahme aller Teilaufnahmen bedingt die Bildzusammensetzung aus den bis dahin erstellten Bildteilen. Mit dem Abschalten der Kamera oder bei einem Kamera-Reset wird die Mehrfachbelichtung automatisch beendet.

Videoeinstellungen

Hier erfolgt die Einstellung des zu verwendenden Bildformats und damit der möglichen Wiedergabequalität. Dabei stehen die Einstellungsmöglichkeiten 1.280 x 720 (16:9), 640 x 424 (3:2) und 320 x 216 (3:2) zur Verfügung. Die Angaben beziehen sich dabei auf die verwendete Pixelzahl und das Bildformat (hier in Klammern). Von dieser Einstellung ist auch die Aufzeichnungsdauer abhängig. Im größten Format stehen 5 Minuten Aufzeichnungsdauer, in den beiden anderen jeweils 20 Minuten pro Film zur Verfügung.

Audio

Um Filme mit dem eingebauten Mikrofon in Einkanalton aufzunehmen, wählen Sie die Option *Ein*.

Beispiel für eine Mehrfachbelichtung.

Individuelle Feineinstellungen

*Im Menü **Individualfunktionen** nehmen Sie individuelle Anpassungen der Kameraeinstellungen vor.*

Zurücksetzen

Mit der Auswahl von *Ja* werden die vorgenommenen Anpassungen dieses Menüs auf die Standardvorgaben zurückgesetzt. Bei einem Zwei-Tasten-Reset erfolgt dagegen keine Rücksetzung der *Individualfunktionen*, damit werden lediglich die Kameraeinstellungen auf die werkseitigen Vorgaben zurückgesetzt.

a. Autofokus

a1: Messfeldsteuerung

Hier legen Sie die Autofokussteuerung fest. Bei Verwendung der Belichtungsprogramme *P*, *S*, *A* und *M* wird eine Einstellung auf alle Messfelder angewendet. Bei der Änderung eines der Automatikprogramme wird diese Einstellung durch einen Programmwechsel wieder auf die Standardeinstellung *AF-A* zurückgesetzt. Das vom Autofokus zu verwendende Messfeld kann mit dem Multifunktionswähler manuell ausgewählt werden (nur *P*, *S*, *A*, *M*, *Makro* und *Sport*). Dazu muss der darunterliegende Sperrhebel zunächst auf den Punkt gesetzt werden. Um die Position zu fixieren, setzen Sie diesen anschließend wieder auf *L*. Standardmäßig wird der mittlere Fokuspunkt des Suchers zur Scharfstellung verwendet.

Bei Anwendung der manuellen Fokussierung *M* kann die Messfeldsteuerung im Menü nicht geändert werden.

a2: AF-Messfeldgröße

Die Messfeldgröße kann zwischen *Normal* und *Groß* ausgewählt werden. *Normal* eignet sich für die meisten Aufnahmesituationen, *Groß* für bewegte Objekte in der Mitte des Bildfelds. Bei Verwendung der automatischen Messfeldgruppierung *AF-A* ist diese Option nicht verfügbar.

AF-Messfelder	
Einzelfeld	*AF-S*, Einzelautofokus, geeignet für unbewegte Motive. Durch Festhalten des Auslösers am ersten Druckpunkt kann die ermittelte Entfernung bis zum Auslösen gespeichert werden. Die Kamera löst nur aus, wenn ein Schärfepunkt fixiert ist. Die Kamera fokussiert dabei lediglich auf das vorgegebene Messfeld. Standardvorgabe für das Aufnahmeprogramm *Makro*.
Dynamisch	*AF-C*, kontinuierlicher Autofokus, geeignet für sich bewegende Motive. Durch Festhalten des ersten Druckpunkts am Auslöser wird die Schärfe mit dem sich bewegenden Objekt mitgeführt. Eine Auslösung der Kamera kann unter Umständen auch ohne exakte Scharfstellung erfolgen. Standardvorgabe für das Aufnahmeprogramm *Sport*.
Autom. Messfeldgruppierung	*AF-A*, Autofokusautomatik, die Kamera aktiviert eigenständig je nach Motiv und Programmwahl den Einzelautofokus (*AF-S*) oder den kontinuierlichen Autofokus (*AF-C*). Das Motiv wird von der Kamera automatisch erkannt, und das entsprechende Messfeld wird ausgewählt. Dabei können auch mehrere Messfelder automatisch ausgewählt und zur Scharfstellung genutzt werden.
3D-Tracking	Im ausgewählten Fokusmessfeld (elf Messfelder) werden durch Festhalten des ersten Druckpunkts am Auslöser die Farben des Objekts gespeichert. Dadurch kann dieses bei einer Bewegung besser nachverfolgt werden. Ist der Hintergrund jedoch gleichfarbig, kann kein befriedigendes Ergebnis erzielt werden.

KAPITEL 2
AUFNAHMEKONFIGURATION

a3: Integriertes AF-Hilfslicht
Optionen zum Ein- oder Ausschalten des AF-Hilfslichts. Dieses wird bei dunkler Umgebung zur Ermöglichung einer Scharfstellung mit dem Autofokus benötigt. Es steht für alle Aufnahmeprogramme außer *Landschaft* und *Sport* zur Verfügung.

a4: Messfeld-LED
Optionen zum Ein- oder Ausschalten der Hervorhebungsfunktion des jeweils aktiven Messfelds. Mit *Automatisch* (Standardvorgabe) wird das aktive Messfeld abhängig vom Kontrast zum Hintergrund hervorgehoben.

a5: Scrollen bei Messfeldauswahl
Mit der Standardvorgabe *Am Rand stoppen* springt die Messfeldmarkierung am Ende des Bildrands nicht zur nächsten Seite; die Option *Umlaufend* dagegen ermöglicht dies. Ein am Bildrand befindliches Messfeld kann bei dieser Einstellung auch durch Drücken des Multifunktionswählers in die gleiche Richtung zur gegenüberliegenden Bildseite bewegt werden.

a6: AE-L/AF-L-Taste (MB-D80)
Auswahl der Funktionen dieser Taste bei Verwendung des MB-D80-Akkupakets. Damit ist es möglich, der *AE-L/AF-L*-Taste am MB-D80 auch eine andere Funktion zuzuweisen als dieser Taste an der Kamera.

a7: Autofokus in Live-View
Einstellungsoptionen für das Autofokusmessfeld im Live-View-Betrieb.

b: Belichtung

b1: Belichtungswerte
Schrittweitenauswahl der Belichtungseinstellungen. Es kann zwischen 1/3 Lichtwerten (Standardvorgabe) und 1/2 Lichtwerten gewählt werden.

b2: Einfache Belichtungskorrektur
Auswahl der Tastenbelegung für die Anwendung der Belichtungskorrektur – nur *P*, *S*, *A* und *M*. In der Standardeinstellung *Aus* muss die Taste *Belichtungskorrektur* gedrückt werden, die Anpassung erfolgt über das hintere Einstellrad. Mit der Option *Ein* kann eine Korrektur auch direkt über ein Einstellrad vorgenommen werden.

b3: Messfeldgröße (mittenbetont)
Für die in den Belichtungsprogrammen *P*, *S*, *A* und *M* verfügbare mittenbetonte Belichtungsmessung kann der Durchmesser des Messbereichs zwischen 6, 8 (Standardvorgabe) und 10 mm geändert werden.

b4: Feinabstimmung der Belichtungsmessung
Eine Feinabstimmung kann für jede der Messmethoden in 1/3 Lichtwerten zwischen −1 und +1 vorgenommen werden. Eine Anpassung sollte jedoch nur erfolgen, wenn die Standardeinstellung unzureichend ist. Zu einer Belichtungsanpassung verwenden Sie besser die Belichtungskorrektur.

Autofokus in Live-View	
Porträt-AF	Automatische Erkennung von Porträtmotiven. Standardvorgabe für die Programme *Porträt* und *Nachtporträt*.
Großer Messbereich	Optimale Einstellung für alle Aufnahmen außer im Porträt- und Makrobereich (Standardvorgabe). Das Fokusmessfeld kann manuell ausgewählt werden.
Normal	Zum punktgenauen Fokussieren innerhalb eines Motivs. Dazu sollte ein Stativ benutzt werden. Standardvorgabe im Aufnahmeprogramm *Makro*.

c: Timer & Tastenbelegungen

c1: Belichtungsspeicher
Festlegung der Belichtungsspeicheranwendung, Standardeinstellung ist die Verwendung der *AE-L/AF-L*-Taste. Mit der Einstellung *AE-L/AF-L-Taste und Auslöser* kann eine Speicherung des Belichtungsmesswerts auch durch Drücken des Auslösers zum ersten Druckpunkt erfolgen.

c2: Belichtungsmesser
Einstellung der Betriebsdauer des Belichtungsmessers. Es kann zwischen den Zeiten *4*, *6* (Standardvorgabe), *8*, *16* und *30* Sekunden sowie *1*, *5*, *10* und *30* Minuten gewählt werden. Eine kürzere Zeit ist zur Schonung des Akkus sinnvoll. Bei Verwendung eines Netzteils schaltet sich die Belichtungsmessung nicht selbsttätig ab.

c3: Selbstauslöser
Festlegung der Vorlaufzeit bei Verwendung des Selbstauslösers, wählbar zwischen *2*, *5*, *10* und *20* Sekunden und Festlegung der Anzahl der zu erstellenden Aufnahmen. Auswahl von *1* bis *9*.

c4: Ausschaltzeit des Monitors
Anpassung der automatischen Abschaltung der Monitoranzeige. Dabei kann zwischen den Zeiten *4*, *10* und *20* Sekunden sowie *1*, *5* und *10* Minuten gewählt werden. Bei Verwendung eines Netzteils schaltet sich der Monitor unabhängig von der gewählten Ausschaltzeit nach 10 Minuten ab. Um den Akku zu schonen, sind kürzere Zeiten zu empfehlen.

c5: Fernauslöser
Einstellung der Zeitspanne bis zur Auslösung der Kamera in einer der Fernbedienungsbetriebsarten. Es kann zwischen den Einstellungen *1* (Standard), *5*, *10* und *15* Minuten gewählt werden.

d: Aufnahme & Anzeigen

d1: Tonsignal
Ein- und Ausschaltoption zur Verwendung des Tonsignals.

d2: Gitterlinien
Ein- und Ausschaltoption zur Anzeige der Gitterlinien im Sucherbild.

d3: ISO-Anzeige und -Einstellung
Voreinstellung der Anzeige auf dem Display und im Sucher. Die Standardvorgabe lautet *Bildzähler anzeigen*, damit wird die Anzahl der verbleibenden Aufnahmen angezeigt. Mit der Auswahl von *ISO-Empfindlichkeit anzeigen* oder *ISO-Empf. anzeigen/einstellen* wird stattdessen die ISO-Empfindlichkeit angezeigt. Mit *ISO-Empf. anzeigen/einstellen* kann die ISO-Empfindlichkeit auch durch Drehen des vorderen oder hinteren Einstellrads, je nach Aufnahmeprogramm, vorgenommen werden.

d4: Warnsymbole im Sucher
Mit Auswahl der Standardvorgabe *Ein* werden die Symbole für Schwarz-Weiß-Aufnahmen (*B/W*), die Akkustandsanzeige und das Symbol für eine nicht eingelegte Speicherkarte im Sucher angezeigt.

d5: Schnellübersichtshilfe
Mit *Ein* (Standardvorgabe) ist es möglich, Tipps für die in den Aufnahmeinformationen ausgewählten Bereiche anzuzeigen.

d6: Lowspeed-Bildrate
Einstellung der maximalen Bildrate in der Aufnahmebetriebsart *Serienaufnahme langsam*. Die Auswahl beträgt 1 bis 4 Bilder pro Sekunde.

d7: Nummernspeicher, verfügbare Optionen:

d7: Nummernspeicher, verfügbare Optionen	
Ein	Die Bildnummerierung wird nach der zuletzt vergebenen Nummer fortgesetzt. Wenn der aktuelle Ordner ein Bild mit der Nummer *9999* enthält, wird ein neuer Ordner erstellt, und die Nummerierung beginnt wieder mit *0001*.
Aus	Für jeden neuen Ordner und für jede eingesetzte Speicherkarte beginnt die Nummerierung mit *0001* (Standardvorgabe). Enthält der aktuelle Ordner *999* Bilder, wird automatisch ein neuer Ordner angelegt.
Reset Zurücksetzen	Wie bei *Ein*, der Nummernspeicher wird jedoch gelöscht, und die Nummerierung wird nach der höchsten vergebenen Nummer im Ordner fortgesetzt. Bei einem neuen Ordner beginnt die Nummerierung mit *0001*.

Hat der der aktuelle Ordner die Nummer *999* und enthält *999* Bilder oder ein Bild mit der Nummer *999*, wird der Auslöser der Kamera gesperrt. Wählen Sie dann die Option *Reset Zurücksetzen* und setzen Sie eine neue Speicherkarte ein. Alternativ können Sie auch die eingesetzte Speicherkarte formatieren.

d8: Aufnahmeinformationen

Anpassung der Darstellung für die Aufnahmeinformationen auf dem Monitor durch Drücken der *info*-Taste. *Automatisch* passt die Darstellung eigenständig an die Umgebungshelligkeit an (Standardvorgabe). Mit *Manuell* können Sie selbst festlegen, ob die angezeigten Informationen *Dunkel auf hell* oder *Hell auf dunkel* dargestellt werden sollen.

d9: Displaybeleuchtung

Standardvorgabe ist *Aus*, eine Beleuchtung des Displays erfolgt nur, wenn der Einschalter in die entsprechende Position gedreht wird. Mit *Ein* wird die Displaybeleuchtung stets mit der Aktivierung des Belichtungsmessers ein- und ausgeschaltet.

d10: Spiegelvorauslösung

Mit der Einstellung *Ein* wird der Spiegel ca. 1 Sekunde vor dem Auslösen der Kamera nach oben geklappt. Dadurch kann eine Erschütterung der Kamera bei Langzeitaufnahmen mit dem Stativ verhindert werden. In der Einstellung *Aus* löst der Verschluss unmittelbar nach dem sofortigen Hochklappen des Spiegels aus.

d11: Blitzsymbol

Mit *Ein* (Standardvorgabe) wird bei nicht ausreichenden Lichtverhältnissen im Sucher das Blitzsymbol blinkend angezeigt. Mit *Aus* entfällt diese Warnung. Diese Funktion ist nur mit den Belichtungsprogrammen *P, S, A* und *M* verfügbar. Dann kann der integrierte Blitz manuell aufgeklappt werden. Bei Verwendung eines Automatikprogramms außer *Landschaft*, *Sport* und *Blitz aus* wird der Blitz automatisch aufgeklappt und verwendet.

d12: MB-D80 Akku-/Batterietyp

Bei Verwendung des MB-D80 muss zur einwandfreien Funktion der jeweils verwendete Akku- oder Batterietyp angegeben werden. Werden EN-EL3e-Akkus verwendet, ist keine Angabe erforderlich.

e: Belichtungsreihen & Blitz

e1: Längste Verschlusszeit (Blitz)

Belichtungszeitvorgabe nur für die Belichtungsprogramme *P* und *A*. Belichtungszeiten von 1/60 bis 30 Sekunden sind auswählbar. Diese Einstellung betrifft die Blitzsynchronisation auf den ersten oder den zweiten Verschlussvorhang und für die Reduktion des Rote-Augen-Effekts.

e2: Integriertes Blitzgerät

Auswahl der Blitzsteuerung für das integrierte Blitzgerät. Nur für die Aufnahmeprogramme *P, S, A* und *M* verfügbar. Bei Ansetzen eines externen Systemblitzgeräts vom Typ SB-400 ändert sich die Bezeichnung in *Externes Blitzgerät*. Die Einstellungen können nun für das externe Blitzgerät vorgenommen werden. Dabei stehen jedoch die Optionen *Stroboskopblitz* und *Master-Steuerung* nicht zur Verfügung. Weitere Informationen siehe Kapitel 6 "Aufnahmen mit Blitzlicht".

TTL	Die Blitzleistung wird automatisch an die Aufnahmebedingungen angepasst (Standardvorgabe).
Manuell	Manuelle Festlegung der Blitzleistung. Einstellbar zwischen der vollen Leistung und 1/128 der Blitzleistung. Die Leitzahl bei Abgabe der vollen Leistung ist 18 bei ISO 200.
Stroboskopblitz	Während der Kameraverschluss geöffnet ist, löst der Blitz je nach Vorgabe mehrfach aus.
Master-Steuerung	Das integrierte Blitzgerät kann zur kabellosen Steuerung externer Systemblitze eingestellt werden.

e3: Einstelllicht

Mit *Ein* kann bei Verwendung des integrierten oder eines Systemblitzgeräts vom Typ SB-900, SB-800, SB-600 oder SB-R200 ein Einstelllicht ausgesendet werden. Dazu drücken Sie die *Abblend*-Taste. Diese Option ist nur für die Aufnahmeprogramme *P*, *S*, *A* und *M* verfügbar. Die Standardeinstellung ist *Aus*.

e4: Belichtungsreihen

Nur für die Aufnahmeprogramme *P*, *S*, *A* und *M*. Einstellungsoptionen für Belichtungs-, Weißabgleichs- und ADL-Reihen (ADL = Aktives D-Lighting). Dabei werden die Art der Belichtungsreihe, die Anzahl der Aufnahmen und die Korrekturwerte festgelegt.

e5: FP-Kurzzeitsynchronisation

Nur verfügbar für die Aufnahmeprogramme *P*, *S*, *A* und *M*. Die Option *Ein* ermöglicht die Verwendung von passenden Systemblitzgeräten mit Belichtungszeiten zwischen 1/200 bis 1/4000 Sekunde. Die Standardvorgabe ist *Aus*.

e6: BKT-Reihenfolge

Verwendbar für die Aufnahmeprogramme *P*, *S*, *A* und *M*. Einstellung der Reihenfolge bei Belichtungs- und Weißabgleichsreihen.

f: Bedienelemente

f1: Ein-/Ausschalter

Funktionsanpassung bei Drehung des Schalters in die Position *Displaybeleuchtung*.

Displaybeleuchtung	Das Display wird ca. 6 Sekunden lang beleuchtet (Standardvorgabe).
Beide	In dieser Einstellung werden gleichzeitig die Aufnahmeinformationen auf dem Monitor angezeigt.

f2: OK-Taste (Bei Aufnahme)

Festlegung der Bedienungseinstellung bei Aufnahmebereitschaft mit der *OK*-Taste. Es sind zwei Einstellungen auswählbar oder die Option *Ohne Funktion*.

AF-Messfeldgröße auswählen (Reset)	Durch Drücken der *OK*-Taste wird das mittlere Fokusmessfeld ausgewählt (Standardvorgabe).
AF-Messfeld hervorheben	Durch Drücken der *OK*-Taste wird das jeweils aktive Fokusmessfeld im Sucher markiert.

f3: Funktions-Taste

Belegung der *Fn*-Taste nach Auswahl.

Gitterlinien	Ein- und Ausblenden von Gitterlinien im Sucherbild. *Fn*-Taste drücken und hinteres Einstellrad drehen.
Messfeldsteuerung	*Fn*-Taste drücken und das hintere Einstellrad drehen, um die Art der Messfeldsteuerung auszuwählen.
AF-Messfeldgröße	*Fn*-Taste und Drehen des hinteren Einstellrads zur Wahl zwischen dem normalen oder dem großen Messfeld
Blitzbelichtungsmesswertspeicher	Durch Druck auf die *Fn*-Taste kann der Blitzbelichtungswert bis zum erneuten Drücken der *Fn*-Taste gespeichert werden (Standardvorgabe). Nur für das integrierte oder ein Systemblitzgerät vom Typ SB-900, SB-800, SB-600, SB-400 oder SB-R200 verfügbar.
Blitz aus	Das integrierte Blitzgerät oder ein externes Blitzgerät wird durch Druck auf die *Fn*-Taste deaktiviert, der Blitz löst nicht aus.
Matrixmessung	
Mittenbetonte Messung	Mit Drücken der *Fn*-Taste wird die jeweilige Messmethode aktiviert.
Spotmessung	

KAPITEL 2
AUFNAHME-KONFIGURATION

1. Punkt in Benutzer-definiertes Menü	Bei gedrückter *Fn*-Taste wird der erste Punkt unter *Benutzerdefiniertes Menü* markiert. Dadurch erhalten Sie den schnellen Zugriff auf die dort abgelegte Einstellung.
+ NEF (RAW)	Durch Drücken der *Fn*-Taste wird bei einer Bildaufzeichnung im JPEG-Format zusätzlich eine Kopie im RAW-Format erstellt. Mit erneutem Druck auf die *Fn*-Taste oder mit dem Ausschalten der Kamera wird diese Funktion wieder deaktiviert.

f4: AE-L/AF-L-Taste
Belegungsoptionen für *die AE-L/AF-L*-Taste.

Belichtung & Fokus speichern	Mit Drücken der Taste werden die Belichtung und der Fokus gespeichert. Die Taste muss dabei bis zur Beendigung der Anwendung festgehalten werden (Standardvorgabe).
Belichtung speichern	Nur die Belichtung wird gespeichert.
Fokus speichern	Nur die ermittelte Distanz wird gespeichert.
Belichtung speichern ein/aus	Die Belichtung bleibt so lange gespeichert, bis die Taste erneut gedrückt oder der Belichtungsmesser ausgeschaltet wird.
Autofokus aktivieren	Aktivierung des Autofokus, der Auslöser kann dazu jetzt nicht mehr verwendet werden.
Blitzbelichtungsmesswertspeicher	Durch Druck auf die Taste kann der Blitzbelichtungswert bis zum erneuten Drücken dieser Taste gespeichert werden. Nur für das integrierte oder ein Systemblitzgerät vom Typ SB-900, SB-800, SB-600, SB-400 oder SB-R200 verfügbar.

f5: Einstellräder
Anpassung der Funktionssteuerung der Einstellräder.

Auswahlrichtung	*Nein* (Standardvorgabe), die normale Auswahlrichtung wird verwendet. *Ja*, die Auswahlrichtung wird umgekehrt.
Funktionsbelegung	*Aus* (Standardvorgabe), die Belichtungszeit wird mit dem hinteren, die Blende mit dem vorderen Einstellrad ausgewählt. *Ein* kehrt diese Auswahl um.
Menüs und Wiedergabe	*Ein* (Standardvorgabe), die aktuellen Einstellungsoptionen werden beibehalten, *Ein (außer bei Bildkontrolle)* verhindert die Nutzung der Einstellräder bei der Bildkontrolle. *Aus*, in dieser Einstellung wird der Multifunktionswähler nur zur Einzelbildwiedergabe, zur Markierung und zur Menünavigation verwendet.

f6: Auslösesperre
Standardvorgabe ist *Ein*, der Auslöser kann nur bei eingelegter Speicherkarte betätigt werden. *Aus* ermöglicht die Aufnahme auch ohne eingelegte Speicherkarte, jedoch ist eine Aufzeichnung der Bilddaten nicht möglich. Bei einer Fernauslösung mit Camera Control Pro 2 ist eine Bilddatenübertragung zum Computer jedoch dennoch möglich.

f7: Skalen spiegeln
Ermöglicht die Umkehrung der Skalenanzeige.

Grundlegende Systemeinstellungen

Grundlegende Kameraeinstellungen nehmen Sie im Systemmenü vor.

FÜR EINE EFFEKTIVE REINIGUNG

Zum Reinigen des Tiefpassfilters sollte die Kamera möglichst auf der Unterseite stehen, um die effektivste Reinigungswirkung zu erzielen.

Formatieren

Die eingesetzte Speicherkarte wird formatiert. Dabei werden alle gespeicherten Bilder, auch geschützte und ausgeblendete, unwiderruflich gelöscht. Wichtig bei der Verwendung neuer Speicherkarten ist, dass Sie diese vor dem ersten Einsatz immer zuerst in der Kamera formatieren. Damit ist die einwandfreie Funktion der Speicherkarte gewährleistet. Der Schreibschutzschalter an der Speicherkarte muss zur Verwendung in der Kamera immer auf die Position *Schreiben* gesetzt sein. Öffnen Sie während der Formatierung auf keinen Fall die Akkufach- oder Speicherkartenfachabdeckung.

Monitorhelligkeit

Einstellungsoptionen für die Helligkeit des Kameramonitors in sieben Stufen von *–3* bis *+3* (hellste Einstellung). *Dabei wird lediglich die Darstellung von Bildern auf dem Monitor verändert, die Belichtung des Bildes wird davon nicht beeinflusst.*

Bildsensor-Reinigung

Diese Funktion dient der Reinigung des Tiefpassfilters vor dem Sensor und der Festlegung einer automatisch von der Kamera durchgeführten Reinigung. Dabei stehen die Option *Jetzt reinigen* und unter *Zeitpunkt festlegen* die Optionen *Beim Einschalten*, *Beim Ausschalten*, *Beim Ein & Ausschalten* oder *Nicht reinigen* zur Auswahl.

Das Drücken des Auslösers, der *Abblend*-Taste, der *Fn*-Taste, der *AF*-Taste, der *AE-L/AF-L*-Taste oder das Aufklappen des Blitzgeräts bewirkt die Beendigung des Reinigungsvorgangs. Mehrmaliges Reinigen hintereinander kann zur vorübergehenden Deaktivierung dieser Funktion führen, um die Elektronik der Kamera zu schützen.

Inspektion/Reinigung

Die Funktion *Inspektion/Reinigung* dient der manuellen Reinigung des Tiefpassfilters vor dem Sensor. Beachten Sie hierbei unbedingt, dass alle Elemente im Inneren der Kamera höchst empfindlich sind und keinesfalls mit den Fingern berührt werden dürfen. Absolut empfehlenswert ist es daher, eine erforderliche Reinigung in einer Nikon-Fachwerkstatt vornehmen zu lassen.

Voraussetzung für eine manuelle Reinigung des Tiefpassfilters ist ein vollständig geladener Akku oder die Verwendung des Netzadapters EH-5a. Bei einer Unterbrechung der Stromversorgung während der Inspektion kann die Kamera schwer beschädigt werden.

Um den Sensor freizulegen, wählen Sie die Funktion *Inspektion/Reinigung* und bestätigen mit *OK*. Mit Durchdrücken des Auslösers klappt der Spiegel nach oben, und der Sensor ist nun freigelegt. Benutzen Sie zur Reinigung des Tiefpassfilters vor dem Sensor einen staubfreien Blasebalg oder weiteres geeignetes Zubehör aus dem Fachhandel. Durch Ausschalten der Kamera oder eine Unterbrechung der Stromversorgung wird die Betriebsposition wiederhergestellt (siehe auch Kapitel 8, „Kamerapflege und Zubehör").

Videonorm

Hier erfolgt die Auswahl der länderspezifischen Videonorm zum Anschluss der Kamera an ein Fernsehgerät. Zur Wahl stehen die Einstellungen *NTSC* und *PAL*.

KAPITEL 2
AUFNAHME-KONFIGURATION

Videonorm	
Automatisch	Die Kamera wählt das HDMI-Format automatisch aus (Standardeinstellung).
480p (Progressive)	Format 640 x 480 Pixel (Vollbildverfahren)
576p (Progressive)	Format 720 x 576 Pixel (Vollbildverfahren)
720p (Progressive)	Format 1.280 x 720 Pixel (Vollbildverfahren)
1080i (Interlaced)	Format 1.920 x 1.080 Pixel (Zeilensprungverfahren)

HDMI
High-Definition Multimedia Interface, damit kann das zur Ausgabe an einem HDTV-Gerät erforderliche HDMI-Format zuvor ausgewählt werden.

Weltzeit
Darunter fällt die Einstellung von Zeitzone, Datum und Uhrzeit sowie Datumsformat und Sommerzeit. Wenn das Symbol *CLOCK* auf dem Display blinkt, müssen das Datum und die Uhrzeit eingestellt werden.

Sprache
Sie können unter 17 Sprachen auswählen, in denen die Kameramenüs und Meldungen angezeigt werden sollen.

Bildkommentar
Mit dieser Funktion haben Sie die Möglichkeit, Bildkommentare in Ihre Aufnahmen einzubetten. Der hinzugefügte Kommentar kann in einem Programm wie Nikon Capture NX 2, Nikon ViewNX oder einem anderen Programm, das Metadaten darstellen kann, aufgerufen werden. Kommentare können bis zu 36 Zeichen enthalten, die mit dem Multifunktionswähler einzeln ausgewählt und mittels *OK* eingegeben werden. Um ein Zeichen an der Cursorposition zu löschen, drücken Sie die *Löschen*-Taste. Um dieses Fenster ohne Änderung wieder zu verlassen, drücken Sie die *MENU*-Taste. Nach Abschluss der Eingabe aktivieren Sie die Einstellung *Kommentar hinzufügen* und wählen *Fertig*. Die Bestätigung erfolgt wie gehabt mit *OK*. Dieses Feature eignet sich ganz hervorragend dazu, Ihre Aufnahmen mit einem automatischen Urheberrechtsvermerk zu versehen. Der Kommentar wird allen Aufnahmen hinzugefügt, wenn das Häkchen bei *Kommentar hinzufügen* gesetzt wurde. Wählen Sie dazu nach Abschluss der Eingaben *Fertig* und bestätigen Sie wieder mit *OK*.

Eingabe eines Bildkommentars.

Bildorientierung
Mit der Einstellung *Ein* legen Sie fest, ob die Kamera eine Drehung ins Hochformat als Information in das Foto einbettet. Bei der Bildwiedergabe in Nikon ViewNX oder Nikon Capture NX werden diese Bilder dann automatisch richtig gedreht. Bei Serienaufnahmen wird nur die Einstellung des ersten Bildes zur Orientierung verwendet, auch wenn die Kamera zwischendurch gedreht wird. Um diese Orientierung zu deaktivieren, wählen Sie *Aus*. Die Kamera unterscheidet zwischen den Orientierungen Querformat, Hochformat – 90 Grad im Uhrzeigersinn gedreht, und Hochformat – 90 Grad entgegen dem Uhrzeigersinn gedreht. Bei gleichzeitiger starker Neigung der Kamera nach vorne oder nach hinten ist diese Funktion möglicherweise nicht gewährleistet.

Referenzbild (Staub)
Dient der Erfassung von Referenzdaten für die Staubentfernungsfunktion von Nikon Capture NX 2. Um das Referenzbild verwenden zu können, darf nach der Aufnahme der zu bearbeitenden Bilder und vor Erfassen der Referenzdaten keine Reinigung des Bildsensors vorgenommen werden.

Stellen Sie für diese Anwendung die *Bildsensor-Reinigung* auf *Nicht reinigen*. Die Funktion steht nur in Verbindung mit einem prozessorgesteuerten Objektiv (mit CPU) und mindestens 50 mm Brennweite zur Verfügung. Genauere Informationen finden Sie in der zu Capture NX 2 gelieferten Dokumentation.

Akkudiagnose

Anzeige zu den aktuell verwendeten Akkus der Kamera und, falls verwendet, auch des MB-D80.

Lade-kapazität	Anzeige des aktuellen Akkuladestands in Prozent.
Bildanzahl	Anzahl der Verschlussauslösungen seit dem letzten Ladevorgang.
Lebensdauer	Skala von 0 bis 4, bei Anzeige von 4 sollte der Akku ersetzt werden. Bitte beachten Sie, dass eine korrekte Anzeige nur bei einer Ladung in Zimmertemperatur und darüber möglich ist.

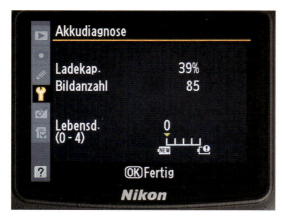

Anzeige der Akkudiagnose.

GPS
Einstellungen bei Anschluss eines GPS-Empfängers.

Eye-Fi-Bildübertragung
Wird nur bei Nutzung der speziellen Eye-Fi-Speicherkarten angezeigt. Dabei handelt es sich um spezielle Speicherkarten im SD-Format, die Bilddaten drahtlos an einen PC übertragen können. Diese sind derzeit jedoch nur für den US-Markt zugelassen.

Firmware-Version
Anzeigemöglichkeit der aktuell installierten Version der Kamerasoftware. Eine eventuelle Aktualisierung kann über die Nikon-Homepage vorgenommen werden.

Bildbearbeitung in der Kamera

Die Nikon D90 verfügt über ein integriertes Bildbearbeitungsprogramm, in dem die von Ihnen erstellten Fotos bereits vor deren Ausgabe bearbeitet werden können. Dabei bleiben die Originalaufnahmen stets unverändert, und ein bearbeitetes Bild wird als Kopie auf der Speicherkarte abgelegt. Bei der Ansicht eines bearbeiteten Bildes auf dem Monitor wird zur besonderen Kennzeichnung das Bildbearbeitungssymbol links oben eingeblendet.

Der Zugriff auf die Bildbearbeitungsoptionen ist auch bei der Bildwiedergabe in der Monitoransicht möglich. Dazu wählen Sie zunächst ein Foto aus und drücken dann die *OK*-Taste. Die gewünschte Bearbeitungsoption kann nun ausgewählt werden. In dem hier erscheinenden Bildbearbeitungsmenü steht jedoch die Option *Bildmontage* nicht zur Verfügung. Um zur Wiedergabeansicht ohne eine vorgenommene Änderung zurückzukehren, drücken Sie einfach die *Wiedergabe*-Taste.

KAPITEL 2
AUFNAHME-KONFIGURATION

Alle relevanten Bildbearbeitungsoptionen stehen Ihnen beim Öffnen des Menüs *Bildbearbeitung* zur Verfügung. Um größere Qualitätsverluste zu vermeiden, kann dieselbe Bearbeitungsauswahl, mit Ausnahme der Bildmontage, jedoch jeweils nur einmal auf dasselbe Bild angewendet werden. Die bereits benutzte Option wird dann bei einem erneuten Aufruf des Bildbearbeitungsmenüs ausgegraut dargestellt, und eine erneute Anwendung ist nicht mehr möglich.

Wählen Sie im Menü zunächst die gewünschte Option aus und benutzen Sie den Multifunktionswähler, um sich durch die möglichen Einstellungen zu klicken. Mit Druck auf *OK* rufen Sie zunächst die Voransicht Ihrer Auswahl auf, zum Speichern drücken Sie erneut die *OK*-Taste, zum Abbrechen die *Wiedergabe*-Taste.

Bearbeitete Bilder werden immer in der gleichen Bildqualität und Größe gespeichert, in der sie zuvor fotografiert wurden, RAW-Bilddaten ausgenommen. Letztere werden im Format *JPEG Fine* und der Bildgröße *L* gespeichert.

D-Lighting

Diese Funktion arbeitet ähnlich wie das aktive D-Lighting und dient der nachträglichen Aufhellung von Schattenbereichen und der Anpassung des Kontrasts. Bestens geeignet ist diese Optimierung für leicht unterbelichtete und kontrastreiche, im Gegenlicht aufgenommene Bilder. Bilder, die mit der Option *Schnelle Bearbeitung* erstellt wurden, können mit dieser Funktion nicht bearbeitet werden.

Zur Steuerung der Anpassung können Sie auch hier unter den Optionen *Normal*, *Stark* und *Schwach* wählen.

*Anpassung mit **D-Lighting**.*

*Anwendungsbeispiel für das **D-Lighting**, oben das Originalbild, unten die bearbeitete Kopie.*

Rote-Augen-Korrektur

Diese Bearbeitungsmöglichkeit steht nur für Bilder zur Verfügung, die mit Blitzlicht aufgenommen wurden und in denen das Programm in der Kamera die bei der Aufnahme mit Blitzlicht erzeugten roten Augen erkennen kann. Werden von der Kamera keine roten Augen festgestellt, wird der Vorgang mit einer entsprechenden Meldung abgebrochen, und es wird keine Bildkopie erstellt. Erkennt die Kamera den Rote-Augen-Effekt, kann die Bearbeitung erfolgen. Dabei stehen zur Bildansicht die Funktionen *Einzoomen* und *Auszoomen* sowie die Verschiebung des Bildausschnitts mit dem Multifunktionswähler zur Verfügung. Um die Ausschnittvergrößerung zu beenden, drücken Sie die *OK*-Taste. Um eine korrigierte Bildkopie zu erstellen, drücken Sie erneut die *OK*-Taste, dadurch wird diese Funktion auf das Bild angewendet. Überprüfen Sie zuvor in der Vorschau, ob das erwartete Ergebnis erzielt wird und keine weiteren Farbveränderungen an anderen Bildteilen erfolgt sind.

Beschneiden

Um Beschneidungen an einem aufgenommenen Bild bereits in der Kamera vorzunehmen, rufen Sie diesen Bildbearbeitungspunkt auf.

BILDQUALITÄT UND BILDGRÖSSEN

Kopien von RAW-(NEF-)Dateien werden in der Bildqualität *JPEG Fine* gespeichert. Vorlagen im JPEG-Format erhalten die gleiche Bildqualität wie das verwendete Original. Je nach Größe des Ausschnitts und Wahl des Seitenverhältnisses werden Kopien in unterschiedlichen Größen erstellt.

Beschneiden und Verschieben des Bildausschnitts.

Nach Aufruf der Funktion wählen Sie zunächst mit dem Multifunktionswähler in der Indexansicht das zu bearbeitende Bild aus. Zur Festlegung des Ausschnitts benutzen Sie die Taste *Ausschnittverkleinerung*, dabei verkleinert sich der Ausschnitt im Vorschaubild. Mit Drücken der *Bildindex*-Taste vergrößert sich der zu kopierende Ausschnitt im Vorschaubild. Um das Seitenverhältnis zu ändern, drehen Sie das hintere Einstellrad. Mit dem Multifunktionswähler verschieben Sie den Bildausschnitt in die gewünschte Richtung. Ein Druck auf die *OK*-Taste zeigt den Bildausschnitt formatfüllend an, ein weiterer Druck auf *OK* beschneidet das Bild entsprechend der Anzeige auf dem Monitor und speichert es als Kopie ab.

Monochrom

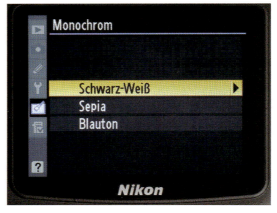

Erstellen von schwarz-weißen oder getonten Bildern.

Um farbige Aufnahmen direkt in der Kamera in Schwarz-Weiß-Fotos oder in sepia- bzw. blaugetonte Bilder umzuwandeln, steht Ihnen diese Funktion zur Verfügung. Bei der Auswahl von *Sepia* oder *Blauton* wird auch eine Vorschau des zuvor ausgewählten Bildes angezeigt.

KAPITEL 2
AUFNAHME-
KONFIGURATION

Vorschau des zu tonenden Bildes.

Dabei können die ausgewählten und angezeigten Fotos noch in der Farbintensität (*Heller* oder *Dunkler*) mit dem Multifunktionswähler angepasst werden. Schwarz-weiße Bilder werden direkt und ohne weitere Einstellungsmöglichkeiten umgewandelt.

Filtereffekte

Einer der großen Vorteile der digitalen Fotografie ist es, dass eine Vielzahl von Filtern aus der Verwendung im analogen Aufnahmebereich nicht mehr erforderlich ist. Durch eine digitale Anpassung der aufgenommenen Bilder können besondere Anpassungen und Effekte direkt bei der Aufnahme oder auch noch nachträglich angewendet werden. Der mit der Vorsetzung eines Filters vor das Objektiv verbundene Lichtverlust und die kostenintensive Anschaffung vieler Filter, passend zum jeweiligen Objektiv, können dadurch entfallen.

Das Menü Filtereffekte.

Monochrom/Sepia, *Ausgabe in drei Helligkeitsabstufungen:* Normal, Heller, Dunkler.

Beispielaufnahme vor der Anwendung des Sterneffektfilters und danach.

Warmer Farbton
Durch diesen Filter werden die gesamten Farbtöne einer Aufnahme in den wärmeren Bereich, also Richtung rötlich, verschoben. Zu hohe Blauanteile in den Farben einer Aufnahme wirken kühl, und eine Anpassung in die komplementärfarbige Richtung (nach Rot) lässt sie wärmer erscheinen. Auch bei diesem Filter ist eine Beurteilung der Voransicht auf dem kameraeigenen Monitor, beispielsweise im Freien und bei heller Umgebung, äußerst schwierig.

Rotverstärkung, Grünverstärkung, Blauverstärkung
Bei diesen Anwendungen werden im Bild enthaltene Farbtöne der jeweils ausgewählten Grundfarbe verstärkt. Die Anwendung ist dabei in der Intensität zwischen *Heller* und *Dunkler* in drei Stufen einstellbar.

Sterneffekt
Dieser Effektfilter erzeugt, wie der bekannte gleichnamige Filter, der jedoch vor das Objektiv gesetzt werden muss, einen Sterneffekt bei den im Bild enthaltenen hellen Spitzlichtern. Dabei ist die Erscheinungsweise der Strahlen durch mehrere Optionen regelbar. Bei Aufnahmen, die keine eindeutigen Lichtpunkte (Spitzlichter) enthalten, kann mit diesem Filter auch kein entsprechender Effekt erzielt werden.

Skylight
Dieser Filter dient der Reduzierung zu hoher Blauanteile, erzeugt zumeist durch das vorherrschende Blau des Himmels in einem Foto. Besonders bei Aufnahmen an der See und im Gebirge kann dieser Blauanteil, der besonders in den Schattenbereichen eines Bildes auffällig wird, sehr störend wirken.

Eine Beurteilung des Bildergebnisses in der Voransicht auf dem Kameramonitor ist bei heller Umgebung etwas schwierig. Da dieser Filter jedoch in der Regel nur sehr geringfügige Auswirkungen auf andere Farben als Blau hat, ist eine Anwendung durchaus empfehlenswert. Zudem bleibt das Originalbild wie bei allen Bildbearbeitungsanwendungen erhalten, und es wird lediglich eine Kopie gespeichert.

Sterneffekt anpassen, dann Bestätigen *und* Speichern.

Die Vorgehensweise ist ähnlich wie bei den anderen Filtereffekten. Zunächst wählen Sie mit dem Multifunktionswähler ein für diese Anwendung geeignetes Bild aus. Im nachfolgenden Anpassungsfenster können Sie den Effekt noch beeinflussen, dabei stehen Ihnen zu jeder Anpassung jeweils drei Optionen zur Verfügung. So können Sie die Anzahl der Strahlen, die Filterstärke, den Winkel und die Länge der Strahlen selbst bestimmen. Nach der Einstellung markieren Sie *Bestätigen* und drücken auf *OK*, um die Vorauswahl festzulegen. Erst danach können Sie das bearbeitete Bild speichern.

Farbabgleich

Dieser Filter ermöglicht Ihnen eine nachträgliche Farbanpassung der gespeicherten Bilder in der Monitoransicht. Dabei werden zur Bildvorschau die einzelnen Farbkanäle und eine Ansicht des Farbkreises mit angezeigt. Zum Verschieben der Farbanteile benutzen Sie den Multifunktionswähler. Dabei bewegt sich der Punkt im angezeigten Farbkreis in die jeweils gedrückte Richtung. Mit *OK* bestätigen Sie Ihre Einstellung und speichern zugleich eine Kopie des bearbeiteten Bildes.

640 x 480	Geeignete Bildgröße für die Wiedergabe auf einem Fernsehgerät.
320 x 240	Geeignet für die Bilddarstellung auf einer Webseite.
160 x 120	Zum E-Mail-Versand geeignete Größe.

Zunächst wird im angezeigten Fenster die Bildgröße ausgewählt und erst anschließend das zu verkleinernde Bild. Dabei besteht die Möglichkeit, durch eine Markierung mit der *Bildindex*-Taste mehrere Bilder gleichzeitig auszuwählen und anschließend in der Größe anzupassen.

Kompaktbilder erstellen.

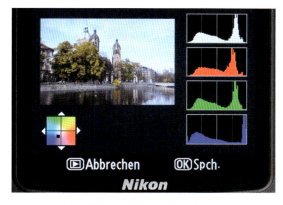

Anpassung eines Bildes mit dem Farbabgleich.

Für diese Funktion ist auch eine Ausschnittvergrößerung verfügbar. Die Vorgehensweise entspricht der in der Wiedergabeansicht. Dabei wird das Histogramm aktualisiert und zeigt damit die Daten für den ausgewählten Bereich an. Mit der *WB*-Taste (Schlüsselsymbol) können Sie zwischen der Zoomfunktion und der Farbanpassung umschalten.

Kompaktbild

Erzeugt verkleinerte Kopien von gespeicherten Originalfotos. Diese Kopien haben die Bildqualität *JPEG Fine* und stehen in drei Bildgrößen zur Verfügung (Größe in Pixel):

Benutzen Sie den Multifunktionswähler in der Ansicht des Bildindex, um zu bearbeitende Bilder zu kennzeichnen. Durch Drücken nach rechts oder links bewegen Sie sich durch die angezeigten Bilder. Markieren Sie die Bildauswahl mit der *Index*-Taste. Um die Auswahl wieder aufzuheben, drücken Sie erneut die *Bildindex*-Taste.
Ihre Auswahl bestätigen Sie mit der *OK*-Taste. Nach dem Erscheinen der Sicherheitsabfrage bekräftigen Sie die Bearbeitung und Speicherung der Kopien ebenfalls mit *OK*. In der Einzelbildwiedergabe werden erstellte Kompaktbilder mit einem grauen Rahmen angezeigt. Eine nachfolgende Ausschnittvergrößerung in der Kamera ist bei diesen Bildern dann nicht mehr möglich.

Ansicht des erstellten Kompaktbildes auf dem Kameramonitor.

Bildmontage

Diese Option steht nur für Bilder zur Verfügung, die mit der Nikon D90 im NEF-Format aufgenommen und gespeichert wurden. Für die erstellte Bildmontage werden jeweils die Daten des ersten dazu verwendeten Bildes übernommen. Die Bildaufzeichnung erfolgt in der aktuell eingestellten Bildqualität und Bildgröße, dabei sind alle Optionen verfügbar. Um eine Bildmontage anschließend noch mit weiteren Bildern zu kombinieren, muss daher zur Bildaufzeichnung der NEF-Modus eingestellt sein. Gehen Sie wie folgt vor:

Wählen Sie nach Aufruf des Bearbeitungsfensters durch Drücken von *OK* in dem angezeigten Bildindex mithilfe des Multifunktionswählers das erste Bild für Ihre Montage aus. Es werden nur Bilder angezeigt, die im NEF-Modus gespeichert wurden. Nach Bestätigung Ihrer Auswahl wählen Sie nach derselben Methode das zweite Bild aus. Jedes der verwendeten Teilbilder lässt sich nach dem Markieren mit dem Multifunktionswähler in der Deckkraft stufenweise anpassen. Die Grundeinstellung lautet *X1.0*. Bei einer Einstellung von *X0.5* wird die Deckkraft halbiert, bei *X2.0* wird sie verdoppelt.

Vorschau der Bildmontage.

Um die Bildmontage in der Vorschau zu prüfen, markieren Sie *Montage* und drücken die *OK*-Taste. Mit der Wahl von *Speich.* und wiederholtes Drücken auf *OK* speichern Sie das erstellte Bild.

NEF-(RAW-)Verarbeitung

Aufnahmen, die im NEF-Format aufgezeichnet wurden, können mit dieser Option umgewandelt und als Kopien im JPEG-Format gespeichert werden. Dabei sind eine Anpassung der gewünschten Ausgabequalität und eine Feinabstimmung der Darstellung möglich. Eine Konvertierung in der Kamera ist nur dann sinnvoll, wenn die Bilder direkt ausgedruckt oder weitergegeben werden sollen. Für eine hochwertige Anpassung ist jedoch die Umwandlung in einem Bildbearbeitungsprogramm wie Nikon Capture NX 2 oder Adobe Photoshop zu empfehlen, da die Beurteilung der Anpassungseinstellungen auf dem Kameramonitor ziemlich schwierig ist.

Bildmontage, Auswahl des ersten und zweiten Bildes.

Anpassung der Belichtungskorrektur bei der RAW-Konvertierung.

wähler stellen Sie den gewünschten Wert ein. Mit Druck auf die *OK*-Taste wird die Kopie gespeichert.

Anpassung des Bildes mit der Funktion Schnelle Bearbeitung.

Nach der Auswahl des zu konvertierenden Bildes können Sie folgende Optionen aufrufen und anpassen:

Bildqualität	Einstellung der Bildausgabequalität im JPEG-Format mit den Optionen *Fine*, *Normal* oder *Basic*.
Bildgröße	Mögliche Optionen sind *L* (groß), *M* (mittel) oder *S* (klein).
Weißabgleich	Hier sind alle Anpassungsoptionen, die sich auch im Menü für den Weißabgleich befinden, auswählbar. Eine Feinabstimmung ist ebenfalls möglich.
Belichtungskorrektur	Anpassung der Helligkeit zwischen –3 und +3 Lichtwerten.
Bildoptimierung konfigurieren	Auswahl unter den in der Kamera gespeicherten Bildoptimierungseinstellungen (Picture-Control-Konfigurationen).

Je nach verwendetem Aufnahmeprogramm oder auch bei bereits bearbeiteten Bildern wird möglicherweise eine Option ausgegraut dargestellt. Diese steht dann zur weiteren Bearbeitung in der Kamera nicht mehr zur Verfügung.

Schnelle Bearbeitung

Diese Funktion dient der Erstellung von Kopien mit erhöhter Farbsättigung und Kontrastanpassung. Dabei wird gegebenenfalls auch das D-Lighting verwendet, um unterbelichtete oder Gegenlichtaufnahmen aufzuhellen. Mit dem Multifunktions-

Begradigen

Mit dieser Funktion lassen sich Bilder mit dem Multifunktionswähler um bis zu 5 Grad in Schritten von 0,25 Grad im Uhrzeigersinn oder entgegen dem Uhrzeigersinn drehen. Der Bildrand wird dabei beschnitten. Mit *OK* speichern Sie eine Kopie des Bildes, mit Druck auf die *Wiedergabe*-Taste brechen Sie die Aktion ab.

Die Drehung des Bildes erfolgt durch Verschieben des unten angezeigten Reglers.

Verzeichniskorrektur

Diese Funktion dient der Erstellung von Kopien mit reduzierter Verzeichnung. Dabei kann eine tonnen- oder kissenförmige Verzeichnung ausgeglichen werden. Die Option *Automatisch* kann für Aufnahmen verwendet werden, die mit Objektiven vom Typ G oder D erstellt wurden, mit Ausnahme einiger bestimmter Objektive. Eine entsprechende Liste finden Sie auf den Webseiten von Nikon. Für andere Objektive ist diese Funktion nicht garantiert.

Mit der Option *Manuell* kann eine Verzeichnisanpassung nach visueller Beurteilung erfolgen. Bei Anwendung der *Verzeichniskorrektur* werden auch die Bildränder beschnitten. Die Einstellung erfolgt mit dem Multifunktionswähler. Mit Druck auf *OK* fertigen Sie eine Kopie an, mit Drücken der *Wiedergabe*-Taste brechen Sie die Aktion ab.

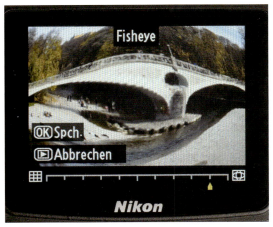

Anpassung des Fisheye-Effekts durch eine Verschiebung des unten angezeigten Reglers.

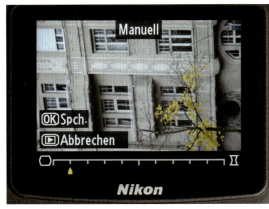

Manuelle **Verzeichniskorrektur**, *die Anpassung erfolgt durch Verschieben des unten angezeigten Reglers.*

Fisheye

Per *Fisheye* erstellen Sie Bildkopien mit Fischaugeneffekt. Mit dem Multifunktionswähler lässt sich die Bildwirkung steigern oder auch reduzieren. Mit zunehmender Steigerung des Effekts werden auch die Bildränder stärker beschnitten. Mit Druck auf *OK* fertigen Sie eine Kopie an, mit Drücken der *Wiedergabe*-Taste brechen Sie die Aktion ab.

Bilder vergleichen

Diese Funktion ermöglicht den Vergleich eines bearbeiteten Bildes mit der Originalaufnahme. Dazu wählen Sie in der Einzelbildansicht ein Originalfoto oder eine bereits bearbeitete Kopie aus. Mit Druck auf *OK* wird das Bildbearbeitungsmenü eingeblendet. Bei Bildern, von denen keine bearbeitete Kopie erzeugt wurde, steht diese Option nicht zur Verfügung. Ausgegraute Menüoptionen stehen für das jeweils ausgewählte Bild ebenfalls nicht zur Verfügung.

Das Original wird dabei immer links abgebildet und die Kopie davon auf der rechten Seite. Über den angezeigten Bildern wird die Art der vorgenommenen Bearbeitung angezeigt. Befinden sich mehrere Kopien oder Originale bei einer Bildmontage auf der Speicherkarte, können diese per Multifunktionswähler durch Drücken nach oben oder unten angezeigt werden. Durch Drücken des Multifunktionswählers nach links oder rechts wird ein Bild markiert, um so eine vergrößerte Ansicht durch Druck auf die *Ausschnittvergrößerung*-Taste aufzurufen. Mit *OK* kehren Sie zur Einzelbildansicht zurück. Um die Bildanzeige zu verlassen, drücken Sie die *Wiedergabe*-Taste. Originale, die zwischenzeitlich gelöscht wurden oder ausgeblendet bzw. geschützt sind, können nicht angezeigt werden.

KAPITEL 2
AUFNAHME-KONFIGURATION

Die jeweils zuletzt geänderten Einstellungen werden im Menü Letzte Einstellungen *gezeigt.*

Die Kamera ermöglicht das Verwenden von zwei besonderen Menüs: den Menüs *Letzte Einstellungen* und *Benutzerdefiniertes Menü*. Die Auswahl der Anzeige erfolgt im Menüpunkt *Register wählen*. Im Menü *Letzte Einstellungen* werden die 20 zuletzt verwendeten Einstellungen aufgelistet. *Benutzerdefiniertes Menü* ermöglicht den schnellen Zugriff auf häufig verwendete Funktionen und kann selbst zusammengestellt werden. Es kann ebenfalls bis zu 20 Funktionen enthalten, die nach Wunsch angeordnet werden können. Dabei kann auf die für die aktuellen Aufnahmeeinstellungen oder Anwendungen relevanten Funktionen direkt zugegriffen werden. Aktuell nicht verfügbare Funktionen werden ausgegraut dargestellt. Nicht mehr benötigte Funktionen können aus der Liste auch wieder gelöscht werden.

Zum Auswählen, Sortieren und Löschen benutzen Sie den Multifunktionswähler. Wählen Sie zunächst die gewünschte Aktion und dann den entsprechenden Menüpunkt aus. Zu Löschen drücken Sie nach der Auswahl die *Papierkorb*-Taste und bestätigen die Sicherheitsabfrage durch erneutes Drücken.

Menüauswahl Bilder vergleichen *und Ansicht nach der Auswahl der Bilder auf dem Monitor.*

Benutzerdefinierte Einstellungen

[3] DER WEISSABGLEICH

KAPITEL 3
DER WEISSABGLEICH

KAPITEL 3
DER WEISSABGLEICH

Der Weißabgleich

Messen der Farbtemperatur 102

Automatischer Weißabgleich 103

Manueller Weißabgleich 103
- Weißabgleich manuell festlegen 104

Weißabgleich per Datenübernahme 105
- Bestehende Daten übernehmen 105
- Anwendung der Weißabgleichswerte 105
- Auswahl möglicher Weißabgleichseinstellungen 106

Voreingestellten Weißabgleich anpassen 107
- Bei Anwendung des NEF-(RAW-)Formats 107
- Bei Anwendung des JPEG-Formats 108

Weißabgleich mit Adobe Photoshop 108
- Vorgehensweise 108

Mischlichtsituationen 109

Effekte und Stimmungen 110
- Optische Aufheller erkennen 110
- Kreative Anwendung des Weißabgleichs 111
- Tipps für den Weißabgleich 113

[3] Der Weißabgleich

Moderne digitale Spiegelreflexkameras wie die Nikon D90 verfügen über die Möglichkeit, die durch die Beleuchtungsverhältnisse vorgegebene Farbtemperatur mittels des Weißabgleichs für die Aufnahme anzupassen. Bei analogen Kameras war dies nur durch die Verwendung speziellen Filmmaterials oder den Einsatz Licht schluckender Konversionsfilter möglich. Um die Prinzipien besser verstehen und anwenden zu können, sind einige der hier beschriebenen Grundinformationen von Bedeutung.

Farbtemperaturwerte für typische Lichtquellen (Richtwerte)	
1.500 K	Kerzenlicht
2.800 K	Glühlampe (100 Watt)
3.000 K	Halogenlampe
5.500 K	Elektronenblitz
5.500 K	Mittleres Tageslicht
6.500–7.500 K	Bedeckter Himmel
7.500–8.500 K	Nebel, starker Dunst
9.000–12.000 K	Blauer Himmel (Schatten)
15.000–27.000 K	Klares Nordlicht

Messen der Farbtemperatur

■ Der Wert der Farbtemperatur ist definiert durch einen Wert in Bezug auf die jeweilige Lichtfarbe; dieser Wert wird in K = Kelvin angegeben. Je nach Intensität der Lichtstrahlung verändert sich dieser Wert. Bei Tageslicht kann die Farbtemperatur je nach Tageszeit und Lichtverhältnissen extrem unterschiedlich ausfallen. Künstliche Lichtquellen senden in der Regel ein konstantes, aber nicht mit dem Tageslicht übereinstimmendes Licht aus. Besonders problematisch sind übliche Neonröhren, da diese nur ein eingeschränktes Farbspektrum aussenden, dadurch kann es auch bei einer angepassten Farbtemperatur zu einer fehlerhaften Farbdarstellung im Bild kommen.

KAPITEL 3
DER WEISSABGLEICH

Das menschliche Auge passt sich an diese Farbtemperaturen automatisch an, deshalb werden geringe Unterschiede überhaupt nicht wahrgenommen. Ein weißes Blatt Papier erscheint uns auch bei Beleuchtung durch eine Glühlampe als weiß, obwohl diese ein gelbliches Licht ausstrahlt und das Blatt dadurch gelblich erscheinen müsste. Die Farbtemperatur beeinflusst demnach alle anderen Farben im Bild und verändert diese.

Um Farben jedoch fotografisch eindeutig wiedergeben zu können und Farbstiche zu vermeiden, muss diese grundlegende Farbtemperatur zur Aufnahme angepasst werden. Durch den Weißabgleich wird der als weiß wiederzugebende Farbtemperaturbereich festgelegt. Dadurch werden zugleich alle anderen Farben im Bild korrigiert.

Ist der Farbwert bekannt (z. B. beim Elektronenblitz), kann dieser auch direkt eingestellt werden. In anderen Fällen muss er gemessen und die Kamera entsprechend angepasst werden. Farbstiche im Bild entstehen jedoch beispielsweise auch bei Unterbelichtungen. Selbst wenn die Farbtemperatur richtig eingestellt wurde, kann durch die Unterbelichtung ein Farbstich entstehen. Bei der späteren Anpassung der Bildhelligkeit wird dieser dann sichtbar.

AUTOMATISCHER WEISSABGLEICH BEI BILDSERIEN

Vorsicht bei der Verwendung des automatischen Weißabgleichs ist insbesondere dann geboten, wenn Sie eine Bildserie erstellen. Trotz gleicher Aufnahmebedingungen kann die automatische Farbanpassung unterschiedlich ausfallen. Um die Farbtemperatur konstant zu halten, ist dann eine manuelle Einstellung zu bevorzugen.

Automatischer Weißabgleich

Beim automatischen Weißabgleich ermittelt die Nikon D90 selbstständig die vorherrschende Farbtemperatur. Dies funktioniert in üblichen Aufnahmesituationen je nach Kamera und Umgebung mehr oder weniger gut. Die Kamera misst die gesamte Bildfläche und benutzt den ermittelten Durchschnittswert als Referenz für ein reines Weiß bzw. ein neutrales Grau. Handelt es sich dabei jedoch um eine farbige Fläche, führt der automatische Weißabgleich zu einer fehlerhaften Farbanpassung. Auch bei Mischlichtsituationen kann es zu einer unerwünschten Farbanpassung kommen. Um in einer solchen Situation das erwünschte Resultat zu erhalten, sollte die Farbtemperatur manuell eingestellt werden.

Manueller Weißabgleich

Beim manuellen Weißabgleich wird das Objektiv auf eine weiße oder neutralgraue Wand oder ein entsprechendes Referenzobjekt, z. B. eine Graukarte, gerichtet und der Abgleich durch manuelle Messung vorgenommen. Alternativ kann auch ein Weißabgleichsfilter verwendet werden. Dieser wird vor dem Objektiv befestigt, damit der manuelle Weißabgleich vorgenommen werden kann. Der ermittelte Wert wird dann für die weiteren Aufnahmen unter den gleichen Lichtbedingungen verwendet.

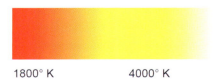

Vereinfachte Farbdarstellung der Farbtemperaturen.

GRAUKARTEN

Graukarten sind in verschiedenen Formen im Fachhandel erhältlich. Einige haben eine graue Vorder- und eine weiße Rückseite, andere bestehen zusätzlich aus einer Anordnung von schwarzen, grauen und weißen Feldern. Die Karte kann auch in einer Referenzaufnahme mitfotografiert werden. Dadurch wird eine spätere Farbanpassung in der Bildbearbeitung erleichtert. Das Lichtreflexionsverhalten einer Graukarte beträgt 18 % und entspricht damit der Eichung des Belichtungsmessers.

Nicht in jedem Fall ist ein exakter Weißabgleich sinnvoll. Bei Aufnahmen, in denen die Lichtfarbe eine wichtige Rolle für die wiederzugebende Atmosphäre spielt, kann diese Aktion möglicherweise die Stimmung zerstören. In solchen Fällen ist eine manuell eingestellte Farbtemperatur zu bevorzugen. Aufnahmen im RAW-Modus benötigen keinen vorab vorgenommenen Weißabgleich, da die Farbtemperatur bei der Bearbeitung im RAW-Konverter eingestellt werden kann. In kritischen Situationen, vor allem auch bei Aufnahmen mit unbekannten Neonröhren, ist deshalb der RAW-Modus zu bevorzugen.

Weißabgleich manuell festlegen

Positionieren Sie die Kamera zur Messung vor einem neutralgrauen oder weißen Objekt unter den Beleuchtungsbedingungen, unter denen Sie fotografieren wollen. Das Referenzobjekt muss bei der Aufnahme das Sucherbild komplett ausfüllen und darf nicht versehentlich abgeschattet werden. Die Bildschärfe spielt dabei keine Rolle. Verwenden Sie zur Belichtungsmessung am besten das Belichtungsprogramm *P*.

[1] Halten Sie die *WB*-Taste gedrückt und drehen Sie das hintere Einstellrad, bis auf dem Display *PRE* angezeigt wird. Lassen Sie dann die Taste los.

[2] Drücken Sie nochmals die *WB*-Taste und halten Sie diese so lange gedrückt, bis das Symbol *PRE* auf dem Display blinkt. Um den Messvorgang abzubrechen, drücken Sie erneut *WB*.

[3] Richten Sie die Kamera auf das Referenzobjekt – die Graukarte. Diese sollte das gesamte Sucherbild ausfüllen. Lösen Sie dann die Kamera aus. Bei erfolgreicher Messung wird die Anzeige *Good* blinkend auf dem Display angezeigt. Im Sucher blinkt die Anzeige *Gd*. Bei einer Fehlmessung erscheint dagegen auf dem Display wie im Sucher die Anzeige *no Gd*. Die Ursache ist möglicherweise eine zu helle oder zu dunkle Ausleuchtung des Objekts. In diesem Fall drücken Sie den Auslöser zum ersten Druckpunkt, um zu Schritt 2 zurückzukehren und die Messung erneut durchzuführen.

[4] Um den so ermittelten Messwert auf die folgenden Aufnahmen anzuwenden, halten Sie die *WB*-Taste gedrückt und drehen das vordere Einstellrad, bis die Anzeige des Messwertspeichers *d-0* angezeigt wird. Bei einer erneuten Messung wird die zuvor gespeicherte Information gelöscht.

WEISSABGLEICH MIT DER FRANZIS-WEISS-ABGLEICHSKARTE

Die beiliegende farbneutrale Graukarte ermöglicht einen optimalen Weißabgleich bei Aufnahmen, in denen es auf eine präzise Farbwiedergabe ankommt. Dazu wird diese unter den Aufnahmebedingungen vorübergehend im Motiv platziert, um die Messung vorzunehmen. Diese Graukarte kann zugleich auch als Referenzobjekt zur Belichtungsermittlung dienen.

KAPITEL 3
DER WEISSABGLEICH

ANZEIGE AUF DEM MONITOR

Nachdem Sie eine Anpassung des Weißabgleichs vorgenommen haben, wird auf Display und Monitor das jeweilige Symbol für die verwendete Einstellung angezeigt.

Zur Anwendung eines gespeicherten Weißabgleichsmesswerts stellen Sie die Weißabgleichseinstellung auf *PRE* und halten die *WB*-Taste gedrückt, um mit dem vorderen Einstellrad den Speicherplatz – *d-0* bis *d-4* – auszuwählen. Alternativ wählen Sie *Aktivieren* im Weißabgleichsmenü aus.

Anwendung der Weißabgleichswerte

Der selbst erstellte und ausgewählte Weißabgleichswert *PRE* wird so lange für Ihre folgenden Aufnahmen benutzt, bis Sie einen anderen Wert einstellen oder einen anderen voreingestellten Weißabgleich bzw. die Automatik aus der Liste im Aufnahmemenü oder den Aufnahmeeinstellungen auswählen.

Weißabgleich per Datenübernahme

Eine weitere Möglichkeit, den Weißabgleich anzupassen, besteht darin, die entsprechenden Daten aus einem anderen, bereits zuvor gemachten Bild zu übernehmen. Das als Referenz dienende Foto muss sich bereits auf der Speicherkarte befinden und mit der D90 aufgenommen worden sein. Diese Anwendung ist besonders dann sinnvoll, wenn die neu zu erstellenden Fotos die gleiche Farbtemperatur aufweisen sollen wie die bereits zuvor erstellten.

Bestehende Daten übernehmen

[1] Öffnen Sie das Aufnahmemenü und markieren Sie *Weißabgleich/Eigener Messwert*. Mit dem Multifunktionswähler wählen Sie den gewünschten Messwertspeicher (*d-1* bis *d-4*) aus und drücken die *Bildindex*-Taste. Im nachfolgenden Menü markieren Sie *Bild auswählen*. In der Indexanzeige lässt sich nun das zu verwendende Bild auswählen. Mit *OK* bestätigen Sie die Speicherung.

[2] Nach derselben Vorgehensweise kann in diesem Menü auch ein bestehender Messwertspeicher ausgewählt und aktiviert, ein Kommentar zu diesem eingegeben und ein eigener Messwert aus *d-0* auf eine anderen Speicherplatz übernommen werden.

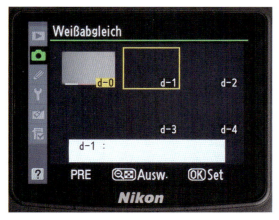

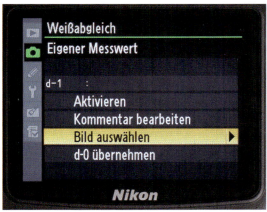

Auswahl des Speicherplatzes und Übernehmen des Messwerts im Menü **Eigener Messwert**.

Auswahl möglicher Weißabgleichseinstellungen

Symbol	Bezeichnung	Farbtemperatur	Anwendungen
A	Automatisch	3.500–8.000 K	Automatische Anpassung.
💡	Kunstlicht	3.000 K	Glühlampenlicht, ca. 100 Watt, oder Halogenlampen.
🔆	Leuchtstofflampen mit Unterauswahl. Da Leuchtstofflampen kein kontinuierliches Spektrum abstrahlen, ist eine spezielle Farbmischung erforderlich.		
🔆	Natriumdampflampe	2.700 K	Zum Beispiel bei Sportveranstaltungen.
🔆	Warmweißes Licht	3.000 K	Zum Beispiel bei der Lebensmittelbeleuchtung.
🔆	Weißes Licht	3.700 K	Übliche Neonbeleuchtung.
🔆	Kaltweißes Licht	4.200 K	Etwas kühler wirkende Beleuchtung.
🔆	Tageslicht (weiß)	5.000 K	Normlicht speziell zur Farbbeurteilung.
🔆	Tageslicht	6.500 K	Normlicht mit erhöhter Farbtemperatur.
🔆	Quecksilberdampflampe	7.200 K	Extrem hohe Farbtemperatur.
☀	Direktes Sonnenlicht	5.200 K	Um die Mittagszeit.
⚡	Blitzlicht	5.400 K	Standardisierte Farbtemperatur bei Kompaktblitzgeräten.
☁	Bewölkter Himmel	6.000 K	Bedeckter Himmel, diffuse Beleuchtung, um die Mittagszeit.
🏠	Schatten	8.000 K	Im Schatten bei blauem Himmel.
PRE	Eigener Messwert		Manuelle Ermittlung durch direkte Messung oder Übernahme aus anderen Bildern.

KAPITEL 3
DER WEISSABGLEICH

Voreingestellten Weißabgleich anpassen

Bei der Verwendung von Weißabgleichseinstellungen kann eine feinere Anpassung der Werte vorgenommen werden (nicht möglich bei *Eigener Messwert/PRE*). Zunächst wird die gewünschte Auswahl im Aufnahmemenü mit *Weißabgleich* vorgenommen.

Im nachfolgenden Fenster kann mit dem Multifunktionswähler – nach oben oder unten bzw. links oder rechts – eine Farbanpassung vorgenommen werden. Dabei entspricht jede Stufe in der Horizontalachse einer Farbverschiebung von ca. 5 Mired (siehe Infokasten). Eine Verschiebung der Werte in der Vertikalachse hat ähnliche Auswirkungen wie die Verwendung entsprechender Farbkorrekturfilter aus dem Bereich der analogen Fotografie. Die Farbwiedergabe wird jeweils in Richtung der auf dem Monitor angezeigten Farbe verändert.

Die angezeigten Farben auf der Feinabstimmungsachse sind relative Größen. Bei einer Farbverschiebung beispielsweise in Richtung Blau wirkt diese Einstellung lediglich etwas kühler, ohne dass dabei ein Blaustich auftritt.

MASSEINHEIT MIRED

Die Maßeinheit Mired wird bei der Angabe von Farbtemperaturen verwendet, da eine Veränderung auf der Kelvin-Skala in den niedrigeren Farbtemperaturen wesentlich deutlicher ausfällt als in den höheren. Durch diese nicht lineare Wahrnehmung entstand die Einheit Mired. Diese entspricht dem mit 1.000.000 multiplizierten Kehrwert der Farbtemperatur in Kelvin. Zum Vergleich: Ein Unterschied von jeweils 1.000 K entspricht zwischen 3.000 und 4.000 K einem Wert von 83 Mired, zwischen 6.000 und 7.000 K lediglich 24 Mired.

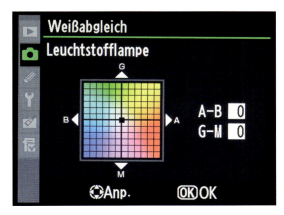

Feinabstimmung des Weißabgleichs im Kameramenü.

Auch eine Anpassung des automatischen Weißabgleichs ist möglich. Nach Abschluss der Aufnahmen sollten die Anpassungen jedoch unbedingt wieder zurückgesetzt werden, um bei späteren Aufnahmen keine falschen Werte zu erhalten. Bestätigen Sie Ihre Einstellung mit *OK*. Bei einer Anpassung der Farbwerte in der *A-B*-Achse wird auf dem Display neben dem *WB*-Symbol ein schwarzer Doppelpfeil angezeigt. Eine Anpassung entlang der *A-B*-Achse (kühler und wärmer) kann auch durch Drücken der *WB*-Taste und Drehen des vorderen Einstellrads erfolgen.

Bei Anwendung des NEF-(RAW-) Formats

Wenn Sie bei Ihren Aufnahmen mit NEF-Daten arbeiten, können Sie sich die Mühen des Weißabgleichs sparen. Verwenden Sie einfach den automatischen Weißabgleich *AUTO* für Ihre Voransicht und passen Sie Ihre Bilder später bei der Umwandlung im RAW-Konverter an die gewünschte Farbtemperatur an.

Wenn Ihre Aufnahme einen neutralgrauen, schwarzen oder weißen Bereich enthält, können Sie die Farbtemperatur bei der Datenübernahme im RAW-Konverter mit dem Weißabgleichswerkzeug (Pipette) durch einfaches Anklicken anpassen (beispielsweise bei einer Referenzaufnahme mit der Graukarte im Bild). Die Farbanpassung wird dabei nur auf das zu erstellende Bild angewendet, die Original-RAW-Datei bleibt stets unverändert. Durch Auswahl der Option *Zurücksetzen* bzw. *Original-RAW-Daten* kann die vorhergehende Ansicht wiederhergestellt werden.

Das Bild vor der Tonwertkorrektur.

Bei Anwendung des JPEG-Formats

Bei Verwendung dieses Formats wird die eingestellte Farbtemperatur direkt in das Bild eingerechnet. Eine Farbanpassung ist nachträglich nur noch durch eine Bearbeitung der Tonwerte mithilfe eines Bildbearbeitungsprogramms möglich. Diese Korrekturen führen in der Regel zu einem Qualitätsverlust und sind nicht mehr so einfach zu handhaben wie beim Gebrauch des NEF-(RAW-)Formats. Hier werden die Farbinformationen lediglich parallel zum Bild mitgespeichert, ohne das Bild selbst zu beeinflussen.

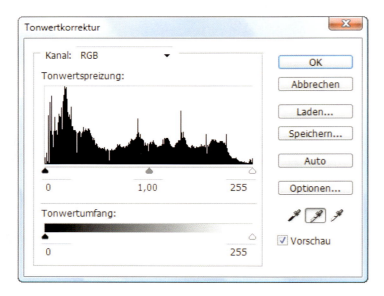

Weißabgleich mit Adobe Photoshop

Die Möglichkeit einer nachträglichen Farbanpassung, in diesem Fall eines Weißabgleichs mit Adobe Photoshop, lässt sich sehr einfach gestalten, wenn bei der Aufnahme ein eindeutig neutralgrauer Bereich oder eine Graukarte mitfotografiert wurde.

Vorgehensweise

[1] Öffnen Sie zunächst das Bild (JPEG- oder TIFF-Format), das Sie in Photoshop bearbeiten möchten.

[2] Wählen Sie im Menü *Bild/Anpassen* die Funktion *Tonwertkorrektur* oder die Funktion *Gradationskurve*. Entscheiden Sie sich für die *Tonwertkorrektur*, erscheint das gleichnamige Dialogfeld. In der rechten unteren Ecke des Dialogfelds sehen Sie drei Pipetten; die mittlere Pipette steht für einen neutralen Grauwert. Wählen Sie diese Pipette aus.

[3] Mit der Maus fahren Sie nun auf einen neutralgrauen Bereich oder auf die mitfotografierte Graukarte. Klicken Sie diese mit der linken Maustaste an. Der im Bild enthaltene (hier rötlich-bläuliche) Farbstich wird dadurch neutralisiert. Die schwarze (links) und die weiße Pipette (rechts) eignen sich nicht zur Farbanpassung, da sie zugleich den Kontrast des Bildes verändern können.

Das Bild nach der Tonwertkorrektur in Adobe Photoshop.

KAPITEL 3
DER WEISSABGLEICH

[4] Möchten Sie diese Einstellung auch auf andere Bilder aus dieser Serie anwenden, klicken Sie im Dialogfeld *Tonwertkorrektur* auf die Schaltfläche *Speichern*. Auf diese Weise wird der ermittelte Wert im Format *Tonwertkorrektur (*.ALV)* gespeichert.

[5] Zur Anwendung auf weitere Bilder gehen Sie wie folgt vor: Öffnen Sie das zu bearbeitende Bild und rufen Sie die *Tonwertkorrektur* erneut auf. Laden Sie die Datei mit dem gespeicherten Wert. Dieser wird dann auf das jeweilige Bild angewendet. Wenn Sie den Arbeitsablauf unter *Aktionen* zusätzlich speichern, ist eine schnelle Anpassung auch bei einer größeren Anzahl von Bildern möglich.

Mischlichtsituationen

Nicht immer ist ein Motiv von nur einer Farbtemperatur bestimmt. Es gibt Situationen, in denen unterschiedliche Lichtquellen auf ein Objekt oder Motiv einwirken. Nehmen wir als Beispiel einen Raum, der mit Glühbirnen künstlich beleuchtet wird. Durch das Fenster oder eine Glastür kommt aber gleichzeitig noch helles Tageslicht herein.

Die Kamera kann jeweils immer nur eine Farbtemperatur korrigieren. Bei einem automatischen Weißabgleich wird möglicherweise auch eine farblich dazwischenliegende Korrektur vorgenommen. Wird der Weißabgleich auf die Beleuchtung des Raums abgestimmt, erscheint das Licht von draußen als extremes Blau, wird dagegen der Weißabgleich auf das einfallende Tageslicht abgestimmt, erscheint das Licht im Raum sehr gelb.

In einem solchen Fall muss die Entscheidung vom Fotografen getroffen werden. Je nach der Stimmung, die erzeugt werden soll, wird er seine Wahl treffen. Auch in der digitalen Nachbearbeitung ist ein solches Mischlicht entweder gar nicht oder nur unter extremem Aufwand zu beseitigen.

Ähnlich problematische Situationen können beim Einsatz von Blitzlicht und anderen künstlichen Beleuchtungen entstehen. Dabei kann jedoch gegebenenfalls ein Farbfilter vor dem Blitzlicht Abhilfe schaffen. Ist die Situation nicht eindeutig, sollte auf jeden Fall das RAW-Format gewählt werden. Damit kann die Anpassung und Entscheidung für eine Farbtemperatur auch noch später erfolgen.

Mischlichtsituation – Aufnahme mit automatischem Weißabgleich.

Die bewusst eingesetzte Falscheinstellung des Weißabgleichs kann auch als gestalterisches Element genutzt werden. Weißabgleichseinstellungen der Bilder von oben links nach rechts unten: **AUTO, Kunstlicht, Leuchtstoffröhre (Kaltlicht)** *und* **Wolken**.

Effekte und Stimmungen

Es scheint nahe liegend, einfach ein Stück weißes Papier, einen weißen Stoff oder ein anderes weißes Objekt zum Weißabgleich zu verwenden. Dabei ist jedoch besondere Vorsicht geboten. In einem solchen für das Auge scheinbar weißen Objekt können auch optische Aufheller enthalten sein. Diese verändern die Lichtfarbe unkontrollierbar und können dadurch für einen ungewollten Farbstich sorgen.

Optische Aufheller erkennen

Um festzustellen, ob das zu fotografierende Material optische Aufheller enthält, können Sie eine sogenannte Schwarzlichtleuchte verwenden. Diese UV-Lampen werden beispielsweise gern in Diskotheken oder auch zur Geldscheinkontrolle verwendet. Leuchtet das Material auf, enthält es optische Aufheller.

KAPITEL 3
DER WEISSABGLEICH

Stimmungsfotos wie diese basieren auf der Farbgebung. Im oberen Bild wurde die Farbe mit dem Weißabgleich nach Blau verschoben, deshalb wirkt das Bild eher abweisend und kühl. Im unteren Bild wurde die warme Farbe beibehalten und mittels Farbsättigung noch etwas verstärkt.

Kreative Anwendung des Weißabgleichs

Um besondere Effekte und Stimmungen zu erzeugen, kann ein absichtlich herbeigeführter Farbstich helfen. Wenn Sie für den Weißabgleich ganz gezielt bunte Gegenstände oder ein buntes Papier verwenden, haben Sie damit ein kreatives Mittel für Ihre Bildgestaltung. Verwenden Sie beispielsweise ein gelbes Papier zum Weißabgleich, verschiebt sich die Farbstimmung nach Blau. Durch eine leichte Unterbelichtung lässt sich der Effekt noch verstärken. Farbige Vorlagen erzeugen jeweils einen komplementärfarbigen Farbstich. Dabei erzeugt eine blaue Farbe Gelb, Rot erzeugt Grün und Grün die Farbe Rot etc. Noch einfacher und oftmals sehr effektiv ist die Verwendung eines absichtlich falsch eingestellten Weißabgleichs.

Wie anfällig der automatische Weißabgleich für im Bild enthaltene Farbanteile ist, zeigt dieser Vergleich. Das obere Bild zeigt die Originalaufnahme, die von der im Hausanstrich enthaltenen rosa Farbe beeinflusst wurde. Das zweite Bild wurde nachträglich in der Farbe korrigiert, sodass der Farbeindruck nun in etwa der vorherrschenden Situation (bedeckter Himmel) entspricht.

KAPITEL 3
DER WEISSABGLEICH

Tipps für den Weißabgleich

In Situationen, in denen der automatische Weißabgleich nicht präzise genug arbeitet oder eine präzise Anpassung erforderlich ist (z. B. bei Serienaufnahmen oder farbgetreuen Reproduktionen), sollte dieser besser manuell voreingestellt werden. Dabei können schon geringfügige Veränderungen der Beleuchtung deutliche Unterschiede in der Farbgebung eines Bildes bewirken. Auch bei Motiven, in denen bestimmte Farben dominieren, kann der automatische Weißabgleich von Nachteil sein. So werden Hautfarben oftmals durch ein besonders farbiges Umfeld, wie z. B. bunte Kleidung, zu deren Ungunsten verändert.

Eine manuelle Voreinstellung der zu verwendenden Farbtemperatur in Grad Kelvin kann auch zur kreativeren Gestaltung Ihrer Aufnahmen nützlich sein. So können bewusst falsche Vorgaben eine besondere Stimmung erzeugen oder verstärken. Aufnahmen bei Kunstlicht oder Kerzenlicht und der Weißabgleichsvorgabe für Tageslicht erzeugen eine warme gemütliche Atmosphäre durch die erhöhte Farbwirkung von Gelb-Orange. Damit kann möglicherweise auch ein Sonnenuntergang in seiner Farbwirkung nochmals verstärkt werden. Eine Weißabgleichsvorgabe für Kunstlicht bei Aufnahmen unter Tageslichtbedingungen erzeugt dagegen eine kühle, blaue Atmosphäre, die beispielsweise für bestimmte Architekturaufnahmen durchaus attraktiv sein kann.

Blitz- und Kunstlichtaufnahmen

Bei der Verwendung von Blitzgeräten und insbesondere von Studioblitzanlagen sowie bei Kunstlicht ist die Voreinstellung des Weißabgleichs nicht in jedem Fall passend. Hier kann auch mit der manuellen Vorgabe von Farbtemperaturwerten experimentiert werden. Um den genauen Wert zu ermitteln, empfehle ich folgende Vorgehensweise: Erstellen Sie zunächst eine Probeaufnahme im NEF-(RAW-)Modus mit automatischen Weißabgleich oder der Voreinstellung für Blitz- oder Kunstlicht. Öffnen Sie das Bild dann mit Ihrem RAW-Konverter auf einem kalibrierten Bildschirm. Die zur Aufnahme verwendete Farbtemperatur wird als Vorgabe angezeigt. Korrigieren Sie nun, falls erforderlich, die Farbgebung mit dem dafür vorgesehenen Regler oder der Weißabgleichspipette und lesen Sie die entsprechenden Angaben zur Farbtemperatur bei dieser Einstellung ab. Der so ermittelte Wert wird nun als Vorgabe auf die Kameraeinstellung übertragen.

Falls die nächste Aufnahme noch nicht ganz passt, korrigieren Sie die Einstellung durch eine entsprechende Veränderung der Kelvin-Werte, oder benutzen Sie die Feinabstimmung der Kamera. Wenn die Angaben zur Farbtemperatur im RAW-Konverter nicht exakt genug sind, wiederholen Sie die Aufnahme mit unterschiedlichen Vorgabewerten. Die so durch Versuche ermittelte und jetzt passende Einstellung des Weißabgleichs kann nun für die folgenden Aufnahmen und in weiteren ähnlichen Situationen verwendet werden.

DER AUTOFOKUS

[4]

KAPITEL 4
DER AUTOFOKUS

KAPITEL 4
DER AUTOFOKUS

Der Autofokus

Einsatz der verschiedenen Methoden   119
- Fokusschalter auf Stellung M   119
- Fokusschalter auf Stellung AF   119
- AF-A – Autofokusautomatik   120
- AF-S – Einzelautofokus   120
- AF-C – kontinuierlicher Autofokus   120
- Scharfstellungsmethoden   120

Die Messfeldsteuerung   120
- Einstellung des verwendeten Messbereichs   122
- Messfeldgröße   122

Autofokus in der Praxis   122
- Ideale Anwendungen von AF-S   122
- Ideale Anwendungen von AF-C   122

Autofokusmesswertspeicher   123

Problemfälle und Lösungen   124
- Manuelle Scharfstellung   124
- Fix-Focus-Einstellung   124
- Fehlfokussierung vermeiden   125
- Autofokus in dunkler Umgebung   125
- Autofokus bei Live-View   125

AUFNAHMEDATEN	
Brennweite	300 mm
Belichtung	1/1000 sek
Blende	f5,6
ISO	200

Aufnahme mit AF-S.

4 Der Autofokus

Die D90 verwendet das von Nikon nochmals überarbeitete Autofokusmesssystem MultiCAM 1000. Dieses benutzt zur Scharfstellung bis zu elf Messfelder. Bei Bedarf kann das mittlere Messfeld mit den Individualfunktionen a2 auch vergrößert werden. Zur Messung wird ein zentraler Kreuzsensor verwendet, die anderen Sensoren im Randbereich arbeiten stabförmig. Beim Blick in den Sucher werden die Messfelder durch Punkte dargestellt. Bei der Scharfstellung durch Drücken des ersten Druckpunkts am Auslöser wird das jeweils ausgewählte und aktive Messfeld durch einen Rahmen gekennzeichnet.

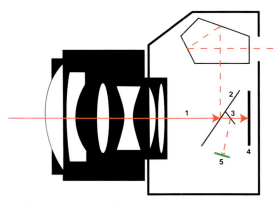

Schema der Messzellenanordnung:
1 – Lichtstrahlen,
2 – teildurchlässiger Spiegel,
3 – Sekundärspiegel,
4 – Sensorebene,
5 – Autofokusmesszellen.

■ Der sich in der Mitte befindliche zentrale Messpunkt kann nach der Entriegelung des Multifunktionswählers auch auf eine andere Position verschoben werden.

Die Arbeitsweise dieses Autofokussystems basiert auf dem Prinzip der Phasendifferenzerkennung, auch passiver Autofokus genannt. Um auf ein Objekt scharf stellen zu können, muss dieses über einen bestimmten Kontrastumfang verfügen, um vom Messsystem erkannt zu werden. Sehr wenig Licht, geringe Kontraste und einförmige Flächen können daher dazu führen, dass der Autofokus nicht scharf stellen kann. Bei Dunkelheit wird deshalb auch das eingebaute Hilfslicht zur automatischen Scharfstellung benötigt.

KAPITEL 4
DER AUTOFOKUS

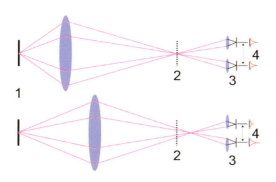

Prinzip der Phasendifferenzmessung, oben scharf gestellt, unten unscharf:
1 – Objektebene, 2 – Sensorebene, 3 – Umwandlung der optischen Informationen, 4 – elektrische Signale.

SCHÄRFEINDIKATOR NUTZEN

Auch bei manueller Scharfstellung kann der Schärfeindikator genutzt werden. Das anvisierte Objekt ist dann scharf gestellt, wenn dieser im Sucher aufleuchtet.

Zur Scharfstellung des Objektivs werden je nach Bauart zwei verschiedene Methoden angewandt. Nikon-Objektive mit der Bezeichnung AF sind mit der Kamera über eine kleine, federgelagerte Welle verbunden und werden über einen kamerainternen Motor scharf gestellt.
Objektive mit der Bezeichnung AF-S verfügen über einen eigenen motorischen Antrieb und werden über die am Bajonettanschluss angebrachten elektrischen Kontakte mit Strom versorgt und gesteuert. Die zur Scharfstellung erforderliche Zeit beträgt zwischen 0,2 und 0,8 Sekunden und ist jeweils vom Objektiv, dem Aufnahmemotiv und den Aufnahmebedingungen abhängig. Die D90 kann mit beiden Objektivtypen arbeiten und dabei den Autofokus verwenden.

Einsatz der verschiedenen Methoden

M, *AF-A*, *AF-S*, *AF-C*, *Auslösepriorität* oder *Schärfepriorität* – wann wird welche Methode angewandt?

Fokusschalter auf Stellung M
Durch Stellung des Fokusschalters auf *M* wird der Autofokus deaktiviert, und die Scharfstellung erfolgt manuell durch Drehen des Entfernungseinstellrings am Objektiv. Einige Objektive verfügen zudem über die Möglichkeit, eine Deaktivierung des Autofokus auch durch einen Schalter am Objektiv vorzunehmen.

Auch eine Kombination aus manueller Einstellung und Autofokus ist durch die Einstellung *M/A* bei einigen Objektiven möglich. Diese Option wird insbesondere von Profifotografen sehr gern benutzt, um durch eine manuelle Voreinstellung der Schärfe die benötigte Zeit zur Autofokussierung zu verkürzen. Der Autofokus übernimmt dann nur noch die Feinjustierung.

Fokusschalter auf Stellung AF
In dieser Betriebsart wird der Autofokus verwendet. Je nach Programmwahl oder Voreinstellung kommen dabei unterschiedliche Autofokusmethoden zur Anwendung. Die manuelle Auswahl erfolgt durch Drücken der *AF*-Taste und Drehen des hinteren Einstellrads. Dabei kann bei der D90 unter *AF-A*, *AF-S* und *AF-C* ausgewählt werden.

AUFNAHMEDATEN	
Brennweite	300 mm
Belichtung	1/250 sek
Blende	f5,6
ISO	200

Aufnahme mit **AF-C**.

Wird die Autofokusmethode geändert, betrifft dies in der Einstellung von *P, S, A* und *M* alle vier Aufnahmeprogramme. Bei der Umschaltung innerhalb dieser vier Programme wird die zuvor gewählte Autofokusmethode beibehalten. Die Standardeinstellung ist *AF-A*. Diese Einstellung gilt auch für die anderen durch grafische Symbole gekennzeichneten Aufnahmeprogramme, die jedoch ebenfalls manuell angepasst werden können. Bei der Umschaltung in ein anderes dieser Aufnahmeprogramme wird jedoch die Einstellung wieder auf *AF-A* zurückgesetzt.

AF-A – Autofokusautomatik

Die Kamera aktiviert je nach Motiv und verwendetem Aufnahmeprogramm den Einzelautofokus *AF-S* oder den kontinuierlichen Autofokus *AF-C*. Kann die Kamera nicht scharf stellen, ist keine Aufnahme möglich.

So wird in der Einstellung *Sport* zum Nachverfolgen der Bewegung immer die *AF-C*-Einstellung benutzt. Der Fokuspunkt, von dem die Nachverfolgung der Bewegung startet, kann mit dem Multifunktionswähler nach dem Entsperren durch den darunter befindlichen Hebel zuvor festgelegt werden (Mitte = Standardeinstellung).

Bei *Nahaufnahme/Makro* benutzt die Kamera dagegen die *AF-S*-Scharfstellungsmethode. Zur Scharfstellung wird üblicherweise der mittlere Fokuspunkt benutzt. Mit dem Multifunktionswähler kann jedoch auch eine andere Fokuspunktauswahl getroffen werden.

AF-S – Einzelautofokus

Die Kamera fokussiert, sobald Sie den Auslöser bis zum ersten Druckpunkt drücken. Durch Halten des Druckpunkts wird die Schärfeeinstellung fixiert, und die Kamera wird mit diesem Scharfpunkt beim Durchdrücken des Knopfs ausgelöst – die Autofokusmesswertspeicherung. Eine Auslösung ist nur nach vorherigem Aufleuchten des Schärfeindikators im Sucher möglich – Standardeinstellung ist *Schärfepriorität*.

AF-C – kontinuierlicher Autofokus

Solange Sie den Auslöser bis zum ersten Druckpunkt gedrückt gehalten, stellt die Kamera auf das anvisierte, sich bewegende Objekt kontinuierlich scharf. Eine Auslösung ist dabei jederzeit, möglicherweise auch ohne vorhergehende exakte Scharfstellung, möglich – Standardeinstellung ist *Auslösepriorität*.

Scharfstellungsmethoden

Die prädiktive Schärfenachführung, die automatisch bei der Verwendung von *AF-C* genutzt wird, ermittelt die Bewegung eines Objekts im Messbereich, und die Kamera versucht, den Scharfpunkt bereits im Voraus festzustellen. Dadurch verringert sich der benötigte Zeitraum bis zur Scharfstellung.

Bei Einsatz des Autofokusmesswertspeichers wird im *AF-S*-Modus durch Druck auf den Auslöser bis zum ersten Druckpunkt auf das anvisierte Objekt scharf gestellt. Diese Distanz kann bei gedrückt gehaltener Taste bis zum Auslösen beibehalten werden. Dadurch ist es möglich, den bildwichtigen Bereich in einem Motiv scharf zu stellen, aber anschließend den Ausschnitt zur besseren Bildgestaltung zu verschieben.

Im *AF-C*-Modus kann auf eine Distanz nur durch Drücken der *AE-L/AF-L*-Taste fixiert werden. Um die Distanz zu halten, darf diese Taste dann bis zum Auslösen nicht mehr losgelassen werden. Alternativ zum Druck auf den Auslöser kann auch die *AF-ON*-Taste zur Fokussierung verwendet werden.

Im Modus *AF-S* wird die Fokussierung nur so lange durchgeführt, bis das anvisierte Objekt fixiert ist (Aufleuchten des Schärfeindikators im Sucher), und dann wird der Auslöseschalter bis zum Auslösen gehalten. Um eine erneute Fokussierung zu erreichen, müssen Sie die Auslösetaste kurz loslassen und dann erneut drücken.

Die Messfeldsteuerung

Automatisch, dynamisch oder Einzelfeld? Die Auswahl der Messmethode erfolgt über das Menü *Individualfunktionen a1*. Die eingestellte Wahl wird auch durch ein Symbol auf dem Display und in den Aufnahmeinformationen auf dem Monitor angezeigt.

KAPITEL 4
DER AUTOFOKUS

Bei *Automatische Messfeldgruppierung* erfolgt eine automatische Motiverkennung und Scharfstellung durch die Kamera. Dabei benutzt die Kamera alle elf Messfelder, um das Motiv eigenständig zu erkennen und scharf zu stellen.

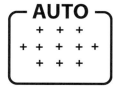

Diese Methode funktioniert bei Objekten, die sich eindeutig vom Hintergrund abheben, in der Regel sehr gut. Bei Verwendung von G- oder D-Nikkoren kann die Kamera sogar Personen im Bild erkennen und vom Hintergrund unterscheiden. Bei der Aufnahme mit *AF-S* werden die zur Scharfstellung genutzten Fokusfelder im Sucher kurz angezeigt. Bei der Verwendung von *AF-C* werden die aktiven Fokuspunkte jedoch nicht angezeigt.

Bei *Dynamische Messfeldsteuerung* fokussiert die Kamera auf den zuvor gewählten Messbereich, berücksichtigt jedoch auch die umliegenden Messfelder. Bewegt sich das Motiv in ein umliegendes Messfeld, wird die Schärfe nachgeführt. Der zuvor gewählte Messbereich bleibt jedoch bestehen. Diese Einstellung ist optimal in Verbindung mit dem *AF-C*-Modus und unvorhersehbaren Bewegungen.

Die Kamera entscheidet dabei eigenständig, ausgehend vom ausgewählten Messbereich, welches der zur Verfügung stehenden Fokusmessfelder genutzt wird. Kommt beispielsweise ein weiteres kontrastreiches Objekt in den Messbereich, springt die Schärfe möglicherweise auf dieses Objekt.

Beim *3D-Tracking* wird das scharf zu stellende Objekt zunächst mit dem zentralen Messpunkt fixiert. Wenn sich dieses oder die Kamera bewegt, wird die Schärfe über alle elf Messfelder nachgeführt. Dabei werden zur Identifizierung des zuvor anvisierten Aufnahmeobjekts zusätzlich auch Farbinformationen berücksichtigt – deshalb „3D". Diese Methode bietet sich an, wenn der Ausgangspunkt einer Bewegung klar ist, die Bewegungsrichtung jedoch noch nicht. Das Objekt muss sich zudem auch farblich deutlich vom Hintergrund abheben.

Bei *Einzelfeldsteuerung* fokussiert die Kamera nur auf das Objekt im zuvor ausgewählten Messfeld. Diese Einstellung ist sinnvoll bei unbewegten oder langsamen Motiven, die den Messbereich nicht verlassen. Der Messpunkt kann mit dem Multifunktionswähler nach der Entriegelung unter den elf zur Verfügung stehenden Messfeldern bestimmt werden. Standardeinstellung ist der mittlere Punkt.

Bei unbewegten Motiven und in Kombination mit der Einstellung *AF-S* kann der gewählte Scharfpunkt auch durch Festhalten des ersten Druckpunkts am Auslöser oder durch Drücken und Festhalten der *AF-ON*-Taste fixiert werden.

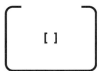

Einstellung des verwendeten Messbereichs

Mittels der manuellen Fokusmessfeldwahl legen Sie die Messposition im Sucherbild fest. Die Einstellung erfolgt mit dem Multifunktionswähler, der dazu zunächst entriegelt werden muss.

Durch das Betätigen der Wipptaste am Multifunktionswähler in die gewünschte Richtung wird der Messbereich bestimmt. Ein Druck auf die *OK*-Taste setzt den Messbereich wieder in die Mitte – zugleich die Standardeinstellung. Die Einstellung wird gesichert durch Verriegelung der Sperrtaste in der Position *L*.

Auf dem Display wird bei einer manuellen Positionierung nur das Symbol für die Einzelfeldsteuerung angezeigt. Im Sucher und auf dem Monitor bei Anzeige der Aufnahmeinformationen wird der aktive Messbereich durch eine Verschiebung des Messpunkts dargestellt.

Mittels *Individualfunktionen a5/Scrollen bei Messfeldauswahl* legen Sie fest, ob das gewählte Messfeld beim Verlassen des Messbereichs auf die gegenüberliegende Seite springt (*Umlaufend*) oder nicht (*Am Rand stoppen*).

Unter *Individualfunktionen a1* (*Messfeldsteuerung*) wird festgelegt, wie die Kamera das Autofokusmessfeld verwendet – *Einzelfeld*, *Dynamisch*, *Automatisch* oder *3D-Tracking*.

Messfeldgröße

Die Messfeldgröße kann im Menü *Individualfunktionen a2* auf *Groß* oder *Normal* festgelegt werden. Die Option *Groß* ist bei Verwendung der automatischen Messfeldsteuerung nicht verfügbar. Eine Vergrößerung der Messfelder eignet sich für bewegte Motive, die schwieriger einzufangen sind. Im Live-View-Modus wird standardmäßig die Einstellung *Groß* verwendet.

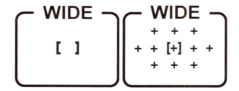

Symbole für den Autofokus bei Einstellung auf **Groß***, links bei Einzelfeldsteuerung, rechts bei dynamischer Messfeldsteuerung (Ansichten auf dem Monitor).*

Autofokus in der Praxis

Im Folgenden zeige ich Ihnen einige Anwendungsbeispiele und Problemfälle aus der täglichen Praxis.

Ideale Anwendungen von AF-S

Optimale Voraussetzungen zum Einsatz der Kamera mit dem Einzelautofokus:

- Das Aufnahmeobjekt bewegt sich nicht oder ist nur sehr langsam und vorhersehbar. Stellen Sie die Messfeldsteuerung auf *Einzelfeld* oder *Dynamisch*.

- Das aufzunehmende Objekt befindet sich allein im Vordergrund. Stellen Sie die Messfeldsteuerung auf *Automatisch AF-A*.

Ideale Anwendungen von AF-C

Optimale Voraussetzungen zum Einsatz der Kamera mit dem kontinuierlichen Autofokus.

- Das Aufnahmeobjekt bewegt sich direkt auf die Kamera zu oder von dieser weg. Stellen Sie die Messfeldsteuerung auf *Einzelfeld*.

- Das Objekt bewegt sich unvorhersehbar. Stellen Sie die Messfeldsteuerung auf *Dynamisch*.

- Das aufzunehmende Objekt befindet sich allein im Vordergrund, bewegt sich jedoch unvorhersehbar. Stellen Sie die Messfeldsteuerung auf *Automatisch AF-A*.

- Das Objekt bewegt sich unvorhersehbar, hebt sich jedoch farblich eindeutig vom Umfeld ab. Stellen Sie die Messfeldsteuerung auf *3D-Tracking*.

KAPITEL 4
DER AUTOFOKUS

Aufnahmen wie diese können jeden Autofokus überfordern. Hier hilft nur eine manuelle Scharfstellung oder eine Speicherung des zuvor angemessenen Schärfepunkts.

Autofokusmesswertspeicher

- Einstellung *AF-S Einzelautofokus*: Richten Sie das aktive Messfeld auf das scharf zu stellende Objekt und halten Sie den Auslöser am ersten Druckpunkt fest. Der Schärfeindikator im Sucher muss zuvor aufgeleuchtet haben, dann kann die Schärfe bis zum Durchdrükken beibehalten werden. Durch Druck auf die Taste *AE-L/AF-L* können nun die gemessene Entfernung und die Belichtung ebenfalls gespeichert werden. Diese Speicherung bleibt auch nach dem Loslassen des Auslösers erhalten. Die Taste *AE-L/AF-L* muss jedoch bis zur Aufnahme festgehalten werden.

- Einstellung *AF-C Kontinuierlicher Autofokus*: Um die Schärfe (und die Belichtung) an einem bestimmten Punkt zu fixieren, drücken Sie die Taste *AE-L/AF-L*. Solange diese Taste gedrückt gehalten wird, verändert sich der Scharfpunkt bis zum Auslösen nicht. Halten Sie die Taste weiterhin fest, kann der fixierte Schärfebereich auch für weitere Aufnahmen genutzt werden. Beachten Sie, dass die *AE-L/AF-L*-Taste für diese Anwendung mittels *Individualfunktionen f4* auf die Standardeinstellung festgelegt sein muss.

Problemfälle und Lösungen

- Das Aufnahmeobjekt ist eine gleichförmige Fläche ohne darin enthaltene Kontraste. Der Autofokus erkennt keinen Punkt, auf den er fixieren kann, und bewegt sich ständig hin und her.

  Lösung: Hier ist nur eine manuelle Scharfstellung möglich.

- Sie wollen durch einen Zaun oder Gitterstäbe auf ein dahinter befindliches Objekt scharf stellen, der Autofokus fokussiert jedoch auf die Gitterstäbe.

  Lösung: Stellen Sie manuell scharf.

- Die Umgebung ist zu dunkel, oder das Objektiv ist zu lichtschwach. Die maximale Blendenöffnung beträgt z. B. über 5,6.

  Lösung: Verwendung Sie das AF-Hilfslicht oder ein externes Blitzgerät zur Aussendung eines Scharfstellmusters – Druck auf die Auslösetaste.

- Das Aufnahmeobjekt im Messbereich besteht teilweise aus senkrechten oder waagerechten Linien (im Randbereich, das Zentrum des Bildes ist ohne Kontrast), der Autofokus erkennt die Distanz nicht.

  Lösung: Drehen Sie die Kamera leicht oder führen Sie eine manuelle Scharfstellung durch.

- Das Motiv besteht aus gleichförmigen geometrischen Mustern, der Autofokus ist irritiert.

  Lösung: Wählen Sie den manuellen Autofokus oder fokussieren Sie auf ein Ersatzobjekt in gleicher Entfernung.

AF-HILFSLICHT

Das AF-Hilfslicht steht nur bei Einzelautofokus *AF-S* und bei der automatischen Messfeldsteuerung zur Verfügung. Bei Einzelfeldmessung oder dynamischer Messfeldsteuerung kann das AF-Hilfslicht lediglich bei Verwendung des mittleren Fokusmessfelds genutzt werden. Dabei muss stets darauf geachtet werden, dass der Lichtaustritt nicht verdeckt wird (z. B. durch eine Sonnenblende, Finger o. Ä.). Die Reichweite des Hilfslichts beträgt rund drei Meter. Die Funktion ist zudem abhängig von den verwendeten Objektiven. Einige Objektive unterstützen diese Funktion nur innerhalb eines bestimmten Bereichs, andere gar nicht. Die von Nikon empfohlenen Brennweiten liegen zwischen 24 und 200 mm. Objektive mit einer Anfangsblendenöffnung über 5,6 sind für die Verwendung mit dem Autofokus der Nikon D90 grundsätzlich nicht geeignet.

Manuelle Scharfstellung

Stellen Sie den Fokusschalter auf *M*. Der Autofokus ist nun deaktiviert. Die Scharfstellung muss jetzt über den Einstellring am Objektiv erfolgen. Durch Druck auf den Auslöser wird nur noch die erforderliche Belichtungszeit ermittelt. Ein Auslösen der Kamera ist in dieser Einstellung jederzeit möglich.

Fix-Focus-Einstellung

Stellen Sie den Fokusschalter auf *M* und die Belichtungssteuerung ebenfalls auf *M*. Alternativ kann auch die Zeitautomatik *A* verwendet werden. Um in bestimmten Situationen besonders schnell reagieren zu können, kann es sinnvoll sein, die Autofokuseinstellung zu deaktivieren und manuell auf den Bereich scharf zu stellen, in dem sich das aufzunehmende Objekt vermutlich befinden wird. Fotografiert wird dann mittels einer ebenfalls manuell voreingestellten Zeit-Blende-Kombination oder der Zeitautomatik *A*.

KAPITEL 4
DER AUTOFOKUS

Porträt-AF	Durch diese Einstellung erkennt die Kamera typische Porträtmotive und stellt darauf scharf. Diese Einstellung ist Standard bei den Aufnahmeprogrammen *Porträt* und *Nachtporträt*.
Großer Messbereich	Das Fokusmessfeld kann bei dieser Einstellung auch manuell vorgewählt werden. Standardvorgabe für alle Programme außer *Porträt*, *Nachtporträt* und *Makro*.
Normal	Zum punktgenauen Fokussieren, zur Anwendung sollte ein Stativ eingesetzt werden. Standardvorgabe für das Aufnahmeprogramm *Makro*. Eine manuelle Fokusmessfeldauswahl ist möglich.

Dazu wird zunächst die erforderliche Belichtungszeit bei einer möglichst kleinen Blende ermittelt. Da die kleinere Blende eine größere Schärfentiefe erzeugt, kann dadurch ein bestimmter Entfernungsbereich scharf abgebildet werden. Bewegt sich nun das Aufnahmeobjekt in dieser Schärfezone, kann ohne weitere Scharfstellung und Belichtungsanpassung sofort ausgelöst werden.

Fehlfokussierung vermeiden

Um bei sich schnell bewegenden kleineren Objekten eine Fehlfokussierung zu vermeiden, sollte man sich angewöhnen, beim Blick durch den Sucher auch das zweite Auge geöffnet zu halten, um Elemente, die sich dazwischenschieben, schon vorab zu erkennen.

Beim Einzelautofokus *AF-S* muss durch wiederholten Druck des Auslösers zum ersten Druckpunkt die Schärfe immer wieder neu bestimmt werden. Wenn bei Verwendung des kontinuierlichen Autofokus *AF-C* die Schärfe plötzlich auf ein anderes Objekt im Hintergrund springt, bewegen Sie die Kamera leicht hin und her, um die Scharfstellung auf das anvisierte Aufnahmeobjekt wiederherzustellen.

Autofokus in dunkler Umgebung

Um eine erfolgreiche Autofokussierung in dunkler Umgebung zu erreichen, verfügt die Nikon D90 über ein Hilfslicht, das automatisch bei der Verwendung des Einzelautofokus *AF-S* aufleuchtet. Bei Verwendung von *AF-C* muss das mittlere Autofokusfeld ausgewählt sein.

Das AF-Hilfslicht schalten Sie über *Individualfunktionen a3/Autofokus/Integriertes AF-Hilfslicht* ein und aus. Bei Verwendung der Aufnahmeprogramme *Landschaft* oder *Sport* steht das AF-Hilfslicht nicht zur Verfügung.

Um ein bewegtes Motiv mit dem Einzelautofokus *AF-S* scharf zu stellen, müssen Sie den Auslöser bis zum ersten Druckpunkt bei einer Positionsänderung des Aufnahmemotivs oder der Kamera bis zur eigentlichen Aufnahme immer wieder neu drücken. Bei Arbeiten in dunklen Räumen und bei der Verwendung eines Stativs kann auch eine starke Taschenlampe oder ein Laserpointer, die über das Aufnahmeobjekt geführt werden, weiterhelfen.

Eine weitere Hilfe ist die Verwendung eines passenden Systemblitzgeräts. Durch Druck auf den Auslöser wird das im Blitzgerät eingebaute und weiter reichende Hilfslicht für den Autofokus verwendet.

Autofokus bei Live-View

Diese Einstellung betrifft alle Aufnahmeprogramme bei Aufnahmen in Live-View. Dabei kann unter drei Einstellungen ausgewählt werden. Bei der Aufzeichnung eines Films ist der Autofokus deaktiviert, eine Fokussierung kann nur manuell vorgenommen werden. Um vor Beginn der Filmaufnahmen auf das erste Bild scharf zu stellen, drücken Sie den Auslöser zum ersten Druckpunkt.

[5]

DIE BELICHTUNGS-
STEUERUNG

KAPITEL 5
DIE BELICHTUNGS-
STEUERUNG

5

KAPITEL 5
DIE BELICHTUNGS-
STEUERUNG

Die Belichtungssteuerung

Faktoren für eine optimale Belichtung   131

Belichtungsmessmethoden der D90   132
- Matrixmessung   132
- Mittenbetonte Messung   132
- Spotmessung   132

Belichtungssteuerung und Belichtungsprogramme   133
- P – Programmautomatik   133
- S – Blendenautomatik   133
- A – Zeitautomatik   134
- M – Manuelle Belichtungssteuerung   134
- ISO-Automatik   135

Belichtungskorrekturen und Anpassung   136
- Wichtiges zur Matrixmessung   136
- Mittenbetonte und Spotmessung   137
- Mittelwert zur manuellen Belichtung errechnen   137
- Belichtungsmesswertspeicher einsetzen   138
- Belichtungskorrekturen vornehmen   138
- Blitzbelichtungskorrektur   139
- Belichtungsreihen und Blitzbelichtungsreihen   139
- Belichtungsreihe durch manuelle Einstellung   140

Externe Belichtungsmesser verwenden   140

Bildinformationen anzeigen lassen   141

Belichtung kontrollieren und beurteilen   142

Blendeneinstellungen und Schärfentiefe   143
- Schärfentiefe   144

[5] Die Belichtungssteuerung

Für eine optimale Belichtung wird immer die gleiche Lichtmenge benötigt, um vom Sensor der Kamera verarbeitet zu werden. Da diese jedoch je nach Umgebung, Motivhelligkeit und Motivkontrast variiert, muss die Lichtmenge durch die Einstellung von Empfindlichkeit, Belichtungszeit und Blende an der Kamera geregelt werden.

KAPITEL 5
DIE BELICHTUNGSSTEUERUNG

Faktoren für eine optimale Belichtung

■ Eine optimale Belichtung ist abhängig von mehreren Faktoren:

[1] Von der Motivhelligkeit und dem Motivkontrast.

[2] Von der Fähigkeit des Sensors, den Kontrast zu verarbeiten, das bedeutet, diesen in entsprechenden Tonwertabstufungen in ein reproduzierbares Bild umzuwandeln.

[3] Von der Empfindlichkeit des Sensors (ISO-Einstellung).

[4] Von der richtigen Zeit-Blende-Kombination.

ISO-Werte, Zeit- und Blendenwerte sind dabei voneinander abhängig und korrespondieren miteinander. Der Unterschied zwischen einer ISO-Stufe, einer Zeitstufe und einer Blendenstufe wird durch die Lichtmenge bestimmt. Eine ganze Stufe entspricht jeweils einer Verdopplung oder Halbierung der Lichtmenge und wird auch als Lichtwert (englisch EV = Exposure Value) bezeichnet.

Der in der Nikon D90 verwendete Sensor verarbeitet einen Kontrastumfang von ca. 10 EV (LW) von der hellsten Stufe bis zum dunkelsten Bereich. Darüber hinausgehende Kontraste werden entweder als reines Weiß oder reines Schwarz wiedergegeben. Geringe Unterschiede im hellen Bereich sind dabei wesentlich schwieriger zu unterscheiden als in den dunklen Bereichen. Bei einer Überbelichtung verlagert sich die Bildaufzeichnung in die hellen Bereiche. Bei einer Unterbelichtung ist das Bild zu dunkel, es findet demnach eine Verlagerung in die dunklen Bereiche statt.

Ziel einer normalen Belichtung ist es, alle Tonwerte vom hellsten bis zum dunkelsten Bereich aufzuzeichnen, um diese später im Bild möglichst realistisch wiedergeben zu können. Die Wiedergabe ist wiederum vom Ausgabemedium abhängig. Dieses ist im Druckbereich auf ca. 5 EV begrenzt, bei der Wiedergabe in einem Foto sind es ca. 6 EV.

Obwohl der Chip somit in der Lage ist, mehr Abstufungen aufzuzeichnen, kommt es bei der Bildausgabe zu einer Komprimierung, die mit Tonwertverlusten verbunden ist. Dies betrifft insbesondere die hellen Bildbereiche, in denen noch vorhandene geringe Unterschiede zu reinem Weiß zusammengefasst werden.

Mittels der digitalen Bildbearbeitung ist es möglich, geringe Differenzen in den dunklen Bereichen nachträglich zu verstärken und dadurch deutlicher zu machen, während dies im hellen Bereich, in dem nur wenige Informationen aufgezeichnet werden, kaum mehr möglich ist. Bei kontrastarmen Motiven treten also selbst bei leichten Fehlbelichtungen kaum Schwierigkeiten bei der späteren Anpassung auf, während bei Motiven mit hohem Kontrast eine Fehlbelichtung ein Foto schnell unbrauchbar macht.

Ein Belichtungsmesser ist immer auf einen mittleren Grauwert von 18 % geeicht. Entspricht der gemessene Bereich diesem mittleren Grauwert, steht zur Belichtung der maximale Kontrastumfang in Bezug auf die hellen und dunklen Bereiche gleichmäßig zur Verfügung. Ist der Kontrastumfang des Motivs größer als der verarbeitbare Kontrastumfang, werden die hellen und die dunklen Bereiche beschnitten.

Dabei wird der bei einer Belichtungsmessung anvisierte Sektor von der Kamera immer als mittlerer Grauwert eingestuft. Ist dieser sehr hell, kommt es demnach zu einer Unterbelichtung, ist er sehr dunkel, zu einer Überbelichtung. Eine Automatik kann dies nicht erkennen und ist dadurch in Extremsituationen überfordert.

Der erfahrene Fotograf kann nun durch manuelles Eingreifen (Anpassung der Belichtung) den mittleren Grauwert entweder in den hellen oder in den dunklen Sektor verlagern. Dies ist unter Umständen erforderlich, um eine natürliche Wiedergabe zu erreichen oder um im bildwichtigeren Bereich die Zeichnung zu erhalten.

EXPOSURE VALUE

Ein EV oder LW (EV = Exposure Value, LW = Lichtwert) entspricht dem Bereich einer vollen Zeit- oder Blendenstufe sowie der Verdopplung oder Halbierung des ISO-Werts.

Belichtungsmessmethoden der D90

Die Kamera verfügt über drei verschiedene Messmethoden, die je nach Aufgabenstellung gezielt angewandt werden können. Diese werden durch Drücken der *Messsystem*-Taste und Drehen des hinteren Einstellrads ausgewählt. Die Einstellung ist nur möglich in den Belichtungsprogrammen *P*, *S*, *A* und *M*. Bei Verwendung eines Aufnahmeprogramms mit grafischem Symbol ist die Taste deaktiviert, diese Programme verwenden ausschließlich die Matrixmessung. Auf dem Display und in den Aufnahmeinformationen auf dem Monitor wird das entsprechende Symbol angezeigt.

Matrixmessung

3D-Colormatrixmessung.

Bei der 3D-Colormatrixmessung II wird nahezu der gesamte Bildbereich erfasst, und der für die Messung verwendete 420-Pixel-RGB-Sensor in der Kamera ermittelt dann die optimale Belichtung. Bei Verwendung von G- oder D-(DX-)Objektiven wird zusätzlich noch die Entfernung mit einbezogen, deshalb die Bezeichnung „3D", die bei dieser Einstellung einen wesentlichen Anteil an der Ermittlung der richtigen Belichtung hat. Die gemessenen Informationen werden mit den in einer Musterdatenbank in der Kamera als typisch gespeicherten Informationen verglichen, und die Belichtung wird entsprechend abgestimmt. Dabei werden vier unterschiedliche Informationsbereiche berücksichtigt:

- Die allgemeine Helligkeitsverteilung im Motiv.
- Das Muster, das sich aus der Belichtungsmessung ergibt.
- Der Fokusbereich.
- Die Entfernungseinstellung des Objektivs.

Diese Messmethode führt in der Regel zu akzeptablen Ergebnissen, sollte jedoch nicht in Kombination mit dem Belichtungsmesswertspeicher und der Belichtungskorrektur angewendet werden. Für die Verwendung des aktiven D-Lighting ist diese Einstellung dagegen unbedingt erforderlich. Die Matrixmessung wird bei der Verwendung eines der Aufnahmeprogramme mit einem grafischen Symbol immer angewandt. Die Wahl einer der anderen Messmethoden ist bei diesen Programmen nicht möglich.

Mittenbetonte Messung

Mittenbetonte Messung.

Die mittenbetonte Messung misst ebenfalls im gesamten Bildfeld, der Schwerpunkt liegt aber auf dem mittleren Kreissegment mit einer Gewichtung von 75 % und einem Durchmesser von 8 mm als Standardvorgabe. Der Durchmesser kann jedoch in den *Individualfunktionen b3* auch auf 6 mm oder 10 mm eingestellt werden. Diese Messung eignet sich vor allem bei formatfüllenden bildwichtigen Objekten wie z. B. Porträts und sollte auch bei der Verwendung von Filtern vor dem Objektiv mit einem Verlängerungsfaktor größer als 1 verwendet werden.

Spotmessung

Spotmessung.

Bei der Spotmessung wird die Helligkeit nur innerhalb eines Kreises von ca. 3,5 mm Durchmesser in der Mitte des jeweils aktiven Fokusmessfelds ermittelt. Dies entspricht einer Bildfeldabdeckung von 2,5 %. Eine Auswahl des zu benutzenden Messfelds ist mit dem Multifunktionswähler möglich, dabei stehen die elf Autofokuspunkte als mögliche Messpositionen zur Verfügung. Der jeweils aktive Fokuspunkt wird damit zur Messung verwendet. Umliegende Bereiche werden bei dieser Messmethode nicht berücksichtigt. Dies ermöglicht ein punktgenaues Messen.

Die mittenbetonte Messung und die Spotmessung eignen sich nicht für die Verwendung des aktiven D-Lighting. Für eine Anwendung des Belichtungsmesswertspeichers oder der Belichtungskorrektur sind diese Messmethoden jedoch bestens geeignet.

Belichtungssteuerung und Belichtungsprogramme

Durch Auswahl der verwendeten Belichtungssteuerung wird festgelegt, wie sich Belichtungszeit und Blende bei der Aufnahme verhalten. Dabei stehen neben den mit grafischen Symbolen versehenen Belichtungsprogrammen die vier Optionen P, S, A , M zur Verfügung, die durch Drehen des Funktionswählrads eingestellt werden können.

PSAM

Die Belichtungsprogramme der D90.

P – Programmautomatik

Bei der Verwendung der Programmautomatik P überlassen Sie die Bildgestaltung ganz der Kamera. Diese bestimmt je nach vorhandener Helligkeit das Verhältnis von Zeit- und Blendeneinstellung. Durch eine Programmverschiebung ist dies bei der Nikon D90 jedoch nochmals anpassbar. Durch Drehen des Einstellrads an der Rückseite der Kamera wird eine andere Zeit-Blende-Kombination angewendet. Auf dem Display erscheint bei Aktivierung ein Sternchen neben dem Programmsymbol: P*. Durch erneutes Drehen kann diese Funktion auch wieder deaktiviert werden.

Das Drehen des Einstellrads nach links bewirkt die Verwendung einer kleineren Blende zur Steigerung der Schärfentiefe und den Einsatz einer längeren Belichtungszeit zur Erzeugung von Bewegungsunschärfe. Das Drehen des Einstellrads nach rechts öffnet die Blende und verkürzt die Belichtungszeit. Diese Einstellung eignet sich zur Verringerung der Schärfentiefe und zum Einfrieren von Bewegungen.

Die Belichtungsergebnisse sind bei jeder Einstellung gleich. Mit dieser Funktion wird in der Kamera eine gespeicherte Steuerkurve geladen und gemäß dem verwendeten Objektiv und der voreingestellten ISO-Empfindlichkeit angewendet.

Liegt die erforderliche Belichtungskombination außerhalb des Messbereichs, erscheint auf dem Monitor und im Sucher eine dieser Anzeigen:

- *Hi* – Das Motiv ist zu hell. Zur Korrektur sollten Sie die Empfindlichkeit (ISO) verringern oder einen neutralen Graufilter vor dem Objektiv verwenden.

- *Lo* – Das Motiv ist zu dunkel. Fotografieren Sie mit Blitz oder erhöhen Sie die Empfindlichkeit (ISO).

S – Blendenautomatik

Die Blendenautomatik S regelt die Belichtung nach einer vorher eingestellten Zeit. Die für die richtige Lichtmenge erforderliche Blende wird dabei automatisch angepasst. Sie bestimmen dadurch über eine mögliche Unschärfe durch Verwischung oder Verwacklung der Bewegung bei der Aufnahme. In Fällen, da diese Bewegungsunschärfe oder Schärfe von Bedeutung ist, sollten Sie diese Automatik bevorzugen.

Bei der Blendenautomatik wird die Belichtungszeit durch Drehen des hinteren Einstellrads vorgegeben, und das Messsystem ermittelt die zur korrekten Belichtung erforderliche Blende. Dabei kann eine Belichtungszeit zwischen 1/4000 und 30 Sekunden gewählt werden.

Liegt die erforderliche Belichtungskombination außerhalb des Messbereichs, erscheint auf dem Display und im Sucher eine dieser Anzeigen:

- *Hi* – Das Motiv ist zu hell. Zur Anpassung wählen Sie eine kürzere Belichtungszeit, verringern die ISO-Empfindlichkeit oder verwenden einen neutralen Graufilter.

- *Lo* – Das Motiv ist zu dunkel. Wählen Sie eine längere Belichtungszeit, erhöhen Sie die Empfindlichkeit oder fotografieren Sie mit Blitzlicht.

A – Zeitautomatik

Die Zeitautomatik *A* regelt die zur richtigen Belichtung erforderliche Zeit nach der voreingestellten Blende. Dadurch bestimmen Sie den Bereich der Schärfentiefe bei der Gestaltung Ihrer Aufnahme. Wenn Sie die Schärfentiefe als gestalterisches Mittel nutzen möchten, bietet sich diese Einstellung an.

Bei dieser Automatik wird durch Drehen des Einstellrads die Blende vorgegeben, und das Messsystem ermittelt die erforderliche Belichtungszeit. Die einstellbare Blende ist abhängig vom jeweils verwendeten Objektiv.

Liegt die erforderliche Belichtungskombination außerhalb des Messbereichs, erscheint auf dem Display und im Sucher eine dieser Anzeigen:

- *Hi* – Das Motiv ist zu hell. Wählen Sie eine kleinere Blendenöffnung (höherer Blendenwert), verringern Sie die ISO-Empfindlichkeit oder verwenden Sie einen Graufilter.

- *Lo* – Das Motiv ist zu dunkel. Wählen Sie eine größere Blendenöffnung (geringerer Blendenwert), erhöhen Sie die ISO-Empfindlichkeit oder verwenden Sie ein Blitzgerät.

Die Belichtungsprogramme *P*, *S* und *A* sowie alle anderen Aufnahmeprogramme außer *M* stehen nur bei der Verwendung von prozessorgesteuerten Objektiven (mit CPU) zur Verfügung.

M – Manuelle Belichtungssteuerung

Die manuelle Einstellung *M* ermöglicht eine Belichtungssteuerung durch individuelles Anpassen von Belichtungszeit und Blende. Abhängig von der jeweiligen Aufnahmesituation und der vorhandenen Helligkeit können dadurch Bewegungsunschärfe und Schärfentiefe gezielt geregelt werden. Durch eine Anpassung der ISO-Empfindlichkeit ist eine weitere Steuerung der Aufnahme möglich. Die Belichtungszeit wird durch Drehen des hinteren Einstellrads vorgegeben. Um die Blende einzustellen, benutzen Sie das vordere Einstellrad.

Dabei können Sie die Belichtungszeit zwischen 1/4000 und 30 Sekunden variieren. Die Langzeitbelichtung *B* steht in der Einstellung *bulb* zur Verfügung. Dadurch bleibt der Verschluss so lange geöffnet, wie Sie den Auslöser gedrückt halten. Für eine kabellose Auslösung benötigen Sie die Fernsteuerung ML-L3. Damit kann der Verschluss auch in der Einstellung *bulb* bis zu 30 Minuten geöffnet bleiben. Um den Verschluss zuvor zu schließen, drücken Sie den Fernauslöser erneut. Bei Langzeitbelichtungen sollten Sie verhindern, dass Licht über das Sucherokular einfällt, dieser muss deshalb zuvor mit der mitgelieferten Abdeckung DK-5 verschlossen werden.

Die Belichtungsmessung erfolgt nach dem Druck auf den Auslöser bis zum ersten Druckpunkt und bleibt bis zur Abschaltung des Messsystems aktiv. Die Anzeige erfolgt mittels einer Skala auf dem Monitor durch Anzeige der Aufnahmeinformationen (*info*-Taste) und im Sucher und kann durch Drehen des Einstellrads angepasst werden. Nach Anpassung und Scharfstellung wird dann die Kamera ausgelöst.

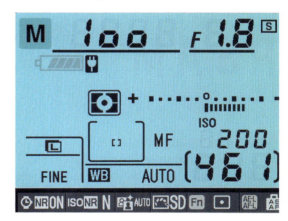

Ansicht der Aufnahme-Informationen bei manueller Belichtungsanpassung.

Sichtbare Striche nach links oder rechts neben *0* zeigen jeweils im Minusbereich (Unterbelichtung) oder Plusbereich (Überbelichtung) in 1/3-EV-(LW-)Stufen den ermittelten Wert an. Ein Pfeilsymbol neben den Strichen bedeutet, dass der Messwert über den Skalenbereich hinausgeht. Wird nur noch die *0* ohne Striche daneben angezeigt, ist die Belichtung nach dem Messsystem abgeglichen.

Anzeigen der Belichtungsskala: Oben Unterbelichtung, Mitte exakte Belichtung und unten Überbelichtung. Die Teilstriche neben dem Nullpunkt geben die Unter- und Überbelichtung in 1/3 Lichtwerten an. Bei Anzeige des Pfeils beträgt die Fehlbelichtung mehr als 2 Lichtwerte.

Bei aktivierter ISO-Automatik passt die Kamera die Empfindlichkeit automatisch an, und die Anzeige auf der Belichtungsskala ändert sich möglicherweise nicht. Um Aufnahmen nach eigenen Vorgaben zu machen, sollte deshalb die ISO-Automatik zuvor abgeschaltet werden. Bei Objektiven ohne CPU und mit manueller Blendensteuerung wird die Blende über den Blendenring vorgegeben. Die Belichtungszeit kann dann durch Drehen des hinteren Einstellrads angepasst werden.

ISO-Automatik

Aktivieren Sie die ISO-Automatik, wird auf dem Display und im Sucher *ISO-AUTO* angezeigt. Dabei wird die Empfindlichkeit zwischen ISO 200 und dem mit maximaler Empfindlichkeit eingestellten Wert automatisch angepasst – wenn keine optimale Belichtung mit ISO 200 mehr möglich ist. Die maximale Empfindlichkeit und die längste verwendbare Belichtungszeit können im Untermenü der *ISO-Automatik* voreingestellt werden. Diese längste Belichtungszeit wird von den Programmautomatiken so lange wie möglich beibehalten, und erst wenn dies nicht mehr möglich ist, wird die Empfindlichkeit entsprechend den Aufnahmebedingungen erhöht. Bei kürzeren Belichtungszeiten wird also die ISO-Automatik nicht aktiv, und es wird die jeweils eingestellte ISO-Empfindlichkeit zur Aufnahme verwendet.

Die Einstellungsoptionen für die maximale Empfindlichkeit kann zwischen ISO 400 und Hi1 (ISO 6400) gewählt werden. Die längste Belichtungszeit ist variierbar zwischen 1 und 1/2000 Sekunde.

Anwendung der ISO-Automatik.

Bei Verwendung der Aufnahmeprogramme *P* und *A* wird eine automatische Anpassung der Empfindlichkeit immer dann vorgenommen, wenn das Bild mit den voreingestellten Werten über- oder unterbelichtet würde.

Im Aufnahmeprogramm *S* wird die Empfindlichkeit automatisch angepasst, sobald die erforderliche Belichtung außerhalb der möglichen Blendenanpassung liegt.

Im manuellen Belichtungsmodus *M* erfolgt eine Anpassung durch die ISO-Automatik dann, wenn die richtige Belichtung nicht mit den eingestellten Zeit- und Blendenwerten erreicht werden kann. Dabei ist der ISO-Wert durch die eingestellte maximale Empfindlichkeit begrenzt. Kann eine Anpassung damit nicht erreicht werden, blinkt ein Teil der Belichtungsskala.

Bei Aufnahmen mit Blitzlicht und Verwendung der ISO-Automatik wird auch die Blitzleistung angepasst. Bei einer Langzeitsynchronisation und Verwendung der Programme *P* und *S* kann dabei möglicherweise der Vordergrund unterbelichtet werden. Bei Verwendung der Zeitautomatik *A* oder der manuellen Einstellung *M* tritt dieses Problem dagegen in der Regel nicht auf.

Belichtungskorrekturen und Anpassung

Welche der genannten Belichtungsmessmethoden Sie wählen, wird von der jeweiligen Aufnahmesituation und Ihren Vorlieben bestimmt sein. Zu jeder Methode gibt es Erfahrungswerte, die in der Regel zu noch besseren Ergebnissen führen.

Wichtiges zur Matrixmessung

Bei der Matrixmessung ist zu beachten, dass in einer Standardaufnahmesituation mit geringen Kontrasten kaum Messfehler auftreten werden. Weist das Motiv jedoch sehr starke Kontraste auf, neigt die Kamera dazu, das Bild unterzubelichten. Dies ist in den meisten Fällen jedoch kein Fehler, da bei einer Nachbearbeitung die dunkleren Stellen wieder aufgehellt werden können.

In dunkler Umgebung tendiert das Messsystem dazu, die mittleren Sucherbereiche stärker zu bewerten. Helle Motive, die sich nur im unteren Bildteil des Suchers befinden, sowie Motive, die sich lediglich streifenweise durch das Bild ziehen, werden oftmals falsch bewertet, da dies nicht einer vergleichbaren Aufnahmesituation entspricht.

Diese Messmethode eignet sich jedoch nicht zur Anwendung von Belichtungskorrekturen mittels der Taste *Belichtungskorrektur*. Kann mit der Matrixmessung keine befriedigende Belichtung erzielt werden, sollten Sie die mittenbetonte Messung oder die Spotmessung verwenden. Bei diesen Messmethoden ist die Belichtungskorrektur optimal einsetzbar.

Auch die Anwendung des Belichtungsmesswertspeichers durch Benutzen der *AE-L/AF-L*-Taste bringt mit der Matrixmessung nicht die erhoffte Wirkung. Diese Anwendung eignet sich ebenfalls nur für die mittenbetonte oder Spotmessung.

AUFNAHMEDATEN	
Brennweite	105 mm
Belichtung	1/800 sek
Blende	f5,6
ISO	200

Ein ideales Motiv für Matrixmessung.

KAPITEL 5
DIE BELICHTUNGSSTEUERUNG

Mittenbetonte und Spotmessung

Die mittenbetonte Messung teilt das Bild in den Messkreis (Einstellung 6, 8 oder 10 mm), der bei der Belichtungsermittlung mit ca. 75 % gewertet wird, und das Umfeld, das mit den restlichen 25 % gewichtet wird. Dadurch lässt sich die Helligkeit bei einem Motiv, das sich im zentralen Messbereich befindet und in etwa einem mittleren Grauwert entspricht, sehr genau bestimmen. Die mittenbetonte Messung sollte auch bei einer Filterverwendung vor dem Objektiv mit einem Verlängerungsfaktor über 1,0 verwendet werden. Der wesentlich kleinere Messkreis von nur 3,5 mm bei der Spotmessung entspricht in etwa 2,5 % des gesamten Sucherbildes. Die umliegenden Bereiche werden bei dieser Messung nicht berücksichtigt. Dabei kann der gerade aktive Autofokussensor als Messpunkt genutzt werden. In der Regel wird dies jedoch der zentrale Punkt in der Suchermitte sein. Bei Anwendung der automatischen Messfeldgruppierung wird immer der mittlere Punkt zur Ermittlung der Belichtung verwendet, unabhängig von den jeweils verwendeten Fokuspunkten.

Mittelwert zur manuellen Belichtung errechnen

Jeder Bildbereich kann mit der Spotmessung individuell angemessen werden, um den Kontrastumfang eines Motivs zu ermitteln. Aus den hellsten und den dunkelsten Bereichen im Motiv kann dann ein Mittelwert errechnet werden, der zur Einstellung der manuellen Belichtung dient.

Überschreitet der gemessene Kontrastumfang die bei der späteren Bildausgabe erforderlichen EV- bzw. LW-Werte, muss entweder die Beleuchtung angepasst oder der Schwerpunkt auf die bildwichtigsten Bereiche verschoben werden.

Bei statischen Motiven und der Verwendung eines Stativs können Sie auch eine Belichtungsreihe erstellen und die Einzelbilder später in der digitalen Bearbeitung zu einem Gesamtbild verrechnen. Die Einzelbilder müssen dabei absolut deckungsgleich sein. Dies erfordert auch das Beibehalten der genutzten Blendeneinstellung.

Bei der Belichtungsreihe zur späteren Bildmontage darf demnach lediglich die Belichtungszeit, nicht aber die Blende verändert werden, da die Teilbilder ansonsten durch unterschiedliche Schärfentiefe nicht deckungsgleich sind!

Belichtungsvergleiche mit den verschiedenen Messmethoden. Von oben nach unten: Matrixmessung, mittenbetonte Messung und Spotmessung. Bei der Spotmessung wurde zudem der Messpunkt nach unten in den dunklen Bereich verlagert.

D90-BELICHTUNGSMESSUNG

Die Matrixmessung der D90 steht nur bei Objektiven mit CPU zur Verfügung. Sie basiert dabei auf einer Ermittlung der optimalen Werte durch den eingebauten 420-Segment-RGB-Sensor. Nikon empfiehlt dazu die Verwendung von Objektiven des Typs G oder D. Bei anderen Objektiven mit CPU wird die Entfernung zum Motiv nicht berücksichtigt. Bei Objektiven ohne CPU kann nur die mittenbetonte Messung oder auch die Spotmessung, jedoch eingeschränkt auf den Suchermittelpunkt, verwendet werden.

Belichtungsmesswertspeicher einsetzen

In den Aufnahmebetriebsarten P, S, A und M sowie bei eingestellter mittenbetonter oder Spotmessung können Sie den zu messenden Bereich innerhalb Ihres Motivs mit dem Multifunktionswähler verlagern und durch Festhalten der *AE-L/AF-L*-Taste speichern. In den Aufnahmeprogrammen *Auto* und *Motiv* wird die Belichtungsmesswertspeicherung nicht empfohlen, da diese ausschließlich mit der Matrixmessung arbeiten (Standardeinstellung).

Gehen Sie folgendermaßen vor: Fixieren Sie mit dem ausgewählten Fokusmessfeld den bildwichtigen Bereich in Ihrem Motiv und drücken Sie den Auslöser zum ersten Druckpunkt. Halten Sie den Druckpunkt und drücken Sie dann die *AE-L/AF-L*-Taste zum Festlegen des Belichtungsmesswerts und der Fokussierung. Im Sucher leuchtet dabei die Anzeige AE-L auf. Verändern Sie nun den Bildausschnitt, ohne die *AE-L/AF-L*-Taste loszulassen, und lösen Sie die Kamera aus.

Der Belichtungsmesswert und die Fokussierung bleiben dadurch für die Aufnahme erhalten. Halten Sie lediglich im Modus *AF-S* den Druckpunkt des Auslösers fest, bleibt die Fokussierung erhalten, aber die Belichtung passt sich der neuen Situation an. In den *Individualfunktionen f4* lässt sich die *AE-L/AF-L*-Taste jedoch auch anderweitig belegen. Wollen Sie beispielsweise verhindern, dass gleichzeitig die Fokussierung durch Festhalten der *AE-L/AF-L*-Taste fixiert wird, empfiehlt sich die Einstellung *Belichtung speichern*.

Bei aktiviertem Belichtungsmesswertspeicher kann das verwendete Belichtungsmesssystem nicht geändert werden. Eine Änderung wird jedoch nach der Deaktivierung der *AE-L/AF-L*-Taste sofort vorgenommen. Bei aktiviertem Messwertspeicher sind folgende Programmänderungen ohne Verlust des Messwerts möglich:

Programmautomatik (P)	Programmverschiebung (Drehen des hinteren Einstellrads)
Blendenautomatik (S)	Belichtungszeit (Drehen des hinteren Einstellrads)
Zeitautomatik (A)	Blende (Drehen des vorderen Einstellrads)

Belichtungskorrekturen vornehmen

Um gezielt von den Belichtungswerten abzuweichen, drücken Sie die Taste *Belichtungskorrektur* und drehen das hintere Einstellrad.

und

Der gewünschte Korrekturwert und das Belichtungskorrektursymbol werden auf dem Monitor und im Sucher zusammen mit einem Plus- oder Minussymbol angezeigt. Die Belichtungskorrektur kann in Schritten von 1/3 EV bzw. LW zwischen +5 EV und –5 EV (LW) eingestellt werden. Dies ist nur möglich in den Belichtungsprogrammen P, S und A. Bei M findet keine Korrektur statt, die Anzeige wird jedoch verändert. Eine Korrektur bei manueller Einstellung wird einfach durch das Verändern des Zeit- oder Blendenwerts durchgeführt. Bei Anwendung eines der Aufnahmeprogramme mit einem grafischen Symbol ist die *Belichtungskorrektur*-Taste ohne Funktion.

Zur Anwendung der Belichtungskorrektur sollte immer die mittenbetonte Messung oder die Spotmessung eingesetzt werden. Um die Belichtungskorrektur wieder zurückzustellen, setzen Sie den Wert zurück auf 0.0. Beachten Sie, dass bei Abschaltung der Kamera der korrigierte Wert nicht zurückgesetzt wird.

KAPITEL 5
DIE BELICHTUNGSSTEUERUNG

Blitzbelichtungskorrektur

Mittels der Blitzbelichtungskorrektur kann die Blitzleistung korrigiert werden. Damit wird eine Helligkeitsanpassung des angeblitzten Motivs möglich. Dabei kann die Anpassung für das integrierte Blitzgerät oder für ein Systemblitzgerät vom Typ SB-900, SB-800, SB-600, SB-400 oder SB-R200 erfolgen.

 und

Eine Anpassung erfolgt durch Drücken der Taste *Blitzsteuerung* und Drehen des vorderen Einstellrads. Eine Einstellung kann zwischen –3 und +1 in Lichtwerten (LW) erfolgen. Negative Werte bewirken ein dunkleres, positive Werte ein helleres Motiv. Die Schrittweite, Standardeinstellung 1/3 Lichtwert, kann in den *Individualfunktionen b1* auch auf 1/2 Lichtwert geändert werden.

Im Sucher, auf dem Display und in den Aufnahmeinformationen auf dem Monitor wird bei einer Änderung das Blitzkorrektursymbol angezeigt. Die Einstellung bleibt bis zu einer erneuten Anpassung oder Rücksetzung auf null auch bei zwischenzeitlichem Abschalten der Kamera erhalten.

Belichtungsreihen und Blitzbelichtungsreihen

Damit können mehrere Aufnahmen nacheinander erstellt werden, die in der Belichtungseinstellung je nach Vorgabe variieren.

Zur Einstellung der Anzahl der Aufnahmen (2 oder 3) drücken Sie die *BKT*-Taste und drehen das hintere Einstellrad. Mögliche Einstellungen sind:

3F	3 Aufnahmen: 1 normal, 1 negativ, 1 positiv.
+2F	2 Aufnahmen: 1 normal, 1 positiv.
–2F	2 Aufnahmen: 1 normal, 1 negativ.
0F	Es wird keine Belichtungsreihe erstellt.

 und

Die Einstellung der zu verwendenden Schrittweite erfolgt durch Drücken der *BKT*-Taste und Drehen des vorderen Einstellrads. Die Belichtungsschrittweite ist wählbar zwischen 0,3 und 2,0 Lichtwerten. Die Schrittweite ist im Menü *Individualfunktionen b1* zwischen 1/3 und 1/2 Lichtwerten einstellbar. Im Menü *Individualfunktionen e6* kann die Abfolge der Belichtungsreihe geändert werden.

Während der Aufnahmen wird auf dem Display eine segmentierte Statusanzeige eingeblendet, die nach Beendigung der Teilaufnahmen erlischt. Um die Belichtungsreihen zu deaktivieren, müssen Sie die Anzahl der Aufnahmen wieder auf null setzen (*0F*).

Die Art der Belichtungsreihe wird zunächst im Menü *Individualfunktionen e4* festgelegt. Dabei kann unter folgenden Einstellungen gewählt werden:

Belichtung & Blitz	Belichtung und Blitzbelichtung werden angepasst (Standardvorgabe).
Nur Belichtung	Es wird nur die Belichtung angepasst.
Nur Blitz	Es wird nur die Blitzleistung variiert.
Weißabgleichsreihe	Es wird eine Weißabgleichsreihe erstellt in Abstufungen von ca. 5 Mired. Die Aufnahmen sind nur im JPEG-Format möglich. Einstellbare Optionen siehe unten.
ADL-Belichtungsreihe	Eine Aufnahmereihe mit und ohne Verwendung des aktiven D-Lighting wird erstellt. Dazu sollte die Matrixmessung verwendet werden. Es wird der Wert für das aktive D-Lighting verwendet, der in den Aufnahmeoptionen voreingestellt wurde. Bei hohen ISO-Werten kann es dadurch auch zu Bildrauschen, Linien und Verzeichnungen kommen.
	Zur Aktivierung benutzen Sie die *BKT*-Taste und drehen das hintere Einstellrad, bis die Fortschrittsanzeige auf dem Display erscheint. Dabei wird jeweils eine Aufnahme mit und danach eine ohne ADL erstellt. Zum Beenden der ADL-Reihe muss die Fortschrittsanzeige wieder abgeschaltet werden.

Belichtungsreihe durch manuelle Einstellung

Dazu nehmen Sie dasselbe Motiv mit unterschiedlichen Belichtungseinstellungen auf. Eine Anpassung der Belichtungszeit und/oder der Blende kann im Programm M erfolgen. Variieren Sie dabei die Einzelbelichtungen mit einer ermittelten Belichtung, einer Unterbelichtung und einer Überbelichtung, um das gewünschte Ergebnis zu erzielen. Die ISO-Automatik muss dabei abgeschaltet sein.

Externe Belichtungsmesser verwenden

Obwohl der in die Kamera integrierte Belichtungsmesser bei richtiger Handhabung nahezu alle Situationen meistert, gibt es Gründe, in bestimmten Situationen einen externen sogenannten Handbelichtungsmesser zu verwenden (beispielsweise beim Gebrauch von Objektiven ohne CPU). Die Einstellungen an der Kamera erfolgen dann manuell nach den ermittelten Werten.
Im Handel erhältliche Geräte teilen sich in zwei Gruppen auf:

[1] Handbelichtungsmesser mit Diffusorkalotte.

[2] Spotmeter, die ein punktuelles Messen mit einem Messwinkel von 1 Grad erlauben. Einige Geräte mit Diffusorkalotte ermöglichen auch den Aufsatz eines Spotmessers und sind dadurch vielseitiger einsetzbar. Mit einem Spotmeter kann ein Motiv auch aus größerer Entfernung punktgenau ausgemessen und ein zur richtigen Belichtung erforderlicher Mittelwert berechnet werden.

Ein Handmessgerät mit Diffusorkalotte ermöglicht eine besondere Messmethode, die mit der Kamera nicht möglich ist: die Lichtmessung. Dabei wird der Belichtungsmesser vom Motiv aus

Eine manuelle Belichtungsreihe durch manuelle Anpassung der Belichtungszeit.
Von oben nach unten: Belichtung mit Automatik und Matrixmessung, 1/320 Sekunde; Belichtungseinstellungen manuell: 1/60 Sekunde, 1/125 Sekunde, 1/250 Sekunde; alle Aufnahmen mit Blende 5,6.

in Richtung Kamera gehalten. Durch das einfallende und durch die Diffusorkalotte gestreute Licht wird die erforderliche Belichtungseinstellung ermittelt.

Diese Messmethode eignet sich besonders bei schwierigen Lichtverhältnissen im Innen- und Außenbereich und wird bevorzugt in der Studiofotografie und beim Einsatz von Studioblitzanlagen benutzt. Dabei kann sowohl Dauerlicht als auch Blitzlicht bzw. eine Kombination aus beidem gemessen werden. Mit dem Messgerät wird der Lichtwert (EV) ermittelt, der dann als entsprechende Zeit-Blende-Kombination zur Belichtung angewendet werden kann.

Als Nachteil gilt, dass Objektive, Filter und besondere Vorsätze an der Kamera bei einer externen Belichtungsmessung nicht berücksichtigt werden. Im Makrobereich müssen zudem entsprechende Umrechnungen zur Belichtungsanpassung erfolgen.

Spotmeter zum punktgenauen Ausmessen eines Bildmotivs.

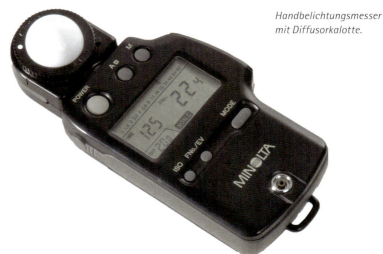

Handbelichtungsmesser mit Diffusorkalotte.

Bildinformationen anzeigen lassen

Zu jeder Aufnahme liefert die Nikon D90 Informationsseiten, die auf dem Monitor bei der Einzelbildwiedergabe mit dem Multifunktionswähler durchgeblättert werden können. Diese können Sie auch direkt nach der Aufnahme bis zum erneuten Betätigen des Auslösers oder zur voreingestellten Monitorabschaltung kontrollieren.

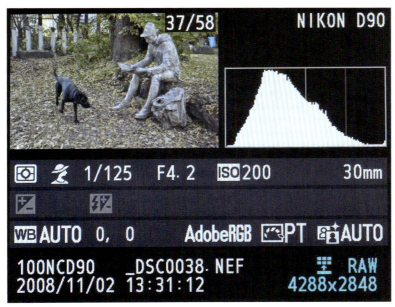

Die wichtigsten Bildinformationen auf einen Blick, sofort nach dem Auslösen.

Belichtung kontrollieren und beurteilen

Zu jedem Foto kann ein dazu passendes Histogramm, hier zur besseren Darstellung mit Adobe Photoshop erstellt, angezeigt werden. Dieses ermöglicht bereits direkt nach der Aufnahme eine Kontrolle der Belichtung. Die grafische Darstellung gibt Aufschluss über die Verteilung der Tonwerte im Bild. Auf der horizontalen Achse (x-Achse) werden die Tonwerte von 0 (ganz dunkel) bis 255 (ganz hell) von links nach rechts dargestellt. Befinden sich auf dieser Achse stellenweise keine Erhebungen, sind diese Tonwerte im Bild nicht enthalten.

Die senkrechte Achse (y-Achse) stellt durch die angezeigte Höhe die Anzahl der diesem Tonwert zugeordneten Pixel im Bild dar. Sind auf der linken Seite über einen größeren Abschnitt hinweg extreme Erhöhungen sichtbar und ist das „Gebirge" angeschnitten, deutet dies auf eine Unterbelichtung hin. Ist dasselbe auf der rechten Seite zu sehen, ist dies ein Zeichen für eine mögliche Überbelichtung.

Ein ideales Histogramm hat die Form einer in der Mitte nach oben gewölbten Kurve, die zu den Seiten hin sanft nach unten ausläuft. Da die Kurve jedoch immer vom Bildmotiv abhängig ist, kann sie auch ganz anders aussehen. Generell muss das jeweilige Histogramm zum Bild passen; ist es vorwiegend hell, wird der Hauptanteil eher auf der rechten Seite liegen, bei vorwiegend dunklen Motiven befindet das „Gebirge" mehr links.

Beispielhistogramm für eine Aufnahme mit geringem Kontrastumfang zusammen mit dem zugehörigen Bild.

Beispielhistogramm für dieselbe Aufnahme bei voller Ausnutzung des Kontrastumfangs. Das Beispielbild wurde mittels einer Tonwertkorrektur in der Bildbearbeitung angepasst. Im Histogramm rechts sieht man die durch die Spreizung entstandenen Lücken.

Sollten auf beiden Seiten deutliche, angeschnittene Erhebungen im Histogramm sichtbar sein, deutet dies auf einen höheren Kontrastumfang hin, als der Sensor in Ihrer Kamera verarbeiten kann.

Ist der Tonwertumfang, wie im vorhergehenden Beispielbild, geringer als der darstellbare Bereich, kann diese Aufnahme bei der digitalen Tonwertkorrektur durch Spreizen angepasst werden. Die dadurch entstehenden Lücken können bei einer geringen Spreizung durch eine Größenanpassung mit Neuberechnung wieder geschlossen werden. Extreme Spreizungen sind jedoch zu vermeiden, da dadurch im Bild deutliche Tonwertabrisse entstehen können.

Einzelne Spitzen, die über den oberen Randbereich hinausragen, deuten auf der rechten Histogrammseite auf Spitzlichter, links auf extreme Schwärzen im Bild hin. Im mittleren Bereich bedeuten sie eine besonders hohe Anzahl an bestimmten Tonwerten.

Blendeneinstellungen und Schärfentiefe

Die Blendeneinstellung Ihres Objektivs regelt nicht nur die Helligkeit, sondern beeinflusst auch den Schärfebereich Ihres Bildes und ist deshalb ein wichtiges gestalterisches Bildmittel. Die Auswirkungen sind abhängig von der Objektivart und von der Distanz zu Ihrem Motiv. Bei einem Weitwinkelobjektiv ist dieser Schärfebereich deutlich größer als bei einem Teleobjektiv. Durch Verringerung der Distanz zum Aufnahmeobjekt verringert sich auch der Schärfebereich zunehmend.

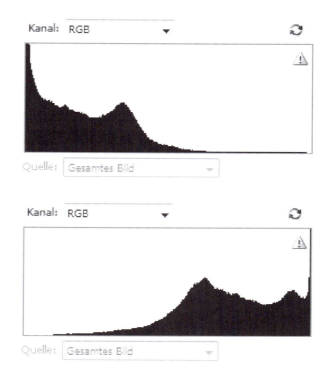

Oben ein typisches Histogramm für eine unterbelichtete Aufnahme, unten dieselbe Aufnahme bei Überbelichtung.

Diese Schärfentiefe ist der Raum, in dem alle Details innerhalb eines bestimmten Entfernungsbereichs im Bild scharf dargestellt werden. Eine große Blendenöffnung (kleine Blendenzahl) ermöglicht eine geringe Schärfentiefe, eine kleine Blendenöffnung (hohe Blendenzahl) eine größere.

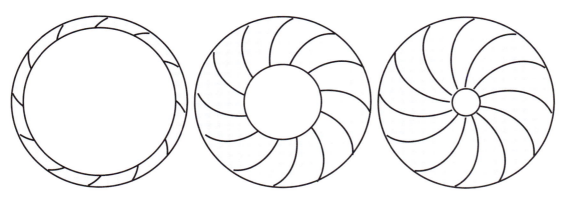

Große Blende (kleine Blendenzahl, z. B. 2,8), mittlere Blende, kleine Blende (große Blendenzahl, z. B. 16).

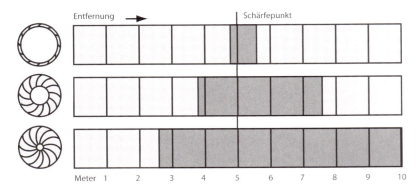

Auswirkungen auf die Schärfentiefe durch Veränderung der Blendenöffnung bei gleichem Objektiv und gleichem Abstand zum Motiv.

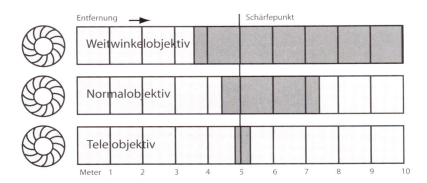

Auswirkungen auf die Schärfentiefe bei verschiedenen Brennweiten – bei gleichem Abstand zum Motiv und gleicher Blendenöffnung.

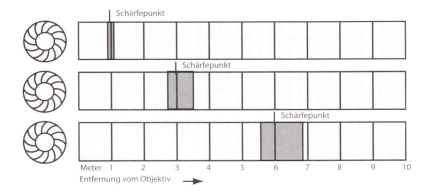

Auswirkungen auf die Schärfentiefe bei gleichem Objektiv und gleicher Blende, jedoch unterschiedlichen Entfernungen zum Motiv.

Schärfentiefe

Sowohl die Brennweite als auch die Blendenöffnung und die Distanz zum Motiv haben Einfluss auf die Darstellung des Bildes in Bezug auf die Schärfentiefe. Wenn auf einen bestimmten Punkt in einer bestimmten Entfernung innerhalb des Motivs scharf gestellt wird, ist die nutzbare Schärfe (der in der Abbildung noch als scharf akzeptierte Bereich) je nach Brennweite und eingestellter Blendenöffnung ein bestimmter Entfernungsbereich, der sich über den Bereich von ca. 1/3 vor und ca. 2/3 hinter dem eigentlichen Scharfpunkt erstreckt.

Während Weitwinkelobjektive über einen großen Schärfentiefebereich verfügen, wird mit zunehmender Brennweite dieser Bereich immer geringer bzw. kürzer.

Als dritte Komponente für die Schärfentiefe ist die Distanz des aufzunehmenden Objekts oder Motivs von der Frontlinse des Objektivs aus gesehen maßgeblich. Je näher sich die Frontlinse am Aufnahmeobjekt befindet, desto geringer ist der Schärfentiefebereich. Die Auswirkungen von Blende, Brennweite und Distanz zum Objekt zeigen die nebenstehenden Grafiken. Ausgehend vom Schärfepunkt, zeigen die dunklen Flächen den Bereich der Schärfentiefe an.

SCHÄRFENTIEFE

Schärfentiefe, auch als Tiefenschärfe bezeichnet, ist der Bereich der dargestellten Bildschärfe innerhalb eines Motivs zwischen zwei unterschiedlich weit entfernten Punkten.

KAPITEL 5
DIE BELICHTUNGS-
STEUERUNG

AUFNAHMEDATEN	
Brennweite	18 mm
Belichtung	1/320 sek
Blende	f3,5

Aufnahme mit großer Schärfentiefe. Brennweite: 18 mm, 1/320 Sekunde, Blende 3,5. Obwohl die Blendenöffnung sehr groß ist, erstreckt sich die Schärfentiefe bei einem Weitwinkelobjektiv über eine weite Distanz.

AUFNAHMEN MIT BLITZLICHT

[6]

KAPITEL 6
AUFNAHMEN MIT BLITZLICHT

6

Aufnahmen mit Blitzlicht

Integriertes Blitzgerät der D90   150
- Blitzfunktionen der D90 mit Systemblitzgeräten   151

Externe Nikon-Blitzgeräte   152
- Steuerungsfunktionen   152
- Beispielszenarios mit AWL-Blitzsteuerung   156
- Studioblitzanlagen ohne Nikon-CLS-Unterstützung   157

Blitzsynchronisation   158
- Blitzsynchronzeit der D90   158
- Konfiguration der Blitzgeräte   159
- Einstellungsmöglichkeiten bei der D90   160

Blitzbelichtungskorrektur   160

Blitzbelichtungsmesswertspeicher   161

Blitzen mit manueller Einstellung   161
- Formeln zur Blendenberechnung   161

Serienblitzaufnahmen   162

Besondere Blitztechniken   163
- Farbfilterfolien vor dem Blitzlicht   163
- Indirektes Blitzen mittels Reflektor   164
- Stroboskopblitztechnik   165
- Wanderblitztechnik   166
- Mit oder ohne Blitzlicht fotografieren?   167

Vorsicht: Der Blitz zerstört oft die Magie des Bildes. Linkes Bild ohne Blitz, ISO 3200, Blende f4,5, 1/30 Sekunde, rechtes Bild mit Blitz, ISO 200, Blende f 4,5, 0,3 Sekunden.

[6] Aufnahmen mit Blitzlicht

Die Nikon D90 enthält ein integriertes Blitzlicht, das bei Bedarf aufgeklappt werden kann. Externe Kompaktblitzgeräte zur Befestigung am Zubehörschuh der Kamera werden von Nikon und auch anderen Herstellern angeboten. Um alle Möglichkeiten der D90 auszunutzen, empfiehlt sich jedoch die Verwendung von Nikon-eigenen Geräten. Dabei kann ein aufgestecktes Systemblitzgerät, wie das SB-900 oder das SB-800, auch zur Fernsteuerung der unabhängig von der Kamera aufgestellten, das System unterstützenden Blitze verwendet werden. Diese sogenannte Master-Funktion erlaubt ein kontrolliertes Blitzen innerhalb der Reichweite der benutzten Blitzgeräte.

Integriertes Blitzgerät der D90

■ Leitzahl 17 bei ISO 200 (Leitzahl 18 bei manueller Einstellung), der Leuchtwinkel des Blitzgeräts, ist ausreichend für Objektive mit einer Brennweite von 18 bis 300 mm. Dabei können einige Objektive nur mit Einschränkung verwendet werden. Um Abschattungen zu vermeiden, sind die Objektive stets ohne Sonnenblende zu verwenden. Im Handbuch zur D90 finden Sie eine Liste mit Informationen zur Anwendung mit bestimmten Objektiven und Angaben zum erforderlichen Mindestabstand. Das Gerät unterstützt folgende Blitzsteuerungsarten:

- i-TTL-Aufhellblitz: Das Gerät sendet dabei vor dem eigentlichen Hauptblitz eine Reihe von Vorblitzen aus, die zur Messung mit dem eingebauten 420-Segment-RGB-Sensor verwendet werden. Die Blitzabfolge ist dabei so schnell, dass diese Blitzserie nur als ein Blitz wahrgenommen wird. Bei der Belichtungsmessung wird auch das vorhandene Licht im Motiv berücksichtigt. Zur Messung und Steuerung dieser Blitzmethode wird die Matrixmessung oder die mittenbetonte Messung verwendet.

- Voraussetzung ist die Verwendung von Objektiven mit CPU. Dabei werden auch Objektivdaten (Brennweite und Lichtstärke) in die Berechnung einbezogen. Objektive mit CPU verfügen über einen eingebauten Prozessor, der Informationen an die Kamera weiterleitet. Mit dieser Funktion können auch die externen Blitzgeräte SB-900, SB-800, SB-600 und SB-400 verwendet werden.

- Blitzsynchronzeit 1/200 Sekunde. Dies bedeutet, dass bei Aufnahmen mit Blitzlicht eine Belichtungszeit bis zu 1/200 Sekunde genutzt werden kann. Längere Belichtungszeiten sind je nach Programmwahl möglich.

Verfügbare Belichtungszeiten bei Verwendung des integrierten Blitzgeräts:

Programm	Belichtungszeiten
AUTO 👤 P A	1/200 bis 1/60 Sekunde
🌷	1/200 bis 1/125 Sekunde
🖼	1/200 bis 1 Sekunde
S	1/200 bis 30 Sekunden
M	1/200 bis 30 Sekunden + *bulb* (Langzeitbelichtung)

Ist vor der Nutzung des Blitzgeräts eine kürzere Belichtungszeit eingestellt, wird diese mit dem Aufklappen des integrierten Blitzgeräts oder dem Aufsetzen eines anderen Blitzes auf 1/200 Sekunde geändert. Die längste Belichtungszeit, die zusammen mit dem Blitz verwendet werden soll, kann in den *Individualfunktionen e1* eingestellt werden. Dabei ist eine Einstellung zwischen 1/60 und 30 Sekunden möglich.
Bei diesen Belichtungsprogrammen:

klappt das Blitzgerät bei nicht ausreichender Beleuchtung automatisch auf. Bei Anwendung der Belichtungsprogramme *P*, *S*, *A* und *M* muss die *Blitz*-Taste zum Aufklappen gedrückt werden.

Blitzfunktionen der D90 mit Systemblitzgeräten

- i-TTL-Aufhellblitz und Standard-i-TTL-Blitzautomatik für die externen Blitzgeräte SB-900, SB-800, SB-600 und SB-400.

- AA-Blitzautomatik mit SB-900 und SB-800. Ein prozessorgesteuertes Objektiv (mit CPU) wird vorausgesetzt.

- Blitzautomatik ohne TTL-Steuerung in Kombination mit den Blitzgeräten SB-900, SB-800, SB-28, SB-27, SB-22S, SB-80DX und SB-28DX.

- Manuelle Einstellung mit Distanzvorgabe bei SB-900 und SB-800.

Bei einer Lichtempfindlichkeit ab ISO 1600 ist die i-TTL-Blitzsteuerungsfunktion der Kamera nicht mehr garantiert!

BILDSTABILISATOR UND LEITZAHL

Bei VR-Objektiven mit Bildstabilisator wird während der Ladezeit des integrierten Blitzgeräts der Bildstabilisator nicht unterstützt. Die Leitzahl ist der Wert der maximalen Lichtleistung eines Blitzgeräts in Abhängigkeit von der Empfindlichkeit (ISO-Zahl) des aufzeichnenden Mediums. Die Leitzahl 13 bei ISO 100 bedeutet, dass das Blitzlicht bei dieser Empfindlichkeit und einer Entfernung von einem Meter die Blendenzahl 13 erreicht. Bei einer Verdopplung der Empfindlichkeit wird die Leitzahl mit dem Faktor 1,4 multipliziert.

P AUTO 👤 🏞 🏃 🖼					
ISO-Empfindlichkeit:	200	400	800	1600	3200
Max. Blendenöffnung:	4	4,8	5,6	6,7	8
🌷					
ISO-Empfindlichkeit:	200	400	800	1600	3200
Max. Blendenöffnung:	8	9,5	11	13	16

Externe Nikon-Blitzgeräte

Am Zubehörschuh der D90 können die Nikon-Blitzgeräte der SB-Serie oder auch passende Geräte von Fremdherstellern ohne Kabel direkt aufgesteckt werden. Ist ein solches Blitzgerät angeschlossen, kann das integrierte Blitzgerät nicht verwendet werden. Damit dieses nicht versehentlich aufklappt, sollten Sie bei Aufnahmen mit einem externen Blitzgerät keines der Aufnahmeprogramme verwenden. Benutzen Sie stattdessen eines der Belichtungsprogramme *P, S, A* oder *M*. Ein weiterer Vorteil bei Verwendung eines externen Systemblitzgeräts von Nikon ist die Unterstützung des Autofokus. Dabei wird durch Drücken des Auslösers zum ersten Druckpunkt ein Lichtmuster abgestrahlt, das weiter reicht als das integrierte AF-Hilfslicht und das der Autofokus zur Scharfstellung nutzen kann.

Die nebenstehende Tabelle zeigt die Verwendung von Aufnahmeprogrammen der D90 mit externen Blitzgeräten und dadurch bedingte Einschränkungen der maximalen Blendenöffnung. Die maximale Blendenöffnung ist auch vom jeweiligen Objektiv abhängig und kann nur erreicht werden, wenn dieses über eine solche Anfangsöffnung verfügt.

Das derzeit leistungsstärkste Gerät von Nikon ist das Kompaktblitzgerät SB-800 mit einer Leitzahl von 38 bei ISO 100. Das SB-800 unterstützt die verschiedenen Arten von TTL-Steuerung, Blitzen ohne TTL-Steuerung und manueller Einstellungen. Die Zoomautomatik passt den Streuwinkel (Lichtausfallswinkel) zwischen 24 und 105 mm automatisch an das jeweils verwendete CPU-Objektiv an. Bei Verwendung der eingebauten Streuscheibe oder beim Ansatz des mitgelieferten Diffusors wird der Lichtausfallswinkel auf 14 bzw. 17 mm eingestellt.

Steuerungsfunktionen

Benutzt werden können die Steuerungsfunktionen i-TTL und D-TTL für digitale Kameras ohne CLS-Unterstützung sowie die TTL-Steuerung für analoge Kameras. Bei der TTL-Steuerung wird das vom Motiv reflektierte Licht durch das Objektiv von der Kamera gemessen, und die erforderliche Lichtleistung wird entsprechend den Kameraeinstellungen und des Objektivs angepasst.

Das externe Systemblitzgerät Nikon SB-800.

7

OBJEKTIVE FÜR DIE D90

KAPITEL 6
AUFNAHMEN MIT BLITZLICHT

für Stelle manuell an. Dazu kann die Automatik des Blitzgeräts zur Ermittlung der Blitzintensität genutzt werden. Die verwendete Blende sollte dabei gleich oder etwas geringer als die an der Kamera eingestellte Blende sein. Es darf allerdings nie in Richtung Kamera geblitzt werden! Bewegt sich der Fotograf schnell genug und wird das Motiv ausreichend an den verschiedenen Stellen angeblitzt, wird dieser damit auch einen großen Raum oder ein entsprechendes Motiv ausleuchten können, ohne selbst im Bild zu sein.

Mit oder ohne Blitzlicht fotografieren?

Die freie Entscheidung, ob Sie mit der D90 mit oder ohne Blitz fotografieren wollen, haben Sie nur mit den Belichtungsprogrammen P, S, A und M. Bei Verwendung eines der Programme, die durch grafische Symbole gekennzeichnet sind, mit Ausnahme des Symbols Ohne Blitz, wird das integrierte Blitzgerät automatisch aufgeklappt und gegebenenfalls verwendet. Insbesondere bei Aufnahmen, bei denen es mehr auf die Stimmung als auf die detaillierte Wiedergabe ankommt, kann der Blitz auch eher störend wirken.

Linkes Bild ohne Blitz, rechtes mit dem integrierten Blitz.

muss das Umfeld relativ dunkel sein. Bei einem hellen Hintergrund addiert sich Licht zu Licht, und es ist kein gutes Ergebnis zu erwarten.

Zur Anwendung wird die Kamera auf ein Stativ gestellt und der Blitz bei einer entsprechenden Langzeitbelichtung ausgelöst. Dadurch können Bewegungsabläufe mit dem eingestellten Intervall in einem Bild aufgenommen werden. Dabei ist besonders darauf zu achten, dass die verwendete Belichtungszeit nicht kürzer als die benötigte Zeit für die Anzahl der Blitze in Verbindung mit der Frequenz ausfällt. Die Frequenz, in Hz angegeben, bestimmt den zeitlichen Abstand zwischen den einzelnen Blitzen.

Wanderblitztechnik

Bei dieser Technik handelt es sich um eine besondere Vorgehensweise zur Ausleuchtung großer, dunkler Räume oder Motive in extrem dunklem Umfeld bei geöffnetem Verschluss. Bei zu hellem Umgebungslicht ist diese Methode nicht anwendbar. Die Kamera steht auf einem Stativ, und der Verschluss bleibt so lange geöffnet, bis der (Fern-)Auslöser erneut betätigt wird – Einstellung *bulb*.

Während der langen Belichtungszeit bewegt sich der Fotograf mit dem Handblitzgerät vor der Kamera und blitzt das Motiv bzw. den Raum Stelle

KAPITEL 6
AUFNAHMEN
MIT BLITZLICHT

Stroboskopblitztechnik

Blitzgeräte wie das SB-900 und das SB-800 von Nikon verfügen über eine Stroboskopblitzfunktion, bei der die Blitzleistung sowie die Anzahl der abzugebenden Blitze und die Frequenz – die zeitliche Blitzfolge – einstellbar sind. Auch das integrierte Blitzgerät verfügt über diese Funktion, allerdings ist die Leistung eher gering. Die Einstellung erfolgt über die *Individualfunktionen e2/Stroboskopblitz*.

Die mögliche Blitzleistung ist dabei abhängig von der Anzahl der Blitze und deren Frequenz. Je mehr Blitze in kurzer Zeit abgegeben werden müssen, desto geringer wird die nutzbare Leistung. Um effektive Stroboskopaufnahmen machen zu können,

Anpassung der Stroboskopblitzeinstellungen im Menü Individualfunktionen e2.

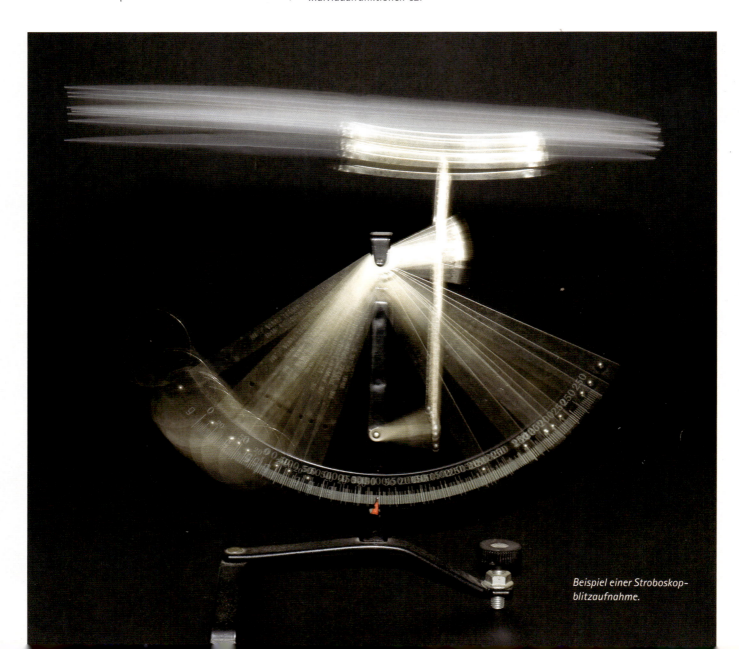

Beispiel einer Stroboskopblitzaufnahme.

Blitzlicht entspricht in seiner Lichtfarbe der mittleren Tageslichttemperatur von 5.500 K. In der Kombination von Blitzlicht und vorhandenem Dauerlicht in einem Innenraum mit Kunstlicht, z. B. bei einer Langzeitbelichtung, entsteht ohne spezielle Farbanpassung der Beleuchtung ein Farbstich. Durch die stufenlose Mischung von Blitz- und vorhandenem Licht lässt sich ein solcher Farbstich auch später bei der digitalen Nachbearbeitung kaum mehr entfernen.

Indirektes Blitzen mittels Reflektor

Die Verwendung von Kompaktblitzgeräten erlaubt eine Lichtanpassung nur innerhalb der durch diese Technik begrenzten Möglichkeiten. Ein solches Blitzgerät erzeugt durch seine kompakte Bauweise und die kleine Abstrahlfläche bei direkter Anwendung ein sehr hartes Licht. Dies wird anhand der dadurch erzeugten Schatten deutlich. Durch das Aufstecken eines Diffusors kann die Abstrahlfläche vergrößert und dadurch das erzeugte Licht in seiner Härte gemildert werden.

Der Reflektor kann jedoch auch gedreht oder nach oben geneigt werden. Damit eröffnet sich die Möglichkeit des indirekten Blitzens. Dabei wird eine Wand oder eine entsprechende Reflexionsfläche benötigt. Das Licht fällt in diesem Fall nicht direkt auf das zu beleuchtende Objekt, sondern wird von dieser Wand oder Fläche reflektiert.

Es gilt der optische Grundsatz:
Lichteinfallswinkel = Lichtausfallswinkel.

AUFNAHMEBEISPIEL: NEONLICHT

Bei einer Aufnahme in einem Raum, der mit Neonleuchten beleuchtet wird und in dem durch Blitzlicht eine zusätzliche Aufhellung erzeugt werden soll, würde sich außerhalb des Blitzbereichs ein zumeist grünlicher Farbstich ergeben. Durch das Anbringen einer speziellen Farbfolie vor dem Blitzgerät wird dessen Farbtemperatur an die der Raumbeleuchtung angeglichen. Nikon bietet für seine Blitzgeräte und Neonlicht die Folien FL-G1 und FL-G2 an. Der Weißabgleich wird auf die Raumbeleuchtung vorgenommen. Im Fachhandel werden besondere Farbfolien zur Farbanpassung oder auch zur Erzeugung besonderer Effekte für alle Arten von Blitzgeräten angeboten.

Dabei ist darauf zu achten, dass die genutzte Reflexionsfläche möglichst farbneutral ist. Ansonsten entsteht ein Farbstich im Bild. Die reflektierenden Flächen sollten sich zudem in der Nähe des aufzunehmenden Objekts oder der Person befinden, da die Beleuchtungsintensität mit zunehmender Entfernung stark abnimmt. Die Belichtungssteuerung erfolgt dabei wie gewohnt durch die Kamera oder die Automatikfunktionen des Blitzgeräts.

Je nach Art der reflektierenden Fläche kann dabei ein weicheres oder härteres Licht erzeugt werden. Matte, poröse Oberflächen machen das Licht weicher. Glatte, stark reflektierende Oberflächen erzeugen ein härteres Licht. Die Distanz (Blitz – Reflexionsfläche, Reflexionsfläche – Objekt) und die Größe der angeblitzten Reflexionsfläche zum Objekt spielen in diesem Zusammenhang ebenfalls eine wichtige Rolle.

Einige Blitzgeräte besitzen auch eine eingebaute Reflektorkarte, z. B. das SB-800, die ausgezogen wird, während das Blitzgerät senkrecht nach oben gedreht ist, und die dadurch das aufzunehmende Objekt indirekt anstrahlt.

Indirektes Blitzen.

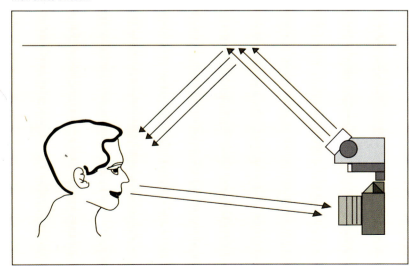

KAPITEL 6
AUFNAHMEN MIT BLITZLICHT

Blendenwert, Empfindlichkeit und Blitzreichweite im TTL-Blitzbetrieb

	ISO-Empfindlichkeit					Reichweite in Meter
	200	400	800	1600	3200	
Blendenwerte	1,4	2	2,8	4	5,6	1,0–8,5
	2	2,8	4	5,6	8	0,7–6,1
	2,8	4	5,6	8	11	0,6–4,2
	4	5,6	8	11	16	0,6–3,0
	5,6	8	11	16	22	0,6–2,1
	8	11	16	22	32	0,6–1,5
	11	16	22	32	---	0,6–1,1
	16	22	32	---	---	0,6–0,8

Betriebsart — Maximale Blendenöffnung nach ISO-Empfindlichkeit

ISO-Werte	200	400	800	1600	3200
P AUTO 👤 🏞	2,8	3,3	4	4,8	5,6
🌷	5,6	6,7	8	9,5	11

ABKÜHLUNGSPHASE EINHALTEN

Nach dem Erreichen der zulässigen Anzahl von Blitzauslösungen ist eine Abkühlungsphase von mindestens zehn Minuten einzuhalten, um das Gerät nicht zu beschädigen. Bei einer Überhitzung des Blitzgeräts wird dieses vorübergehend deaktiviert und kann bis zur Abkühlung nicht mehr verwendet werden.

Besondere Blitztechniken

Je nach Aufgabenstellung kann auch eine besondere Blitztechnik zu erfolgreichen Bildern führen. Dabei ist ein kompaktes Handblitzgerät in einigen Situationen leichter und besser zu handhaben als ein professioneller Studioblitz.

Farbfilterfolien vor dem Blitzlicht

Um die Farbtemperatur von Blitzleuchten an besondere Aufnahmebedingungen anzupassen, kann das Befestigen von Farbfilterfolien vor dem Blitzlicht erforderlich sein. Für eine korrekte Anwendung muss der Weißabgleich an der Kamera passend zu der durch die Folie entstehenden Lichtfarbe bzw. auf die im Motiv als neutral erscheinende Farbtemperatur eingestellt werden. Bei Verwendung des SB-900 wird diese Einstellung vom Blitzgerät direkt auf die Kamera übertragen.

einer Blende von 16+1/3 (18) bei einer Distanz von einem Meter. Die folgende Tabelle zeigt einen Überblick über die einzustellenden Werte in Abhängigkeit von Blitzleistung und Distanz. Bei modernen Kameras werden die Teilblenden mit entsprechenden Zahlen angegeben. Die Originalblendenreihe ist jedoch Grundlage aller Berechnungen:

Originalblendenreihe (nur in ganzen Blendenstufen): 1; 1,4; 2; 2,8; 4; 5,6; 8; 11; 16; 22; 32; 45; 64. Je nach Einstellung der Unterteilung der Blenden in 1/2 oder 1/3 Blenden werden für die Zwischenschritte entsprechende Blendenzahlen verwendet. Im Beispiel werden die Blendenzahlen entsprechend der D90 für eine Unterteilung in 1/3 Blenden verwendet. Eine Halbierung der Lichtleistung bedeutet zugleich die Reduktion um eine volle Blendenstufe.

Grundlage für die Berechnung ist das fotometrische Gesetz, nach dem die Lichtstärke mit der Entfernung zum Quadrat abnimmt.

Zusammenhänge zwischen Blitzleistung, Entfernung und Blendenzahl

Blitzleistung	Entfernung in m	Blendenzahl
1/1	1	18
1/1	2	13
1/1	3	9
1/1	4	6,3
1/1	5	4,5
1/1	6	3,2

Zur Anpassung der Leitzahl bei einer Änderung der Lichtempfindlichkeit (ISO) dient der ISO-Faktor, den Sie auch der Tabelle entnehmen können.

ISO-Faktoren bei einer Basislichtempfindlichkeit von ISO 200

ISO	200	400	800	1600	3200	6400
Faktor	x 1	x 1,4	x 2,0	x 2,8	x 4	x 5,6

Berechnungen

Blendenwert = Leitzahl x ISO-Faktor ÷ Entfernung (m)

Leitzahl = Entfernung (m) x Blendenwert x ISO-Faktor

Entfernung = Leitzahl x ISO-Faktor ÷ Blende

Diese Berechnungen beziehen sich auf eine manuelle Einstellung des Blitzgeräts. Je nach Objektiv, Motiv und Umgebung können dabei Abweichungen auftreten.

Das integrierte Blitzgerät benötigt einen Mindestabstand von 0,6 m. Je nach Blendeneinstellung und ISO-Empfindlichkeit ergibt sich eine Entfernung (Messbereich), innerhalb der der Blitz ein Motiv ausleuchten kann.

Die nachstehende Tabelle kommt bei einer manuellen Belichtungseinstellung M oder bei Verwendung der Zeitautomatik A und Blendenautomatik S in Betracht. Bei der Blendenautomatik S bestimmt jedoch die Kamera über die zu verwendende Blende.

Je nach Aufnahmeprogramm ist die maximale Blendenöffnung (kleinste Blendenzahl) bei Verwendung des integrierten Blitzgeräts durch die verwendete ISO-Empfindlichkeit begrenzt.

Zur Erreichung der maximalen Blendenöffnung muss das Objektiv konstruktionsbedingt diese Blendeneinstellung auch zulassen, andernfalls wird die nächstmögliche Blendeneinstellung verwendet.

Serienblitzaufnahmen

Die D90 ermöglicht Serienaufnahmen mit bis zu 4,5 Bildern pro Sekunde. Bei aufgeklapptem integriertem Blitzgerät wird diese Funktion jedoch nicht unterstützt. Aufnahmen mit Blitzlicht sind daher nur einzeln möglich. Die externen SB-900- und SB-800-Blitzgeräte unterstützen diese Funktion jedoch mit einer beschränkten Anzahl von Blitzen, je nach Blitzsteuerung. Dabei ist die Anzahl der möglichen Blitzauslösungen und das Erreichen der maximalen Bildrate auch vom jeweils verwendeten Batterietyp und der erforderlichen Leistungsabgabe abhängig.

KAPITEL 6
AUFNAHMEN MIT BLITZLICHT

Die Blitzbelichtungskorrektur bleibt so lange gespeichert, bis der Wert wieder auf 0.0 zurückgesetzt oder ein Kamera-Reset durchgeführt wird. Diese Funktion gilt auch für die jeweils verwendeten Systemblitzgeräte von Nikon.

Die Anpassung kann in der Einstellungsübersicht oder durch Drücken und Festhalten der *Blitz*-Taste und Drehen des vorderen Einstellrads vorgenommen werden.

Blitzbelichtungsmesswertspeicher

Mit dieser Funktion kann ein ermittelter Blitzwert gespeichert werden, damit sich die Blitzleistung zwischen mehreren Aufnahmen nicht verändert. Zur Anwendung kann diese Funktion auf die *Fn*-Taste oder auch auf die *AE-L/AF-L*-Taste gelegt werden. Um die *Fn*-Taste zu verwenden, wählen Sie im Menü *Individualfunktionen f3* die Einstellung *Blitzbelichtungsmesswertspeicher* aus.

Nach dem Aufklappen des Blitzgeräts richten Sie die Kamera auf das Motiv und drücken den Auslöser zum ersten Druckpunkt zur Aktivierung des Autofokus. Drücken Sie nun die *Fn*-Taste. Damit sendet das Blitzgerät einen Messblitz, dessen reflektiertes Licht gemessen wird. Die Kamera speichert diese Information. Im Sucher erscheint dieses Symbol:

Stellen Sie nun den gewünschten Bildausschnitt ein und nehmen Sie die Bilder auf. Um den gespeicherten Wert zu löschen, drücken Sie erneut die *Fn*-Taste.

Der Blitzbelichtungsmesswertspeicher für das integrierte Blitzgerät ist nur verfügbar, wenn die TTL-Steuerung verwendet wird (Standardeinstellung, Menü *Individualfunktionen e2*). Auch externe Systemblitzgeräte arbeiten mit dieser Funktion.

Blitzen mit manueller Einstellung

Bei der manuellen Blitzeinstellung kann die zur Belichtung erforderliche Blende auf Basis der Leitzahl und der Entfernung zum Objekt errechnet werden. Die Bedienungsanleitungen der Kompaktblitzgeräte enthalten auch eine Leitzahltabelle, der die erforderlichen Werte entnommen werden können. Dies ist gegebenenfalls erforderlich, da die Zoomposition des Reflektors sowie das Vorsetzen eines Diffusors oder der Weitwinkelstreuscheibe ebenfalls einen Einfluss auf die Lichtabgabe haben (nur möglich mit den Belichtungsprogrammen *P*, *S*, *A* und *M*).

Die vom Gerät abgegebene Blitzleistung kann bei manueller Einstellung in Stufen reguliert werden. 1/1 bedeutet *Volle Leistung*, diese kann mit dem integrierten Blitzgerät und je nach verwendetem Systemblitz durch eine stufenweise Halbierung auf bis zu 1/128 an Leistung reduziert werden. Die Einstellung erfolgt in den *Individualfunktionen e2*.

Menü **Manuelle Blitzeinstellung** *mit dem integrierten Blitzgerät.*

Formeln zur Blendenberechnung

Zum Verständnis der Zusammenhänge ist es erforderlich zu wissen, dass eine Halbierung oder Verdopplung der Leitzahl jeweils einem Lichtwert (EV) entspricht. Dies entspricht zugleich auch einer vollen Blendenstufe. Die Belichtungszeit spielt bei der reinen Blitzberechnung keine Rolle.

Das integrierte Blitzgerät der D90 verfügt bei voller Leistung und einer Empfindlichkeit von ISO 200 über die Leitzahl 18. Dies entspricht in etwa

- *Reduzierung des Rote-Augen-Effekts mit Langzeitsynchronisation*: Die Reduzierung des oben genannten Effekts wird mit der Langzeitsynchronisation kombiniert. Die Einstellung ist nur in Verbindung mit der Programm- oder Zeitautomatik verfügbar.

Einstellungsmöglichkeiten bei der D90

Je nach Belichtungs- oder Aufnahmeprogramm kann unter verschiedenen Einstellungen für das Blitzgerät gewählt werden. Die Anpassung erfolgt dabei über die Aufnahmeeinstellungen des Blitzgeräts auf dem Monitor oder durch Drücken und Festhalten der *Blitz*-Taste und Drehen des Einstellrads.

Dabei stehen folgende Optionen zur Verfügung:

AUTO bezeichnet die Blitzautomatik. Der in die Kamera integrierte Blitz klappt automatisch auf und löst aus, sofern dies für die Belichtung erforderlich ist. Bei einem aufgesetzten und eingeschalteten externen Blitzgerät kann der Blitz

ROTE-AUGEN-EFFEKT

Der Rote-Augen-Effekt kommt dadurch zustande, dass sich in dunkler Umgebung die Pupillen stark öffnen. Bei der Verwendung eines Blitzlichts, das in nahezu gleicher Position wie das Objektiv verwendet wird, wird eine Reflexion der Augennetzhaut von der Kamera mit abgebildet – die Augen leuchten rot auf. Wird des Blitzgerät etwas seitlich von der Kamera positioniert,, etwa auf einer Blitzschiene oder einem Stativ, entsteht dieser Effekt nicht.
Die Einstellungen zur Reduzierung des Rote-Augen-Effekts bewirken stets eine Vorwarnung des zu Fotografierenden und sind in der professionellen Fotografie wenig sinnvoll. Rote Augen lassen sich auch mit einem geeigneten Bildbearbeitungsprogramm relativ problemlos entfernen. Die Nikon D90 verfügt sogar über eine kamerainterne Möglichkeit, rote Augen zu entfernen. Bei der Anwendung ist jedoch darauf zu achten, dass nicht auch andere Motivteile beeinflusst werden.

zwar aufklappen, ist aber deaktiviert und löst nicht aus.
In den Auslöserbetriebsarten für Serienaufnahmen ⊒H und ⊒L wird bei jedem Drücken des Auslösers jeweils nur ein Bild aufgenommen.

Blitzbelichtungskorrektur

Um die Blitzleistung gezielt anzupassen, kann diese je nach Einstellung in Schritten von 1/3 Lichtwerten (EV) zwischen −3 EV bis +1 EV angepasst werden. Eine Erhöhung der Blitzleistung (Pluswerte) macht das angeblitzte Objekt heller, eine Verringerung (Minuswerte) dunkler. Im Sucher und auf dem Display erscheint bei einer Anpassung dieses Symbol:

automatische FP-Kurzzeitsynchronisation. Damit kann der Blitz an einer entsprechenden Kamera mit einer Verschlusszeit von bis zu 1/4000 Sekunde genutzt werden. Um die D90 für die FP-Kurzzeitsynchronisation zu aktivieren, stellen Sie diese in den *Individualfunktionen e5* auf *Ein*.

Konfiguration der Blitzgeräte

Das in die Nikon D90 integrierte Blitzgerät und auch externe Kompaktblitzgeräte, die das Nikon-CLS-System unterstützen, können zur Anwendung unterschiedlich konfiguriert werden. Zum besseren Verständnis sollte man wissen, dass die D90, wie die meisten Spiegelreflexkameras, die Belichtung über einen Schlitzverschluss vornimmt. Dabei handelt es sich um eine Art zweiteiligen Vorhang, der sich innerhalb der eingestellten Belichtungszeit, teilweise ganz geöffnet, über den Sensor bewegt. Der so geöffnete Schlitz belichtet das Bild.

Die Blitzkonfiguration erfolgt durch Drücken der *Blitz*-Taste und Drehen des hinteren Einstellrads. Die möglichen Einstellungen sind dabei abhängig von dem jeweils verwendeten Aufnahmeprogramm. Die hier aufgelisteten Symbole werden auf dem Display angezeigt.

- *Blitz aus*: Der Blitz wird nicht ausgelöst.

- *Blitzautomatik*: Bei schlechten Lichtverhältnissen klappt der Blitz automatisch auf und löst aus.

- *Synchronisation auf den ersten Verschlussvorhang*: Diese Einstellung wird für die meisten Anwendungen empfohlen. Der Blitz wird unmittelbar nach dem Öffnen des Verschlusses ausgelöst. Bei Verwendung der Programm- oder Zeitautomatik wird die Belichtungszeit automatisch auf einen Wert zwischen 1/60 und 1/200 Sekunde eingestellt. Wird ein kompatibles Blitzgerät mit FP-Kurzzeitsynchronisation verwendet, steht eine Belichtungszeit von 1/60 bis 1/4000 zur Verfügung.

- *Synchronisation auf den zweiten Verschlussvorhang (REAR)*: Das Blitzgerät wird erst kurz vor dem Schließen des Verschlussvorhangs ausgelöst. Dies ist insbesondere interessant in Kombination mit langen Belichtungszeiten. Bei Verwendung der Blendenautomatik oder der manuellen Belichtungssteuerung kann dadurch ein Effekt erzeugt werden, bei dem ein bewegtes Objekt einen Lichtschweif hinter sich herzieht. Zur Anwendung wird in der Regel ein Stativ benötigt. Diese Einstellung ist nicht in Verbindung mit Studioblitzanlagen geeignet!

- *Langzeitsynchronisation (SLOW)*: Bei einer Langzeitbelichtung von bis zu 30 Sekunden wird der Blitz innerhalb der eingestellten Belichtungszeit ausgelöst. Diese Einstellung ist nur bei Verwendung der Programm- oder Zeitautomatik verfügbar. Dadurch kann bei schwachem Umgebungslicht ein Motiv im Vordergrund wie auch im Hintergrund optimal ausgeleuchtet werden. Ein Stativ sollte verwendet werden.

- *Reduzierung des Rote-Augen-Effekts*: Vor der eigentlichen Aufnahme leuchtet für ca. 1 Sekunde eine Lampe (AF-Einstelllicht) an der Kamera oder am Blitzgerät auf. Dies bewirkt ein Zusammenziehen der Pupillen und dadurch eine Verringerung des Rote-Augen-Effekts.

Vergleich der Aufnahmen von oben nach unten: ohne Blitz, Blitz auf den ersten Verschlussvorhang, Blitz auf den zweiten Verschlussvorhang – alle Aufnahmen mit automatischem Weißabgleich.

Blitzsynchronisation

Unter Blitzsynchronisation versteht man das Auslösen des Blitzes synchron zur Öffnung des Kameraverschlusses. Ist diese Synchronisation nicht gewährleistet, kann es zu fehlerhaften Belichtungen kommen. Da die Abbrenndauer eines Elektronenblitzes normalerweise sehr kurz ist, die Kamera aber noch kürzere Verschlusszeiten verwenden kann, muss der Blitz innerhalb der Zeit gezündet werden, in der der Kameraverschluss komplett geöffnet ist.

Das integrierte Blitzgerät und die genannten Systemblitzgeräte können zur Auslösung auf folgende Arten synchronisiert werden:

- *Erster Verschlussvorhang*: Diese Synchronisation steht auch für alle Fremdfabrikate und Studioblitzanlagen zur Verfügung. Zum Anschluss kann der Mittenkontakt des Zubehörschuhs oder der Blitzsynchronanschluss verwendet werden.

- *Langzeitsynchronisation*: Synchronisation auf den zweiten Verschlussvorhang mit oder ohne Reduzierung des Rote-Augen-Effekts. Diese Optionen stehen nur für Systemblitzgeräte und passende adaptierte Fremdfabrikate zur Verfügung.

Blitzsynchronzeit der D90

Die Blitzsynchronzeit der Nikon D90 liegt bei maximal 1/200 Sekunde. Bei längeren Belichtungszeiten ergibt sich dadurch kein Problem. Bei kürzeren Belichtungszeiten werden diese durch das Aufklappen des integrierten Blitzgeräts auf die eingestellte Blitzsynchronzeit bis maximal 1/200 begrenzt.

Der durch das Blitzlicht ausgeleuchtete Raum wird jedoch immer mit der vom Blitzgerät abgegebenen Belichtungszeit (Leuchtdauer) belichtet. Diese ist je nach Leistungseinstellung unterschiedlich, aber deutlich kürzer als die Blitzsynchronzeit.

Systemkompatible Blitzgeräte wie das SB-900, SB-800, SB-600 oder das SB-R200 verfügen noch über die Möglichkeit, die Blitzleistung auch an kürzeste Belichtungszeiten anzupassen – die

Einige Blitzgeräte können auch kabelgestützt verwendet werden. Dabei ist möglicherweise ebenfalls eine Kombination aus einem mit speziellem Nikon-Synchronkabel angeschlossenen Master-Blitz und einem oder mehreren ferngesteuerten Slave-Blitzen sinnvoll. Da die D90 über keinen speziellen Synchronanschluss verfügt, muss das Blitzkabel über einen speziellen Adapter, der auf den Zubehörschuh gesetzt wird, angeschlossen werden. Beachten Sie, dass bei einer Kabelverbindung und einem externen Blitzgerät möglicherweise die i-TTL-Steuerung der verwendeten Kamera nicht zuverlässig arbeitet.

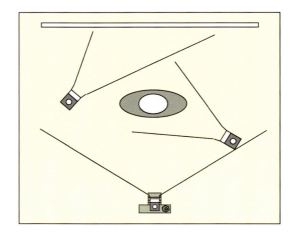

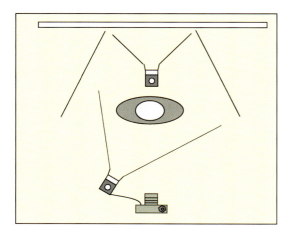

Beispiel für die Anordnung eines kabelgesteuerten Master-Blitzes und eines Slave-Geräts.

Studioblitzanlagen ohne Nikon-CLS-Unterstützung

Zum Auslösen von Fremdblitzen mittels Kabel kann der Mittenkontakt des Zubehörschuhs mit einem aufgesteckten Adapter (AS-15) verwendet werden. Inwieweit der Blitz andere Funktionen der Nikon D90 unterstützt, ist vom Hersteller des jeweiligen Geräts abhängig.

Um Studioblitzanlagen auszulösen, ist die Verwendung des Mittenkontakts im Zubehörschuh in Verbindung mit Infrarot- oder Funkfernsteuerungen zu empfehlen. Das CLS-/AWL-System von Nikon wird dabei jedoch nicht unterstützt.

Der Hauptvorteil von Studioblitzanlagen liegt in der enormen Blitzleistung und dem in jeder Blitzleuchte vorhandenen Einstelllicht. Damit kann die Wirkung und Positionierung des zur Aufnah-

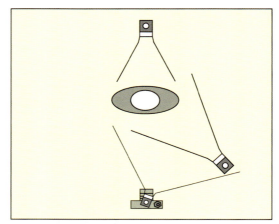

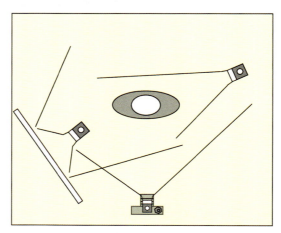

Beispiele für eine mögliche Anordnung mit einem Master- und zwei Slave-Blitzen.

me verwendeten Blitzes besser beurteilt werden. Spezielle Lichtformer ermöglichen zudem eine Anpassung der Lichtart.

Zur Ansteuerung der Slave-Blitze kann unter vier Kanälen ausgewählt werden. Der Kanal muss für alle verwendeten Blitze gleich ausgewählt werden. Es sind maximal drei Gruppenanordnungen möglich, das integrierte Blitzgerät der D90 unterstützt jedoch nur zwei Gruppen. Dabei wird empfohlen, pro Blitzgruppe maximal drei Slave-Blitze zu verwenden. Blitzsteuerungen und Belichtungskorrekturen sind für jede der drei Gruppen unabhängig voneinander möglich (bei Verwendung des SB-900 oder SB-800 als Master-Blitz).

Einstellung der Master-Steuerung des integrierten Blitzgeräts, **Individualfunktionen e2.**

Grundsätzlich ist darauf zu achten, dass kein Licht der Slave-Blitze direkt in das Objektiv der Kamera abgestrahlt werden sollte.

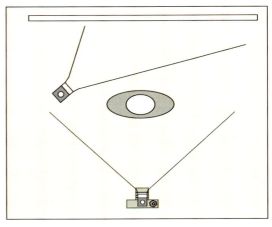

Beleuchtungsbeispiel mit dem integrierten Blitzgerät oder einem aufgesteckten Master-Blitz und einem Slave-Blitz.

Beispielaufnahme mit Systemblitzgeräten. Als Master-Blitz wurde das SB-800 (von vorne) und als Slave-Blitz das SB-600 verwendet (von links).

Beispielszenarios mit AWL-Blitzsteuerung

Als Faustregel gibt Nikon folgende Werte an: Die Entfernung zwischen dem Master-Blitz und den Slave-Blitzen sollte maximal 10 m betragen, seitlich aufgestellte Slave-Blitze müssen sich in ca. 5 bis 7 m Entfernung innerhalb eines Winkels von ca. 30 Grad befinden. Dabei muss das Lichtsensorfenster der Slave-Blitze unbedingt auf das Master-Blitzgerät gerichtet sein. Ein direkter Sichtkontakt ist erforderlich.

KAPITEL 6
AUFNAHMEN
MIT BLITZLICHT

Blitzsteuereinheit für das kabellose CLS-System

Mit dem SU-800 steht eine weitere Blitzsteuereinheit für das kabellose CLS-System zur Verfügung. Das Gerät wird wie ein Blitz am Zubehörschuh befestigt und kann eine beliebige Anzahl von Slave-Blitzen steuern. Das Gerät sendet dabei jedoch nur unsichtbare Infrarotblitzsignale aus. Spezielle Verwendung findet es im Makrobereich, hier steuert es das am Objektiv befestigte SB-R200. Es bietet eine einfache Umschaltung per Tastendruck zwischen Master- und Makrosteuerung und ein integriertes AF-Hilfslicht.

Slave-Blitzgerät für den kabellosen Multiblitzbetrieb

Last, but not least das SB-R200, ein Slave-Blitzgerät für den kabellosen Multiblitzbetrieb. Es wurde insbesondere für den Nah- und Makrobereich entwickelt. Die Ansteuerung an der D90 erfolgt über das SU-800. An einem Objektivadapter können mehrere Blitzgeräte für Makroaufnahmen befestigt werden. Das Gerät eignet sich ebenfalls als zusätzliche Erweiterung für Aufnahmen im Makrobereich und kann mit einem speziellen Standfuß auch aufgestellt werden.

Das externe Systemblitzgerät Nikon SB-600.

Das SU-800 mit zwei SB-R200, hier an einer Nikon D200.

SB-900, das neuestes Modell der Nikon-Systemblitzgeräte.

Mitgeliefert werden unter anderem ein praktischer Standfuß, der auch als Stativadapter verwendet werden kann, ein zusätzliches Batterieteil, das eine fünfte Batterie aufnimmt und die Blitzladezeiten verkürzen kann, sowie ein aufsteckbarer Diffusor zur Erzeugung eines weicheren Lichts. Zusätzliche Farbfilterfolien ermöglichen auch eine Blitzbeleuchtung bei Neon- oder Kunstlicht. Dabei muss der Weißabgleich an der Kamera entsprechend voreingestellt werden. Mittels eines entsprechenden Zubehörkabels kann das Blitzgerät auch ohne Montage am Zubehörschuh verwendet werden (z. B. auf einer Blitzschiene oder einem Stativ). Das SB-800 bietet zudem die Möglichkeit, externe Spannungsquellen anzuschließen. Ein Standard-Synchronanschluss und ein Synchronanschluss für TTL-Multiblitzzubehör sind ebenfalls enthalten.

Das SB-900, neuestes Mitglied der Nikon-Blitzgerätefamilie, arbeitet ebenfalls auf Basis der i-TTL-Blitzsteuerung mit einer Leitzahl von 34 bei ISO 100 bzw. der Leitzahl 48 bei ISO 200. Das SB-900 ist Teil des speziellen Nikon Creative Lighting System (CLS) und kompatibel zum DX- und FX-Format. Neu bei diesem Gerät sind die drei Ausleuchtungsprofile, dabei kann unter den Ausleuchtungsarten *Mittenbetont*, *Gleichmäßig* und *Standard* gewählt werden. In der Einstellung *Mittenbetont* wird die Beleuchtung auf die Bildmitte konzentriert, diese Anwendung ist sinnvoll in Verbindung mit Teleobjektiven, die nur einen geringen Bildwinkel verwenden. In der Einstellung *Gleichmäßig* wird das abgestrahlte Licht möglichst gleichmäßig über die gesamte Fläche verteilt, während mit der Einstellung *Standard* die für die meisten Aufnahmen übliche ausgewogene Beleuchtung eingesetzt wird.

Die integrierte Zoomautomatik erstreckt sich von 17 bis 200 mm und kann in nur 1,2 Sekunden durchfahren werden. Mit ausgezogener Diffusorscheibe oder durch Aufstecken eines Diffusors kann der Weitwinkelbereich bis auf 14 mm Brennweite erweitert werden. Das Blitzgerät erkennt auch automatisch, welches Sensorformat an der genutzten Kamera verwendet wird. Das integrierte AF-Hilfslicht ist passend zu den neuesten Autofokussensoren entwickelt worden.

Weitere Besonderheiten sind die automatische Filtererkennung, dabei wird der Kamera ein entsprechender Weißabgleich zur Anpassung vorgegeben, sowie eine einstellbare Warnung vor übermäßiger Erhitzung im Dauerbetrieb durch ein integriertes Wärmesensorsystem und die Möglichkeit, spezielle Firmware über die Speicherkarte der verwendeten Kamera zu laden. Die Blitzladezeiten wurden durch eine neue Elektronik weiter verkürzt (auf nur 2,2 Sekunden) und ermöglichen dadurch ein schnelleres wiederholtes Blitzen auch im Standardbetrieb mit vier Mignonzellen. Der große LCD-Bildschirm und drei individuell einstellbare Funktionstasten erleichtern die Bedienung. Die weiteren Funktionen entsprechen dem Vorgängermodell, dem SB-800.

Das kleinere Kompaktblitzgerät SB-600 unterstützt, mit einer Leitzahl von 30 bei ISO 100, wie das SB-800 die verschiedenen Arten der Blitzsteuerung (CLS-System). Auch AWL wird unterstützt. Dabei kann das Blitzgerät jedoch nur in der Slave-Funktion eingesetzt werden. Eine Ansteuerung mit der D90 ist über das integrierte Blitzgerät oder eines der Systemblitzgeräte SB-900 oder SB-800 möglich.

Eine Stroboskopblitzfunktion, Synchronanschlüsse und der Anschluss einer externen Spannungsquelle sind nicht enthalten. Nicht unterstützt werden außerdem die A- sowie die AA-Blitzautomatik. Als Zubehör wird neben der Tasche lediglich ein Standfuß mitgeliefert. Im Fachhandel ist jedoch auch der Zukauf eines passenden aufsteckbaren Diffusors möglich.

KAPITEL 6
AUFNAHMEN MIT BLITZLICHT

Aufnahmen mit i-TTL-Aufhellblitz und dem SB-800.

Bei der AA-Blitzautomatik und der A-Blitzautomatik wird das vom Motiv reflektierte Licht vom Sensor des Blitzgeräts gemessen, und die Lichtleistung wird entsprechend der eingestellten Blende angepasst.

Bei der manuellen Steuerung mit Distanzvorgabe oder leistungsangepasst sowie bei den Stroboskopblitzeinstellungen können die Anzahl der Blitze, die Frequenz und die Blitzleistung eingestellt werden.

Das SB-800-Blitzgerät unterstützt auch das Nikon Creative Lighting System (CLS). Dieses System ermöglicht folgende Funktionen:

- *i-TTL-Steuerung*: Bei dieser Steuerungsart sendet das Blitzgerät kontinuierlich Messblitze aus. Dabei erfolgt eine Messung des Vorblitzes und des vorhandenen Lichts. Diese Kombination ermöglicht ausgewogene Blitzergebnisse.

- *AWL (Advanced Wireless Lighting)*: Ermöglicht die kabellose Steuerung mit i-TTL-Blitzautomatik. Dabei können extern aufgestellte Blitzgeräte in drei Gruppen eingeteilt werden, die jeweils unterschiedliche Blitzleistungen erzeugen. Das SB-800 kann dabei wahlweise als Master-Gerät zur Steuerung oder als Slave-Gerät ferngesteuert zur Beleuchtung verwendet werden. Dafür müssen die Slave-Geräte in Sichtweite des Master-Geräts aufgestellt werden.

- *FV Blitzbelichtungsmesswertspeicher*: Damit kann die für ein Motiv ermittelte Blitzleistung fixiert werden.

- *Farbtemperaturübertragung*: Dabei wird die vom Blitzgerät abgegebene Farbtemperatur an die Kamera übermittelt, um einen exakten Weißabgleich zu ermöglichen.

- *Automatische FP-Kurzzeitsynchronisation*: Dadurch können auch Belichtungszeiten verwendet werden, die kürzer sind als die üblichen Blitzsynchronisationszeiten.

- *Weitwinkel AF-Hilfslicht*: Das Blitzgerät sendet ein Hilfslicht zur Scharfstellung bei Autofokusbetrieb aus.

- *Stroboskopblitzfunktion*: Dadurch können mehrere Blitze kurz hintereinander während der eingestellten Belichtungszeit ausgesendet werden.

KAPITEL 7
OBJEKTIVE FÜR DIE D90

7

Objektive für die D90

Das Nikon-System 173
- Objektive für die D90 173
- Das Nikon-F-Bajonett 175

Objektivtypen und -zubehör 176
- Festbrennweiten 176
- Normalobjektive 176
- Weitwinkelobjektive 176
- Teleobjektive 176
- Zoomobjektive 177
- Fisheye-Objektive 177
- Telekonverter 177
- Makroobjektive (Micro) 177
- Zwischenringe 179
- Balgengeräte 179
- Nahlinsen 179
- Gegenlichtblenden 179

Nikon-Objektive für die D90 180
- AF-S DX NIKKOR 18-55 mm 1:3,5-5,6G VR 180
- AF-S DX Zoom-NIKKOR 12-24 mm 1:4G IF-ED 181
- AF-S DX Zoom-NIKKOR 17-55 mm 1:2,8G IF-ED 182
- AF-S DX NIKKOR 16-85 mm 3,5-5,6G ED VR 182
- AF-S DX NIKKOR 18-105 mm 1:3,5-5,6G ED VR 183
- AF-S DX 18-135 mm 1:3,5-5,6G IF-ED 184
- AF-S DX VR Zoom-NIKKOR 55-200 mm 1:4-5,6G IF-ED 186
- AF-S VR Zoom-NIKKOR 24-120 mm 1:3,5-5,6G IF-ED 186
- AF-S VR NIKKOR 200 mm 1:2G IF-ED 187
- AF-S VR Zoom-NIKKOR 70-300 mm 1:4,5-5,6G 187
- AF-S VR Zoom-NIKKOR 200-400 mm 1:4G IF-ED 188
- AF-S VR NIKKOR 400 mm 1:2,8G ED
- AF-S VR NIKKOR 500 mm 1:4G ED
- AF-S VR NIKKOR 600 mm 1:4G ED 189
- AF-S MICRO NIKKOR 60 mm 2,8G ED 190
- AF-S VR MICRO-NIKKOR 105 mm 1:2,8G 190
- PC-E NIKKOR 24 mm 1:3,5D ED 191
- AF DX Fisheye-NIKKOR 10,5 mm 1:2,8G ED 192
- Telekonverter TC-14E II, TC-17E II, TC-20E II 192
- Bezeichnungen im Nikon-Objektivsortiment 193

Lichtstärke, Schärfentiefe und Perspektive 195

Das Bokeh oder die Schönheit der Unschärfe 196

Konstruktionsbedingte Abbildungsfehler 197
- Distorsion oder Verzeichnung 197
- Chromatische Aberration 198
- Sphärische Aberration 198
- Vignettierung 198
- Zentrierfehler 199

[7] Objektive für die D90

Bereits seit dem Jahr 1917 ist das traditionsreiche Unternehmen Nikon im Bereich der Fotografie tätig. Das Unternehmensspektrum reicht von der Herstellung analoger und digitaler Kameras über Objektive, optische Messgeräte und Mikroskope bis zu digitalen Halbleitern. Besonders im Bereich der professionellen Fotografie hat sich Nikon seit Jahrzehnten einen Namen gemacht. Für den anspruchsvollen Nikon-Fotografen ist nicht nur von Bedeutung, dass der Name Nikon für modernste Technologie steht, sondern vielmehr, dass eine weitestgehende Systemtreue eingehalten wird.

■ So ist es durchaus möglich, auch Objektive, die 20 Jahre oder gar älter sind, zumindest teilweise – und wenn auch mit eingeschränkten Funktionen – an einer modernen Digitalkamera wie der Nikon D90 zu benutzen. Zudem setzen viele unabhängige Firmen auf das Nikon-System und bieten passende Objektive und weiteres Zubehör zu oftmals sehr günstigen Preisen an.

KAPITEL 7
OBJEKTIVE FÜR DIE D90

Das Nikon-System

Nikon selbst bietet dem anspruchsvollen Fotografen ein umfangreiches Sortiment an Kameras, Objektiven sowie Kompaktblitzgeräten und sogar Bildbearbeitungssoftware an. Im digitalen, aber auch im analogen Sektor ist Nikon derzeit mit seiner F6 bzw. der D3 und D3x immer wieder weit vorne. Allerdings ist nicht jedes Objektiv gleichzeitig für die Verwendung an einer analogen Nikon und der Nikon D90 geeignet. Teilweise sind diese auch nur mit eingeschränkten Funktionen nutzbar. Hier sollten Sie in jedem Fall zuvor Erkundigungen einholen. Im Handbuch zur D90 finden Sie Listen über die Verwendbarkeit und Kompatibilität von Nikon-Objektiven und anderem Zubehör.

Objektive für die D90

Mit der Nikon D90 haben Sie sich für eine Kamera im DX-Format entschieden. Speziell für dieses Format steht eine Vielzahl an Objektiven zur Verfügung. Unter Berücksichtigung des sogenannten Crop-Faktors ist jedoch auch die Verwendung von Objektiven aus dem analogen Bereich oder mit dem neuen Nikon-FX-Format möglich. Dieser neue Sensor in der Größe 24 x 36 mm entspricht den Abmessungen eines Kleinbildfilms.

- **DX-Format**
  Der verwendete Sensor hat eine Größe von 23,6 x 15,8 mm.

- **Crop-Faktor**
  Die Brennweite von Objektiven aus dem Kleinbildbereich verlängert sich um den Faktor 1,5.

- Optimal für die D90 geeignet sind neuere Objektive im DX-Format mit der Bezeichnung G oder D, diese ermöglichen die Verwendung aller Funktionen des Autofokus und der Belichtungssteuerung. Sofern diese Objektive über einen Bildstabilisator (VR) verfügen, wird dieser ebenfalls unterstützt.

Verwendung älterer Objektive

Bei der Verwendung von älteren Objektiven aus dem analogen Sektor ist zu berücksichtigen, dass diese möglicherweise nicht alle Funktionen der D90 unterstützen. Im Lauf der Jahre sind viele neue Entwicklungen bei der Konstruktion und Glasherstellung im Objektivbau hinzugekommen. Zudem ist die Auflösung und Konstruktion dieser

NIKON-OBJEKTIVE

Im Jahr 2007 meldete Nikon die Herstellung seines 40-millionsten Nikon-Objektivs. Gleichzeitig bietet das Unternehmen ein Sortiment mit einer enormen Auswahl. Basis der Verwendbarkeit, auch an der Nikon D90, ist das Nikon-F-Bajonett, das seit der Einführung im Jahr 1959 existiert und seitdem immer weiterentwickelt wurde. Um einen Überblick über die von Nikon hergestellten Objektive zu bekommen, lassen sich Informationen anhand der jeweiligen Seriennummer abrufen. Diese geben auch Auskunft über das Baujahr (siehe im Internet unter www.photosynthesis.co.nz/nikon/lenses.html).

Modelle noch auf analoges Filmmaterial abgestimmt, und diese erreichen dadurch oftmals nicht die hohe Qualität, die speziell für die Feinheit eines modernen Sensors erforderlich ist.

Objektive ohne CPU können nur in der Betriebsart *M* verwendet werden. Bei Auswahl einer anderen Betriebsart ist der Auslöser deaktiviert. Die Blende kann lediglich manuell am Blendenring des Objektivs eingestellt werden. Autofokussystem, Belichtungsmessung, *Abblend*-Taste und i-TTL-Blitzsteuerung können nicht verwendet werden. Sie benötigen also zusätzlich einen externen Belichtungsmesser. Bei einigen Objektiven kann jedoch der Fokusindikator (Schärfepunkt im Sucher) zur Scharfstellung genutzt werden.

Objektive mit mechanischem Blendenring und CPU

Diese Objektivart ist auch an der D90 nutzbar. Bei der Verwendung von Objektiven mit mechanischem Blendenring (z. B. Nikkore vom Typ D) ist jedoch darauf zu achten, dass am Objektiv der maximale Blendenwert, die kleinste Blendenöffnung, voreingestellt wird. Nur dadurch kann die elektronisch gesteuerte Springblende die maximale Arbeitsdistanz ausnutzen. Ein Nichteinhalten dieser Regel kann zudem zu einer Beschädigung der Blendenmechanik führen. Die Blendeneinstellung erfolgt dann wie sonst auch über das vordere Einstellrad an der Kamera.

AF-Objektive für digitale Kameras

An der Nikon D90 uneingeschränkt verwendbar sind AF-S- und AF-I-Objektive. AF-Nikkore sind ebenfalls nutzbar, da die D90 auch über den mechanischen Autofokusantrieb verfügt. Die speziell für die digitalen Kameras von Nikon entwickelten Objektive mit der Bezeichnung DX sind für die D90 bestens geeignet, wegen ihres kleineren Bildkreises an analogen Kameramodellen jedoch grundsätzlich nicht zu verwenden. Ähnliches gilt für die von Fremdherstellern für das DX-Format produzierten und mit Nikon-Bajonett versehenen Objektive. An der neuen D3 und der D700, die erstmals einen Vollformatsensor verwenden, sind diese mit Einschränkung nutzbar.

Objektive für analoge oder Vollformatkameras

Die Größe des CCD-Sensors der Nikon D90 beträgt 15,8 x 23,6 mm (DX-Format). Das entspricht in etwa der Größe eines APS-Films, und der Sensor ist dabei um den Faktor 1,5 kleiner als der Kleinbildfilm oder der Vollformatsensor mit 24 x 36 mm. Bei der Verwendung von Objektiven, die für das Vollformat entwickelt wurden, wird deshalb nur ein Teilbereich des nutzbaren Bildkreises gebraucht. Die Brennweite wird durch diese Ausschnittanpassung beim DX-Format rein rechnerisch um den Faktor 1,5 verlängert.

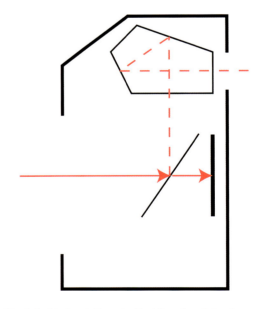

Vereinfachte Darstellung der Funktion einer Spiegelreflexkamera.

KAPITEL 7
OBJEKTIVE FÜR DIE D90

OPTIMALE SCHÄRFE

Bei allen Nikon-SLR-Kameras beträgt der Abstand zwischen der Bajonettauflage und der Sensor- bzw. Filmebene 46,5 mm und wird mit einer Präzision von 0,02 mm justiert. Nur eine Einhaltung dieser Distanzen garantiert eine optimale Schärfeleistung!

Schwere Objektive verfügen deshalb in der Regel über einen speziellen Stativadapter. Dabei wird das Objektiv an das Stativ geschraubt, und die Kamera hängt frei nach hinten. Obwohl der Bajonettring und seine Gegenstücke an den Objektiven in der Regel aus einer robusten Metalllegierung bestehen – preisgünstigere Objektive enthalten oftmals auch einen Anschlussring aus Kunststoff –, kann es im Lauf der Zeit zu Abnutzungserscheinungen kommen. Beim Objektivwechsel ist deshalb stets vorsichtig zu agieren.

Vereinfache Darstellung eines Objektivs – hier ein Weitwinkel mit sechs Linsen.

Das Nikon-F-Bajonett

Wie alle Nikon-Spiegelreflexkameras ist auch die D90 mit dem Nikon-F-Bajonett ausgerüstet. Dies erlaubt den Anschluss des gesamten Sortiments an Nikon-eigenen Objektiven und einer großen Anzahl von Objektiven anderer Hersteller, die mit diesem Anschluss versehen sind. Welche Objektive für Sie infrage kommen, ist zum einen von Ihrer Art zu fotografieren und Ihren Motiven abhängig, zum anderen sicherlich aber auch von der Größe Ihres Geldbeutels.

Als Verbindungsglied zwischen Objektiv und Kamera ist der Bajonettanschluss eine empfindliche Stelle. Bei allen Nikon-Spiegelreflexkameras beträgt das Auflagemaß, der Abstand zwischen Bajonett- und Sensorebene, genau 46,5 mm und ist mit einer Präzision von 0,02 mm justiert. Besonders bei Aufnahmen mit langen Brennweiten und entsprechend schweren Objektiven ist deshalb darauf zu achten, dass dieses nicht beschädigt und dejustiert wird. Ansonsten ist keine optimale Scharfzeichnung mehr möglich.

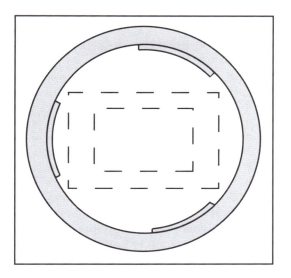

Das Nikon-F-Bajonett – die gestrichelten Rechtecke markieren das Vollformat und das DX-Format.

NEUES AUS DER OBJEKTIVHERSTELLUNG

Zur neuesten Entwicklung in der Objektivherstellung gehört die Glasvergütung mit Nanokristallen. Diese aus der Halbleiterfertigung stammende Technologie verringert die Glasreflexion und ermöglicht zugleich eine höhere Lichtdurchlässigkeit. Diese winzigen Kristalle sind nur wenige Nanometer groß und ermöglichen hellere und schärfere Aufnahmen. Störende Reflexe, die von der Sensoroberfläche ins Objektivinnere zurückreflektiert werden und zu Ghosting-Effekten und Blendenreflexen bei gleichzeitiger Verminderung der Bildqualität führen, wurden mit dieser neuen Vergütungstechnik stark reduziert.

Nikons eigene Objektive werden aufgrund ihrer robusten Bauweise, ihrer hervorragenden technischen Eigenschaften, der ausgezeichneten Bildschärfe und der Farbwiedergabe von vielen Profis in der Welt favorisiert. Aber auch einige Fremdhersteller haben teilweise ausgezeichnete Objektive anzubieten, und dies zumeist zu einem günstigen Preis. Ein Pauschalurteil ist hier nicht möglich. Wenn Sie überlegen, ein neues Objektiv anzuschaffen, sollten Sie also unbedingt Informationen über alle infrage kommenden, derzeit aktuellen Produkte einholen.

Objektivtypen und –zubehör

Bevor wir zur Vorstellung empfehlenswerter Objektive speziell für die Nikon D90 kommen, folgt zunächst eine Übersicht über die wichtigsten Objektivtypen und unverzichtbares Objektivzubehör.

Festbrennweiten

Festbrennweiten sind Objektive mit unterschiedlichen Brennweiten, vom Weitwinkel bis zum extremen Tele, und verschiedenen Lichtstärken (Anfangsöffnungen der Blende). Je größer die maximale Blendenöffnung ist, desto hochpreisiger sind die Objektive.

Normalobjektive

Dies sind Objektive für Kameras im Kleinbildformat oder mit dem FX-Sensor entsprechend einer Brennweite von 50 mm. Bei Verwendung eines DX-Sensors entspricht dies einer realen Brennweite von 75 mm. Die Normalbrennweite im DX-Format würde etwa 33 mm entsprechen.

Weitwinkelobjektive

Weitwinkelobjektive sind Objektive mit einem größeren Abbildungswinkel als die Normalbrennweite – bei Verwendung mit dem DX-Format unterhalb von 30 mm.

Teleobjektive

Diese Bezeichnung steht für alle Brennweiten, die über der Normalbrennweite liegen, im DX-Format ab 35 mm. Das Nikon-Sortiment bietet Objektive zwischen 85 und 600 mm Brennweite. Im DX-Format entspricht das 600-mm-Objektiv einer realen Brennweite von 900 mm!

Teleobjektiv mit VR-Einheit

Mittels einer besonders konstruierten Linseneinheit innerhalb des Objektivs, die Vibrationen ausgleichen kann, werden Aufnahmen aus der Hand mit längeren Belichtungszeiten ermöglicht. Dabei sind bis zu vier Blendenstufen bzw. Belichtungsstufen zu gewinnen (VRII). Diese Technologie wird zunehmend bei Teleobjektiven eingesetzt, da durch den geringen Bildausschnitt die Verwacklungsgefahr stark zunimmt.

- ED-Glas
- Nanokristallvergütung
- VR-Einheit

Schematische Darstellung eines Teleobjektivs mit VR-Einheit.

OBJEKTIV-TIPP

Die Verwendung eines kostengünstigen Normalobjektivs mit hoher Anfangsöffnung aus dem Analogbereich ergibt im DX-Format ein wunderbares, leichtes Teleobjektiv speziell für Porträtaufnahmen.

AUFNAHMEDATEN	
Brennweite	300 mm
Belichtung	1/30 sek
Blende	f5,6
ISO	320

KAPITEL 7
OBJEKTIVE FÜR DIE D90

Zoomobjektive
Zoomobjektive gibt es in unterschiedlichen Brennweitenbereichen – als Weitwinkelzoom, Allroundzoom und Telezoom. Bei einigen Modellen variiert die Lichtstärke (max. Blendenöffnung) je nach eingestellter Brennweite. Manche Modelle verfügen auch über eine feste Anfangsöffnung (Lichtstärke).

Fisheye-Objektive
Fisheye-Objektive besitzen einen Abbildungswinkel bis 180 Grad (diagonal). Sie sind, z. B. mit einer Brennweite von 10,5 mm, auch für das DX-Format erhältlich. Dabei werden die Aufnahmen kreisförmig verzerrt.

Telekonverter
Telekonverter sind optische Zwischenstücke zur Brennweitenverlängerung. Telekonverter werden in verschiedenen Ausführungen angeboten. Dabei muss bei den jeweiligen Modellen auch darauf geachtet werden, ob sämtliche Kamerafunktionen auf das jeweils verwendete Objektiv übertragen werden oder ob das nur teilweise geschieht. Durch den Einsatz eines Telekonverters kann die Brennweite des verwendeten Objektivs je nach Modell um den Faktor 1,4 bis 2 erhöht werden. Der Gebrauch ist jedoch zugleich auch mit einem Lichtverlust von bis zu zwei Blendenstufen verbunden. Eine Liste der kompatiblen Telekonverter und Objektive finden Sie in Ihrer Bedienungsanleitung zur D90. Die von Nikon derzeit angebotenen Telekonverter ermöglichen nur den Anschluss von bestimmten Teleobjektiven. Fremdhersteller bieten jedoch teilweise auch Telekonverter zur Adaption von anderen Objektiven an. Vor einem Kauf sollten Sie sich deshalb im Fachhandel beraten lassen.

Makroobjektive (Micro)
Makroobjektive sind mit Brennweiten zwischen 60 und 200 mm erhältlich. Auch ein Zoomobjektiv (Brennweite 70–180 mm) und ein PC-Modell (Brennweite 85 mm) sind darunter.

Aufnahme aus der Hand mit VR-Bildstabilisator.

Aufnahme mit Makroobjektiv 90 mm und Indirektblitz, Blende 22, 1/125 Sekunde.

Schmuckaufnahme mit einem Balgengerät und Vergrößerungsobjektiv Rodagon 5,6/90.

fentiefe, oder auch Tiefenschärfe, bezeichnet den Bereich, der innerhalb eines Bildes in Bezug auf den dargestellten Abstand noch als scharf wahrgenommen wird.

Der freie Arbeitsabstand

Wichtig bei der Angabe der technischen Informationen ist auch der sogenannte freie Arbeitsabstand, der die Entfernung von der Frontlinse bis zur Einstellebene bezeichnet. Zur Erleichterung der Lichtführung ist normalerweise ein möglichst großer, freier Arbeitsabstand wünschenswert. Für besondere Effekte kann jedoch auch ein sehr kurzer Arbeitsabstand sinnvoll sein.

Um qualitativ hochwertige Aufnahmen von Abbildungen im Maßstab über 2:1 zu erreichen, ist die Verwendung von speziellen Lupenobjektiven zu empfehlen.

Preiswerte Alternative

Eine preiswerte Alternative stellt die Nutzung von Objektiven dar, die für Vergrößerungsgeräte in der analogen Fotografie konzipiert sind. Da diese speziell für den Nahbereich konstruiert wurden, sind bei der Verwendung eines Balgengeräts, eines entsprechenden Objektivanschlussadapters und eines passenden Objektivs hochwertige Aufnahmen im Maßstab bis etwa 10:1 möglich. Die Automatikfunktionen lassen sich dabei jedoch nicht nutzen und Blende, Belichtungszeit sowie Schärfe müssen manuell eingestellt werden. Bei der D90 kann jedoch auch die in die Kamera integrierte Belichtungsmessung nicht genutzt werden.

Der Gebrauch eines Micro-PC-Objektivs ermöglicht durch das dezentrierbare und verschwenkbare optische System in Verbindung mit einem erweiterten Bildkreis eine begrenzte Korrektur der Perspektive und der Schärfentiefe im Bild. Dabei ist ein Abbildungsmaßstab bis 1:2 möglich. Dieses Objektiv eignet sich daher hervorragend für die Tabletop-Fotografie.

Eine einwandfreie Belichtungsmessung und Blitzsteuerung ist jedoch nur in der Grundstellung des Objektivs (ohne Dezentrierung und Verschwenkung) gewährleistet. In den Randbereichen kann bei einer Dezentrierung oder Verschwenkung eventuell auch eine Vignettierung auftreten.

Makroobjektive (Nikon-Bezeichnung „Micro") sind, je nach Typ, bis zu einem Abbildungsmaßstab von 1:1 ohne weiteres Zubehör scharfstellbar und erzielen dabei eine gute Wiedergabequalität. Auch bei einer weiteren Auszugsverlängerung sind diese deutlich besser als übliche Objektive. Zudem verfügen Makroobjektive über eine kleinere minimale Blendenöffnung (Blende 32 oder 45). Dies ist im Nahbereich besonders wichtig, da mit zunehmender Verringerung des Aufnahmeabstands die Schärfentiefe ebenfalls stark abnimmt. Schär-

KAPITEL 7
OBJEKTIVE FÜR DIE D90

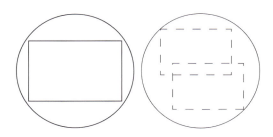

Normaler Bildkreis und daneben ein erweiterter Bildkreis, um eine Dezentrierung und Verschwenkung des Objektivs zu ermöglichen.

Zwischenringe

Zwischenringe werden zwischen Objektiv und Kamera eingesetzt, um den Nahbereich zu vergrößern. Neuere Modelle, sogenannte Automatik-Zwischenringe, übertragen auch die Automatikfunktionen. Sie sind in verschiedenen Abmessungen erhältlich. Mehrere Zwischenringe können eventuell auch hintereinandergesetzt werden. Beachten Sie bitte hier wiederum die Kompatibilitätsliste zur D90.

Balgengeräte

Balgengeräte dienen der stufenlosen Anpassung im Nahbereich. Das Balgengerät wird zwischen Objektiv und Kamera gesetzt, und das Objektiv kann durch einen verschiebbaren Balgenauszug an den Nahbereich angepasst werden. Eine Übertragung der Automatikfunktionen und die kamerainterne Belichtungsmessung ist an der D90 nicht möglich.

Nahlinsen

Nahlinsen werden zum Vergrößern des Nahbereichs verwendet. Diese werden in das Filtergewinde des jeweiligen Objektivs eingeschraubt.

> [i]
>
> **JEDES OBJEKTIV IM NAH-BEREICH EINSETZEN**
>
> Mittels einer entsprechenden Auszugsverlängerung durch Zwischenringe oder durch ein Balgengerät kann im Prinzip jedes Objektiv im Nahbereich eingesetzt werden. Da „normale" Objektive jedoch nicht für diesen Zweck gebaut und optisch berechnet wurden, ist mit einer zunehmenden Verschlechterung der Bildqualität zu rechnen. Durch die Verwendung von Nahlinsen kann nur ein eingegrenzter Nahbereich, je nach verwendetem Objektiv, scharf gestellt werden.

Die Funktionen der Kamera werden dadurch nicht beeinflusst. Allerdings sind die Bildergebnisse qualitativ oftmals nicht besonders hochwertig.

Gegenlichtblenden

Gegenlichtblenden sind ein wichtiges Zubehör zur Verminderung von seitlich einfallendem Licht. Diese sind bei vielen Objektiven bereits im Lieferumfang enthalten, können jedoch auch zugekauft werden. Je nach Objektiv kann die Art der Befestigung sehr unterschiedlich sein. Die Bezeichnung der Gegenlichtblenden aus dem Hause Nikon gibt Aufschluss über deren Befestigung. Bei Verwendung des integrierten Blitzgeräts sollten diese jedoch nicht verwendet werden, da dadurch eine Abschattung eintreten kann.

Bezeichnung	Befestigung
HN	Schraubfassung, wird in das Filtergewinde eingeschraubt.
HR	Ebenfalls eine Schraubfassung, die Gegenlichtblende ist jedoch aus Gummi.
HK	Steckfassung.
HS	Klemmfassung.
HB	Bajonettfassung.

AUTOFOKUSSTEUERUNG UND BILDSTABILISATORSYSTEM

Die verwendeten Autofokussteuerungen AF, AF-I und AF-S sind Meisterleistungen der Elektronik und Feinmechanik und arbeiten in der Regel präzise und zuverlässig. Die Innenfokussierung (IF) bei einigen Objektiven sorgt für feinste Anpassungen und verbessert die Geschwindigkeit.
Das Bildstabilisatorsystem (VR, VRII) besteht aus einer beweglichen Linsengruppe im Inneren des Objektivs und gleicht die Verwacklungsunschärfe bei Aufnahmen aus der Hand um bis zu vier Blendenstufen aus. Bei VRII-Objektiven stehen zudem zwei unterschiedliche Einstellungen zur Verfügung. *Normal* ist für Aufnahmen aus der Hand gedacht, und *Active* gleicht stärkere und häufiger auftretende Verwacklungen aus, beispielsweise bei Aufnahmen aus einem fahrenden Auto.

Nikon-Objektive für die D90

Kommen wir nun zu den Informationen und Beschreibungen aktueller Nikon-Objektive, die sich optimal zum Einsatz an der Nikon D90 eignen. Die Auswahl erfolgte nach Kriterien der Leistung des Einsatzes in den jeweiligen Aufgabengebieten und unter Berücksichtigung des Kosten-Nutzen-Verhältnisses. Besonderer Wert wurde zudem auf eine große Auswahl an Zoomobjektiven gelegt, da diese in der Praxis zunehmend die in der Regel zwar leistungsstärkeren, aber auch teureren Festbrennweiten ersetzen.

Vom Autofokus der D90 unterstützt werden Objektive vom Typ AF, AF-S und AF-I mit CPU. Im Handbuch zur D90 finden Sie auch eine Liste mit inkompatiblen Objektiven und Zubehör. Bei Verwendung von Objektiven ohne CPU kann weder der Autofokus noch die Belichtungsmessung der D90 genutzt werden, einige dieser Objektive können jedoch im manuellen Aufnahmemodus *M* verwendet werden.

Die mit einer Digitalkamera erzeugte Bildqualität hängt in erster Linie von den verwendeten Objektiven ab. Zur Bildoptimierung verwendet Nikon, je nach Objektiv, ED- und Super-ED-Glaslinsen zum Ausgleich der Vergrößerung und zur Korrektur chromatischer Aberration. Die Nanokristallvergütung verhindert Reflexionen im Inneren des Objektivs und reduziert dadurch Streulicht und Blendenflecke bei ungünstigem Lichteinfall. Spezielle Meniskusgläser schützen Teleobjektive mit großen Durchmessern und erzeugen zudem schärfere und klarere Abbildungen. Die verschiedenen präzisionsgeschliffenen asphärischen Linsen minimieren optische Verzeichnungen.

AF-S DX NIKKOR 18-55 mm 1:3,5-5,6G VR

Das Zoomobjektiv AF-S DX NIKKOR 18-55 mm 1:3,5-5,6G VR ist nicht nur leicht, sondern auch überaus leistungsstark. Durch seinen dreifachen Zoombereich ist diese Optik hervorragend geeignet für eine große Anzahl von Aufnahmesituationen. Der besonders leise eingebaute Silent-Wave-Motor (SWM) ist reaktionsschnell und arbeitet zuverlässig.

Der zuschaltbare Bildstabilisator (VR) ermöglicht eine Verlängerung um bis zu drei Lichtwertstufen bei Aufnahmen aus der Hand. Durch die Verwendung einer asphärischen Linse werden Bildfehler wie die sphärische Aberration bei hoher Auflösung und gutem Kontrast niedrig gehalten. Der Autofokus ist zwischen *A* (Automatik) und *M* (Manuell) umschaltbar.

KAPITEL 7
OBJEKTIVE FÜR DIE D90

AF-S DX Zoom-NIKKOR 18-55 mm 1:3,5-5,6G VR

Typ	Zoomobjektiv
Optischer Aufbau	11 Linsen, 8 Glieder (1 asphärische Linse)
Naheinstellgrenze	0,28 m
Filterdurchmesser	52 mm
Konstruktion	Kunststoffbasis
Gewicht	265 g
Zubehör	–

AF-S DX Zoom-NIKKOR 12-24 mm 1:4G IF-ED

Dieses Weitwinkelzoomobjektiv wurde speziell zur Verwendung an digitalen Kameras mit Sensoren in DX-Größe (23,7 x 15.6 mm) und für den Einsatz an Kameras der D-Serie entwickelt. Die Optik wurde bereits im Jahr 2003 in das Programm von Nikon aufgenommen, punktet aber nach wie vor mit guten Leistungen.

Mit einem Bildwinkel von 61 bis 99 Grad eignet sich dieses Objektiv für extreme Weitwinkelaufnahmen in Innenräumen unter beengten Verhältnissen genauso wie für die Landschaftsfotografie z. B. zur Darstellung weitläufiger Panoramen. Das Objektiv weist eine sehr gute Schärfeleistung auf, die an den Bildrändern jedoch etwas nachlässt. Beste Ergebnisse erzielen Sie mit einer Blendeneinstellung von f8.

Speziell bei Anwendungen im Bereich von 12 mm Brennweite wird eine geringfügige Vignettierung in den Bildecken, insbesondere bei einfarbigem, hellem Hintergrund, sichtbar. Auch die chromatische Aberration nimmt zum Bildrand hin zu. Diese Bildfehler sind trotz der Verwendung von zwei ED-Glaselementen nicht ganz auszuschließen. In der digitalen Bildbearbeitung sind sie jedoch leicht zu beheben.

Eine geringe tonnenförmige Distorsion (Verzerrung) kann bei geraden Linien, z. B. bei der Anwendung in der Architekturfotografie, nicht ganz ausgeschlossen werden, stellt jedoch im Normalfall kein besonderes Problem dar. Drei asphärische Linsen sorgen für eine Minimierung dieser Verzeichnung und eine verbesserte Schärfeleistung.

Durch den geringen Mindestabstand von 30 cm bis zur Frontlinse eignet sich das Objektiv auch ausgezeichnet für typische Weitwinkeleffekte und für Aufnahmen im Nahbereich. Ausgestattet mit dem Silent-Wave-Motor, ist eine schnelle und nahezu geräuschlose Scharfstellung durch den Autofokus möglich.

Die manuelle Scharfstellung am vorderen Objektivring erfolgt durch Umstellung auf die Position M. Optimal ist dazu eine eingebaute M/A-Umschaltung, die auch ein kombiniertes manuelles Scharfstellen zusätzlich zur Anwendung des Autofokus erlaubt. Die ausgezeichnete Bildleistung auch bei Gegenlichtaufnahmen ergibt insgesamt ein hochwertiges Objektiv für alle Einsatzbereiche.

AF-S DX Zoom-NIKKOR 12-24 mm 1:4G IF-ED

Typ	Weitwinkelzoomobjektiv
Optischer Aufbau	11 Linsen, 7 Glieder
Naheinstellgrenze	0,3 m
Filterdurchmesser	77 mm
Konstruktion	Metallbasis
Gewicht	485 g
Zubehör	Im Lieferumfang enthalten sind die Gegenlichtblende HB-23 und der Objektivrückdeckel LF-1. Optional ist noch der Objektivbeutel CL-32 zu bekommen.

AF-S DX Zoom-NIKKOR 17–55 mm 1:2,8G IF-ED

Professionelles, flexibles Universalzoomobjektiv für Kameras der DX-Serie. Die Einführung in das Nikon-Programm erfolgte bereits 2003, das Objektiv zeichnet sich jedoch immer noch durch eine hervorragende Leistung aus. Die feste Lichtstärke von f2,8 bei allen Brennweiteneinstellungen und der schnelle Autofokus bilden die Grundlage dieses hochwertigen Objektivs.

Durch die vergleichsweise hohe Lichtstärke von f2,8 eignet sich dieses Objektiv für Anwendungen aller Art, auch unter schlechteren Lichtbedingungen und in der Available-Light-Fotografie. Drei Linsen aus hochwertigem ED-Glas erzeugen eine ausgezeichnete Abbildungsleistung, die jedoch einen spürbaren Leistungsverlust bei Verwendung der längsten Brennweite nicht ganz verhindern kann. Hier empfiehlt sich zur Steigerung der Bildschärfe das Abblenden um ca. zwei Blendenstufen auf Blende f5,6.

Das Objektiv eignet sich für den Profi- wie für den Amateurfotografen, der Wert auf hohe Bildqualität und eine robuste Bauweise in diesem Brennweitenbereich legt.

Eine geringere Distorsion wird erkennbar in Kissenform bei Anwendung im Telebereich, in Tonnenform im Weitwinkelsektor. Um die 24-mm-Brennweite ist keine Verzeichnung feststellbar. Bauartbedingte Farbfehler sind dabei zu vernachlässigen. Die Naheinstellgrenze mit nur 36 cm erlaubt auch ein näheres Herangehen an das jeweilige Aufnahmeobjekt.

Die Leistung im Gegenlicht ist für ein Zoomobjektiv durchaus noch akzeptabel, Lichteinfall von der Seite auf die Frontlinse sollte jedoch unbedingt vermieden werden.

Das Objektiv wirkt relativ groß und schwer, liegt aber gut in der Hand. Eine Autofokusanpassung durch die M/A-Funktion rundet das Bild ab.

AF-S DX NIKKOR 16–85 mm 3,5–5,6G ED VR

Ein ideales Allroundzoom der neuesten Generation für hochauflösende Spiegelreflexkameras der DX-Klasse. Dieses Objektiv ist auch im Kit zur D90 erhältlich.

Hier wird eine leistungsstarke, hochwertige Optik mit akzeptablem Preis-Leistungs-Verhältnis geboten. Versehen mit dem Bildstabilisator der zweiten Generation (VRII), ermöglicht dieses eine Verlängerung der Belichtung aus der Hand um bis zu vier Blendenstufen.

Das Objektiv eignet sich für die meisten Aufnahmesituationen und kann durch seine geringe Aufnahmedistanz von 38 cm als Universalobjektiv auch für den Nahbereich eingesetzt werden.

AF-S DX Zoom-NIKKOR 17–55 mm 1:2,8G IF-ED	
Typ	flexibles Universalzoomobjektiv
Optischer Aufbau	14 Linsen (3 ED), 10 Glieder
Naheinstellgrenze	0,36 m
Filterdurchmesser	77 mm
Konstruktion	solide Metallkonstruktion
Gewicht	755 g
Zubehör	Im Lieferumfang enthalten ist der Objektivrückdeckel LF-1. Die unbedingt erforderliche Gegenlichtblende HB-31 ist allerdings nur optional erhältlich.

KAPITEL 7
OBJEKTIVE FÜR DIE D90

AF-S DX NIKKOR 16-85 mm 3,5-5,6G ED VR	
Typ	ideales Allroundzoom
Brennweite	16-85 mm
Lichtstärke	1:3,5-5,6
Kleinste Blende	1:22-36
Optischer Aufbau	17 Linsen in 11 Gruppen, einschließlich 2 ED-Glaslinsen und 3 asphärischen Linsen
Bildwinkel	18° 50'-83°
Kürzeste Aufnahmedistanz	0,38 m (über den gesamten Zoombereich)
Anzahl der Blendenlamellen	7 (abgerundet)
Filterdurchmesser	67 mm
Gewicht	ca. 485 g
Zubehör	Im Lieferumfang enthalten sind der Objektivrückdeckel LF-1, der Objektivbeutel CL-1015 und die Gegenlichtblende HB-39 mit Bajonettansatz.

Dazu gibt es eine manuelle Autofokuskorrektur durch den *M/A*-Modus.

Die aufwendige Konstruktion mit drei ED-Glaslinsen und drei asphärischen Linsen zur Minimierung der sphärischen Aberration, des Astigmatismus und anderer Bildfehler erbringt optische Höchstleistungen.

Trotz der großen Frontlinse mit 67 mm Filterdurchmesser ist die Anfangsöffnung der Blende mit 3,5 bis 5,6 relativ gering. Nur die Verwendung der neuesten VR-Technologie ermöglicht den Einsatz auch unter ungünstigen Lichtverhältnissen mit bis zu achtfach längeren Belichtungszeiten.

Die Veredelung der Linsen durch die von Nikon entwickelte „Super Integrated Coating"-Technik bringt eine herausragende Farbwiedergabe bei gleichzeitiger Reduzierung von Geisterbildern und Streulicht.

AF-S DX NIKKOR 18-105 mm 1:3,5-5,6G ED VR

Dies ist ein vielseitiges Universalobjektiv, das seit 2008 auch im Kit mit der D90 erhältlich ist. Dieses 5,8-fach-Zoom eignet sich für die Landschaftsfotografie wie für Porträtaufnahmen gleichermaßen und bringt trotz seines günstigen Preises eine erstaunlich gute Abbildungsleistung. Die je nach Zoomeinstellung auftretende Distorsion kann mit einem Bildbearbeitungsprogramm wie Capture NX 2 oder Adobe Photoshop noch nachträglich beseitigt werden. Durch das verwendete Kunststoffbajonett und seine Konstruktion ist es leicht und liegt dennoch gut in der Hand. Der integrierte Silent-Wave-Motor ist schnell und nahezu lautlos. Es ist optimal geeignet für Fotografen, die keine zusätzlichen Wechselobjektive mit sich herumtragen wollen.

Eine Umschaltung von Autofokus auf manuelle Scharfstellung ist auch direkt am Objektiv möglich, eine *M/A*-Option ist jedoch nicht enthalten. Die VR-Funktion verfügt nur über einen Modus, ist jedoch sehr effektiv und ermöglicht eine Verlängerung der Belichtungszeit um bis zu vier Lichtwerte bei Aufnahmen aus der Hand. Eine ED-Glaslinse und eine asphärische Linse reduzieren die chromatische Aberration und halten Abbildungsfehler gering.

AF-S DX NIKKOR 18-105 mm 1:3,5-5,6G ED VR

Typ	ideales Allroundzoom
Brennweite	18–105 mm
Lichtstärke	1:3,5–5,6
Kleinste Blende	1:22–36
Aufbau	15 Linsen in 11 Gruppen (davon 1 Linse aus ED-Glas und 1 asphärische Linse)
Bildwinkel	76 Grad bis 15 Grad 20 Min.
Kürzeste Aufnahmedistanz	45 cm
Anzahl der Blendenlamellen	7
Filterdurchmesser	67 mm
Gewicht	420 g
Zubehör	Im Lieferumfang enthalten sind der Objektivrückdeckel LF-1, die Objektivfrontabdeckung, ein Objektivbeutel und die Gegenlichtblende HB 32.

AF-S DX 18-135 mm 1:3,5-5,6G IF-ED

Typ	leichtes und kompaktes Telezoomobjektiv
Aufbau	15 Linsen, 13 Glieder
Naheinstellgrenze	0,45 m
Filterdurchmesser	67 mm
Gewicht	385 g
Zubehör	Im Lieferumfang enthalten sind der Objektivrückdeckel LF-1, der Objektivbeutel CL-0915 sowie die Gegenlichtblende HB-32.

AF-S DX 18-135 mm 1:3,5-5,6G IF-ED

Ein leichtes und kompaktes Telezoomobjektiv für Kameras auf DX-Sensorbasis aus dem Jahr 2006. Mit einem Preis von rund 400 Euro gehört dieses Objektiv zu den preisgünstigsten in der leichten Teleklasse. Es ist bestens geeignet für formatfüllende Porträtaufnahmen oder im Sportbereich und mit 18 mm Weitwinkeleinstellung durchaus auch für Landschaftsaufnahmen und anderes zu verwenden.

Die aus sieben abgerundeten Lamellen bestehende Irisblende sorgt für eine natürliche Unschärfewirkung außerhalb des Schärfentiefebereichs. Hohe Auflösung und gute Kontrastwirkung durch die ED-Glaslinse und zwei asphärische Linsen minimieren gleichzeitig Bildfehler wie chromatische Aberration und Astigmatismus.

Leider verfügt dieses Objektiv nicht über eine VR-Reduktion und ist durch seine hohe Anfangsblendenöffnung nicht gerade als lichtstark zu bezeichnen. Der kompakte Silent-Wave-Motor

KAPITEL 7
OBJEKTIVE FÜR DIE D90

Beispielaufnahmen mit dem AF-S DX NIKKOR 18-105 mm 1:3,5-5,6G ED VR und verschiedenen Brennweiten.

arbeitet schnell und leise und ermöglicht einen bequemen Wechsel zwischen automatischer und manueller Scharfstellung.

Die Frontlinse bleibt wie bei allen Objektiven mit Innenfokussierung (IF) unbeweglich, und der Ansatz von Filtern ist dadurch problemlos. Die Schärfeleistung ist gut, eine leichte Vignettierung insbesondere bei 18-mm-Brennweite ist in hellen, gleichförmigen Bildteilen jedoch deutlich erkennbar. Der Bildwinkel bewegt sich zwischen 10 und 66 Grad.

AF-S DX VR Zoom-NIKKOR 55-200 mm 1:4-5,6G IF-ED

Vielseitig einsetzbares DX-Telezoom in leichter und kompakter Bauweise. Die Aufnahme in das Nikon-Programm erfolgte im Jahr 2007. Mit 55 bis 200 mm Brennweite eignet sich dieses Objektiv auch für Aufnahmen aus größerer Entfernung und kann somit bestens im Bereich der Sport- oder Tierfotografie eingesetzt werden.

In diesem Objektiv wurde bereits die neuere Generation zur VR-Reduktion (VRII) verwendet, die bis zu viermal längere Belichtungszeiten bei Aufnahmen aus der Hand ermöglicht. Der integrierte Silent-Wave-Motor ermöglicht eine Autofokussierung in annehmbarer Geschwindigkeit. Eine Umschaltung der Scharfstellung zwischen A und M ist möglich.

Bei manueller Scharfstellung ist das Drehen des vorne gelegenen Scharfstellrings etwas mühsam und erfordert einiges an Fingerspitzengefühl. Leider verfügt dieses Objektiv, wie einige andere in ähnlicher Bauweise auch, über keinerlei Anzeige der Entfernung auf einer Skala.

Die optische Konstruktion mit einer ED-Glas- und einer asphärischen Linse minimiert Abbildungsfehler und bringt scharfe und kontrastreiche Aufnahmen. Zurück bleibt eine leichte Distorsion – kissenförmig bei ca. 200 mm und tonnenförmig bei ca. 55 mm Brennweite.

AF-S VR Zoom-NIKKOR 24-120 mm 1:3,5-5,6G IF-ED

Dies ist ein neu entwickeltes Zoomobjektiv zur Verwendung an Nikon-Kameras mit DX- oder FX-Sensoren, auch bei analogen Kameras einsetzbar. Das integrierte VR-System zur Verwacklungsreduzierung erlaubt eine dreifache Verlängerung der Verschlusszeiten bei Aufnahmen aus der Hand. Dabei handelt es sich um ein Objektiv für den typischen Amateuranspruch, der alles in einem bevorzugt.

AF-S DX VR Zoom-NIKKOR 55-200 mm 1:4-5,6G IF-ED	
Typ	vielseitig einsetzbares DX-Telezoom
Brennweite	55–200 mm
Größte Blendenöffnung	1:4–5,6
Kleinste Blendenöffnung	1:22–32
Aufbau	15 Elemente in 11 Gruppen (1 ED-Glas)
Bildwinkel	28°50'–8°
Kleinste Fokusdistanz	1,1 m – über den gesamten Brennweitenbereich
Filterdurchmesser	52 mm
Gewicht	ca. 335 g
Zubehör	Mitgeliefert werden der vordere Objektivdeckel LC-52, der hintere Objektivdeckel LF-1, die Gegenlichtblende HB-37 und der Objektivbeutel CL-0918.

Das Modell verwendet noch die erste Generation der VR-Einheit, eine bis zu dreifache Belichtungszeitverlängerung sollte zudem nicht mit einem Telekonverter kombiniert werden. Die Abbildungsqualität ist im Weitwinkelbereich sehr weich, und im Internet kursieren allerlei Gerüchte über Schärfeprobleme. Bei geraden Linien im Bild sind zudem deutliche Verzerrungen erkennbar.
Wie alle G-Objektive verfügt auch dieses über keinen manuell zu bedienenden Blendenring, die interne Blendensteuerung arbeitet mit 1/3 Blendenstufen. Zwei ED-Glaslinsen sorgen für eine verbesserte Abbildungsleistung.

AF-S VR Zoom-NIKKOR 24-120 mm 1:3,5-5,6G IF-ED

Typ	neu entwickeltes Zoomobjektiv
Aufbau	15 Linsen, 13 Glieder
Naheinstellgrenze	0,5 m
Filterdurchmesser	72 mm
Gewicht	575 g
Zubehör	Im Lieferumfang enthalten sind der Objektivrückdeckel LF-1, der vordere Objektivdeckel LC-72 und die Gegenlichtblende HB-25. Optional erhältlich ist noch der Objektivbeutel CL-S2.

AF-S VR NIKKOR 200 mm 1:2G IF-ED

Dieses extrem lichtstarke Teleobjektiv ist seit dem Jahr 2004 im Nikon-Objektivprogramm zu finden. In Kombination mit der Verwacklungsreduktion (VRII) ist dieses fantastische Objektiv das Nonplusultra im Bereich der Available-Light-Fotografie. Wann immer es um Aufnahmen aus großer Distanz bei geringen Lichtverhältnissen geht, ist dieses Supertele die erste Wahl.

AF-S VR NIKKOR 200 mm 1:2G IF-ED

Typ	extrem lichtstarkes Teleobjektiv
Aufbau	13 Linsen, 9 Glieder, 3 ED-Linsen, 1 Super-ED- und 1 spezielle Meniskuslinse
Naheinstellgrenze	1,9 m
Gewicht	2.900 g
Zubehör	Im Lieferumfang enthalten sind Einschubfilterhalter (mit 52-mm-NC-Filter), Objektivrückdeckel LF-1, Trageriemen LN-1 und Tasche CL-1.

Das Objektiv verfügt über spezielle Tasten für die Funktionen AF-Aktivierung, Fokusmesswertspeicher und Focus-Memory-Recall, mit der eine zuvor gespeicherte Entfernungseinstellung sofort wieder abrufbar ist. Dies macht sich jedoch auch durch einen erhöhten Stromverbrauch bemerkbar, sodass ein zusätzlicher Akku für die Kamera stets zur Hand sein sollte.
Die VR-Reduktion ist mit einer Umschaltung zwischen *Normal* und *Active* versehen. Bei Verwendung eines Stativs sollte der VR jedoch besser abgeschaltet werden. Die robuste Magnesiumkonstruktion und eine Gummidichtung am Bajonettanschluss runden das Bild positiv ab.

Dennoch, diese Linse ist kein Leichtgewicht, und der von Nikon verwendete Stativanschluss ist dringend verbesserungsbedürftig.
Der ausgezeichnete Kontrast und eine durch drei ED-Glaslinsen und eine Super-ED-Linse optimale Bildfehlerkorrektur ermöglichen gestochen scharfe Bilder. An einer Kamera mit DX-Sensor verfügen Sie damit über eine effektive Brennweite von 300 mm. Mit den optionalen Telekonvertern TC-14E, TC-17E und TC-20E kann die Brennweite um den entsprechenden Faktor nochmals verlängert werden.

AF-S VR Zoom-NIKKOR 70-300 mm 1:4,5-5,6G

Dieses Hochleistungstelezoomobjektiv mit Bildstabilisator (VRII) ist seit 2006 erhältlich zu einem äußerst günstigen Preis von ca. 600 Euro. Dieses leistungsstarke 4,3-fach-Zoom entspricht bei einer Verwendung an einer DX-Kamera der Brennweite von 105 bis 450 mm.

AF-S VR Zoom-NIKKOR 70-300 mm 1:4,5-5,6G

Typ	Telezoom
Aufbau	17 Linsen, 12 Glieder, 2 ED-Linsen
Naheinstellgrenze	ca. 1,4 m
Blendenlamellen	9 (abgerundet)
Filterdurchmesser	67 mm (nicht drehend)
Gewicht	745 g
Zubehör	Im Lieferumfang enthalten sind Objektivrückdeckel LF-1, Gegenlichtblende HB-36 und Objektivbeutel CL-1022.

AF-S VR Zoom-NIKKOR 200-400 mm 1:4G IF-ED

Zweifaches Supertelezoomobjektiv der Spitzenklasse. Die Aufnahme in das Nikon-Sortiment erfolgte in 2003 als weltweit erstes Objektiv dieser Bauart, es ist zu einem Preis von ca. 5.800 Euro erhältlich. Weiterhin bietet es: integrierte Verwacklungsreduktion (VR), ca. 3-fache Verlängerung der Belichtungszeit bei Aufnahmen aus der Hand, und es ist umschaltbar zwischen *Normal* und *Active*. Es ist optimal einsetzbar in der Sport- und Tierfotografie. In Kombination mit einer DX-Kamera steht damit eine Brennweite von 300 bis 600 mm zur Verfügung.

Der schnelle Silent-Wave-Motor in Kombination mit der Innenfokussierung (IF) arbeitet präzise und zuverlässig. Der Autofokus verfügt zudem über eine Anpassungsmöglichkeit durch manuelles Eingreifen (*M/A*-Modus). Auf die sich nicht drehende Frontlinse kann auch problemlos ein Polarisationsfilter aufgesetzt werden. Die Auszugslänge bleibt beim Scharfstellen ebenfalls unverändert. Die mit neun abgerundeten Lamellen versehene Blende sorgt für eine natürliche Wirkung und ein angenehmes Bokeh (Unschärfebereich des Vorder- und Hintergrunds).

Die Vibrationsreduktion (VRII) kann zwischen *Normal* und *Active* umgeschaltet werden und bringt eine Belichtungszeitverlängerung bis ca. vier Belichtungsstufen bei Aufnahmen aus der Hand. Mit einer hervorragenden Abbildungsleistung bezüglich Auflösung, Farbbrillanz und Kontrast ist dieses Objektiv absolut zu den besseren zu zählen. Dazu trägt auch die Verwendung von zwei ED-Glaslinsen bei.

Der Autofokus arbeitet superleise und schnell. Zum Schutz vor Staub und Kratzern ist vor der Frontlinse ein abnehmbares Schutzglas befestigt. Das Objektiv kann zudem mit dem Telekonverter TC-14E kombiniert werden, und bei einem Lichtverlust von einer Lichtwertstufe (EV) kann damit die genutzte Brennweite nochmals um den Faktor 1,4 verlängert werden.

AF-S VR Zoom-NIKKOR 200-400 mm 1:4G IF

Typ	Supertelezoomobjektiv
Aufbau	24 Linsen in 17 Gruppen (4 ED-Gläser) sowie 1 Objektivschutzglas
Lichtstärke	1:4
Naheinstellgrenze	2,0 m
Filterdurchmesser	52 mm
Gewicht	3.275 g
Zubehör	Im Lieferumfang enthalten sind die aufsteckbare Gegenlichtblende HK-30, der Trageriemen LN-1 und die Tragetasche C

KAPITEL 7
OBJEKTIVE FÜR DIE D90

AF-S VR NIKKOR 400 mm 1:2,8G ED
AF-S VR NIKKOR 500 mm 1:4G ED
AF-S VR NIKKOR 600 mm 1:4G ED

Dieses Superteleobjektiv mit enormer Lichtstärke und extrem hoher Abbildungsqualität, VRII-Bildstabilisator und schnellem Autofokus ist ideal für die Sportfotografie und andere Anwendungen, bei denen es um große Distanzen und schnelle Reaktionen geht. Es wurde genauso wie die beiden anderen Superteles AF-S VR NIKKOR 500 mm 1:4G ED und AF-S VR NIKKOR 600 mm 1:4G ED im Jahr 2007 in das Nikon-Programm aufgenommen.

Symbol für die Verwendung der Nanokristalltechnologie.

Alle drei Objektive zeichnen sich durch einen neuen optischen Aufbau aus und gehören zur absoluten Spitzenklasse im Objektivbau. Der Preis ist entsprechend hoch. Die Objektive wurden speziell für die digitale Bilderfassung entwickelt und verfügen über die neueste Nanokristallvergütung zur Minderung von Streulicht und Geisterbildern.

AF-S VR NIKKOR 400 mm 1:2,8G ED

Typ	Superteleobjektiv mit enormer Lichtstärke
Aufbau	14 Linsen in 11 Gruppen (davon 3 Linsen aus ED-Glas und 1 Linse mit Nanokristallvergütung) sowie ein Objektivschutzglas
Lichtstärke	1:2,8
Kleinste Blende	22
Bildwinkel	6°10' (4° im DX-Format)
Naheinstellgrenze	2,9 m mit AF, 2,8 m mit MF
Blendenlamellen	9 (abgerundet)
Filterdurchmesser	52 mm
Zubehör	Aufsteckbare Gegenlichtblende HK-33, Koffer CT-404, Einschraubfilter 52 mm, Riemen LN-1, Einbeinstativmanschette.

AF-S VR NIKKOR 500 mm 1:4G ED

Typ	Superteleobjektiv mit enormer Lichtstärke
Aufbau	14 Linsen in 11 Gruppen (davon 3 Linsen aus ED-Glas und 1 Linse mit Nanokristallvergütung) sowie ein Objektivschutzglas
Lichtstärke	1:4
Kleinste Blende	22
Bildwinkel	5° (3°10' bei einer DX-Formatkamera)
Naheinstellgrenze	4,0 m (AF), 3,85 m (MF)
Anzahl der Blendenlamellen	9 (abgerundet)
Filterdurchmesser	52 mm
Gewicht	3.880 g
Zubehör	Aufsteckbare Gegenlichtblende HK-34, Koffer CT-504, Einschraubfilter 52 mm, Riemen LN-1, Einbeinstativmanschette.

AF-S VR NIKKOR 600 mm 1:4G ED

Typ	Superteleobjektiv mit enormer Lichtstärke
Aufbau	15 Linsen in 12 Gruppen (davon 3 Linsen aus ED-Glas und 1 Linse mit Nanokristallvergütung) sowie ein Objektivschutzglas
Lichtstärke	1:4
Kleinste Blende	22
Bildwinkel	4°10' (2°40' im DX-Format)
Naheinstellgrenze	5 m mit AF, 4,8 m mit MF
Anzahl der Blendenlamellen	9 (abgerundet)
Filterdurchmesser	52 mm
Gewicht	5.060 g
Zubehör	Aufsteckbare Gegenlichtblende HK-35, Koffer CT-607, Einschraubfilter 52 mm, Riemen LN-1, Einbeinstativmanschette.

AF-S MICRO NIKKOR 60 mm 2,8G ED

Typ	Makroobjektiv
Aufbau	12 Elemente in 9 Gruppen mit 1 ED-Glaslinse, 2 asphärischen Linsen und 1 Linse mit Nanokristallvergütung
Brennweite	60 mm
Lichtstärke	1:2,8
Kleinste Blende	32
Bildwinkel	39°40' bzw. 26°30' im DX-Format
Kürzeste Aufnahmedistanz	0,185 m
Max. Vergrößerungsfaktor	1,0-fach
Anzahl der Blendenlamellen	9 (abgerundet)
Filterdurchmesser	62 mm
Gewicht	425 g
Zubehör	Mitgeliefert werden der vordere Objektivdeckel LC-62, der hintere Objektivdeckel LF-1, die Gegenlichtblende HB-42 und die Objektivtasche CL-1018. Optional erhältlich: Zirkular-Polfilter und andere Einschraubfilter mit 62 mm Durchmesser.

AF-S MICRO NIKKOR 60 mm 2,8G ED

Dieses Makroobjektiv mit einem möglichen Abbildungsmaßstab bis 1:1 wurde speziell für digitale Spiegelreflexkameras im FX- und DX-Format entwickelt. Es ist ausgestattet mit der Innenfokussierung (IF), dadurch verändert sich die Objektivlänge beim Scharfstellen nicht, und die Frontlinse bleibt unbewegt. Dies ermöglicht Aufnahmen auf kürzeste Distanz und die Befestigung von Makroblitzgeräten.

Man erhält ein fantastisches Objektiv für vielseitige Aufnahmen auch in anderen Anwendungsbereichen. Mit einer effektiven Brennweite von 90 mm an einer Kamera mit DX-Sensor wie der D90 ist dieses Objektiv nicht nur für den Makrobereich optimal zu verwenden. Insbesondere zeichnet sich das 60er durch den extrem kurzen Minimalabstand von nur 18,5 cm (bei manueller Scharfstellung) bzw. 21,9 cm bei Autofokus aus. Die Nanokristallvergütung, Super-ED-Glaslinsen und asphärischen Linsen erzielen eine sehr hohe Auflösung und exzellent korrigierte Abbildungen.

AF-S VR MICRO-NIKKOR 105 mm 1:2,8G

Mit diesem Objektiv werden die Vorzüge der VR-Bildstabilisierung erstmals auch für den Makrobereich verfügbar. Durch die verwendete VRII-Technologie werden verwacklungsfreie Aufnahmen aus der Hand mit bis zu vier Blendenstufen Gewinn möglich. Durch die Baulänge kann bei kurzen Distanzen möglicherweise das AF-Hilfslicht nicht benutzt werden.

KAPITEL 7
OBJEKTIVE FÜR DIE D90

AF-S VR MICRO-NIKKOR 105 mm 1:2,8G	
Typ	Makroobjektiv mit VR-Bildstabilisierung
Aufbau	14 Linsen und 12 Glieder mit 1 ED-Glaslinse und 1 Linse mit Nanokristallvergütung
Brennweite	105 mm
Lichtstärke	1:2,8
Naheinstellgrenze	0,31 m
Filterdurchmesser	62 mm
Gewicht	720 g
Zubehör	Im Lieferumfang enthalten ist lediglich der Objektivrückdeckel LF-1. Optional erhältlich sind der Objektivdeckel LC-62, die Gegenlichtblende HB-38 und der Köcher CL-1020.

Durch die verwendete Innenfokussierung (IF) bleibt die Optik in der Distanz zum Aufnahmeobjekt stets unverändert, und die nicht drehende Frontlinse erleichtert den Einsatz von Polfiltern und Blitzzubehör. Die Fokussierung kann automatisch, manuell und kombiniert erfolgen.

Die Schärfe- und Abbildungsleistung ist ausgezeichnet und wird durch die Verwendung einer ED-Glaslinse und der nanokristallvergüteten Linse optimiert. Der nahezu kreisrunde Aufbau der Blendenlamellen liefert eine angenehme Darstellung des Unschärfebereichs (Bokeh).

PC-E NIKKOR 24 mm 1:3,5D ED

Dieses erst 2008 eingeführte Spezialobjektiv ermöglicht eine Korrektur der Perspektive mittels Tilt- und Shift-Verstellmöglichkeiten. Das Objektiv eignet sich dadurch hauptsächlich zur Verwendung in der Architektur- und Landschaftsfotografie und für Objektaufnahmen insbesondere im Nahbereich. Durch die Verstellmöglichkeiten kann neben der Perspektive auch die Schärfentiefe beeinflusst werden.

Im Nikon-Programm sind noch weitere PC-Objektive mit unterschiedlichen Brennweiten enthalten, die ebenfalls über die hier genannten Verstellwege verfügen. Alle diese Objektive erbringen eine ausgezeichnete Bildqualität, sind aber nur zu einem entsprechenden Preis erhältlich.

Die hohe Auflösung und die optimale Abbildungsqualität basiert auf der Verwendung von ED-Glaslinsen, asphärischen Linsen und der Nanokristallvergütung. Optimal ist der Einsatz dieses Objektivs an Kameras mit FX-Sensorgröße oder im Kleinbildfilmformat. Bei der Nutzung an einer DX-Kamera verlängert sich die Brennweite auf 36 mm, dafür können jedoch die Verstellwege besser genutzt werden.

Seitenansichten des PC-E NIKKOR 24 mm 1:3,5D ED.

PC-E NIKKOR 24 mm 1:3,5D ED

Typ	Spezialobjektiv für die Architektur- und Landschaftsfotografie
Aufbau	13 Linsen in 10 Gruppen, einschließlich 3 ED-Glaslinsen, 3 asphärischen Linsen und 1 Linse mit Nanokristallvergütung
Brennweite	24 mm
Lichtstärke	1:3,5
Kleinste Blende	32
Bildwinkel	64°
Kürzeste Aufnahmedistanz	0,21 m
Max. Vergrößerungsfaktor	1:2,7
Anzahl der Blendenlamellen	9 (abgerundet)
Filterdurchmesser	77 mm
Gewicht	ca. 730 g
Zubehör	Mitgeliefert werden die Gegenlichtblende HB-41 und die Objektivtasche CL-1120.

AF DX Fisheye-NIKKOR 10,5 mm 1:2,8G ED

Typ	Fisheye-Objektiv
Aufbau	10 Linsen, 7 Glieder
Besonderheit	eingebaute Gegenlichtblende
Gewicht	300 g
Zubehör	Im Lieferumfang enthalten sind der Objektivrückdeckel LF-1 und der Objektivbeutel CL-0715.

Die Verschiebemöglichkeit (Shift) beträgt +/- 11,5 mm, die maximale Neigung (Tilt) +/-8,5 Grad. Das Objektiv muss bauartbedingt manuell fokussiert werden, die Blende kann jedoch auch elektronisch gesteuert werden. Eine spezielle *Abblend*-Taste am Objektiv ermöglicht eine optische Kontrolle der Auswirkung.

AF DX Fisheye-NIKKOR 10,5 mm 1:2,8G ED

Speziell für Kameras im DX-Format entwickelt wurde dieses Fisheye-Objektiv, das im Gegensatz zu vielen anderen Modellen keine kreisrunde, sondern eine gestreckte Abbildung mit einem Bildwinkel von 180 Grad ermöglicht. Mittels einer digitalen Bildanpassung (mit Nikon Capture NX) ermöglicht das Objektiv auch entzerrte Panoramaaufnahmen.

Mit einer Naheinstellgrenze von nur 14 cm (3 cm ab Frontlinse) und dem für diese Art Objektiv typischen und extrem großen Schärfentiefebereich gelingen fantastische Effekte. Mit der speziellen Nahbereichskorrektur (CRC) konnte die Bildschärfe nochmals erheblich gesteigert werden.

Telekonverter TC-14E II, TC-17E II, TC-20E II

Telekonverter können zur Brennweitenverlängerung zwischen Objektiv und Kamera eingesetzt werden. Diese neu entwickelten Modelle unterstützen jedoch nicht alle Objektive, und bei Verwendung mit nicht passenden Modellen kann es zu Beschädigungen kommen. Sie sollten deshalb bereits vor dem Kauf klären, ob das von Ihnen verwendete Objektiv an Ihrer Kamera auch mit dem entsprechenden Konverter genutzt werden kann. Bei der Verwendung von Festbrennweiten kann ein passender Telekonverter die Brennweite um den jeweiligen Faktor bis zur Verdopplung steigern. Dies ist jedoch stets auch mit einem Lichtverlust verbunden, der eine hohe Anfangsöffnung des aufgesetzten Objektivs erfordert, um in der Belichtung flexibel zu bleiben.

KAPITEL 7
OBJEKTIVE FÜR DIE D90

TC-14E II, TC-17E II und TC-20E II.

Das TC-14E II verlängert die Brennweite um den Faktor 1,4, der Lichtverlust entspricht dabei einer Blendenstufe. Der Autofokus aller AF-S- und AF-I-Nikkore kann benutzt werden.

Beim TC-17E II verlängert sich die jeweils genutzte Brennweite um den Faktor 1,7 bei einer Lichtstärkeneinbuße von 1,5 Blendenstufen. Der Konverter ist kompatibel zu den Nikon-AF-S-, AF-I- und VR-Teleobjektiven und kann auch mit dem Telezoom AF-S VR 70-200 mm 1:2,8G IF-ED verwendet werden.

Der TC-20E II kann die Brennweite eines AF-S- oder AF-I-Tele- oder Telezoomobjektivs mit einer Anfangsöffnung von 1:2,8 verdoppeln, der anfallende Lichtverlust beträgt dabei zwei Blendenstufen.

Bezeichnungen im Nikon-Objektivsortiment

Im Laufe der seit Jahrzehnten andauernden Entwicklung von Nikon-Objektiven hat sich eine enorme Anzahl unterschiedlicher Bezeichnungen ergeben. Die zur Benutzung an der Nikon D90 wesentlichen Typen sollen hier aufgezeigt und erklärt werden. Die D90 verfügt über das Nikon-spezifische F-Bajonett und unterstützt auch Objektive mit mechanischer AF-Kupplung sowie AF-S- und AF-I-Nikkore mit integriertem Motor. Bei Objektiven ohne CPU kann jedoch die Belichtungsmessung nicht genutzt werden.

Telekonverter TC-14E II, TC-17E II, TC-20E II

TC14E II

Brennweitenverlängerung	x 1,4
Lichtverlust	1 Blende oder Belichtungsstufe (EV)
Aufbau	5 Linsen, 5 Glieder
Baulänge	24,5 mm
Gewicht	200 g

TC17E II

Brennweitenverlängerung	x 1,7
Lichtverlust	1,5 Blenden oder Belichtungsstufen (EV)
Aufbau	7 Linsen, 4 Glieder
Baulänge	31,5 mm
Gewicht	250 g

Brennweitenverlängerung	x 2
Lichtverlust	2 Blenden oder Belichtungsstufen (EV)
Aufbau	7 Linsen, 6 Glieder
Baulänge	55 mm
Gewicht	355 g
Zubehör	Im Lieferumfang jedes Konverters enthalten ist der Frontdeckel BF-3A und der Objektivrückdeckel LF-1. Optional erhältlich ist der Objektivbeutel CL-071.

Abkürzung	Bedeutung
AF	Autofokus mit automatischer Scharfeinstellung. Seit 1986 mit der mechanischen Datenübertragung der AI-S-Nikkore. Ein Autofokusmotor im Kameragehäuse bewegt durch mechanische Übertragung den Fokussierring. Eine manuelle Scharfstellung ist ebenfalls möglich. Erstmals wurde auch ein Mikroprozessor (CPU) mit in das Objektiv eingebaut, der über elektronische Kontakte Daten an die Kamera übertragen kann. Dadurch kann auch die Matrixmessung und die TTL-Steuerung der Blitzsysteme verwendet werden.
AF-D	Mit zusätzlicher Entfernungsinformation. Voraussetzung für das Nikon-3-D-Multisensor-Aufhellblitzen. Verbesserte Reaktionszeit des Autofokus. AF-D steht für Autofocus with Distance Information.
AF-G	Autofokus-Nikkor ohne Blendenring. Die Blende wird an der Kamera eingestellt. Die Objektive entsprechen dem AF-D-Typ, sind aber deutlich preisgünstiger.
AF-I	Im Objektiv integrierter Autofokusantrieb. Ab 1994 Verwendung bei besonders langen Brennweiten, um die Reaktionszeit zu verkürzen. Die Objektive entsprechen ansonsten dem AF-D-Typ. AF-I steht für Autofocus with Integrated Motor.
AF-S	Autofokus mit integriertem Silent-Wave-Motor, seit 1996 extrem leise, schnell und präzise arbeitende Motoren auf Basis von Ultraschallschwingungen. Dabei wird ein manueller Eingriff durch Drehen des Fokussierrings möglich (*M/A*-Modus). AF-S steht für Autofocus with Silent-Wave-Motor.
AI	Nikkore mit Blendenindizierung. Ab 1977 eingeführter Objektivtyp, der die Einstellungen der Blende sowie die Lichtstärke mittels Steuernocken am Objektivadapter direkt an die Kamera übertragen kann. AI steht für Aperture Indexing.
AI-S	Modernisierter AI-Nikkor-Typ. Ab 1982 mit verbesserter Blendensteuerung. AI-S steht für Aperture Indexing-S.
ASP	Asphärischer Linsenschliff. Zur Korrektur von kissen- oder tonnenförmigen Verzeichnungen, die besonders bei Weitwinkelobjektiven auftreten. ASP steht für Aspherical.
CPU	Central Processing Unit, der eingebaute Mikroprozessor.
CRC	Automatische Nahbereichskorrektur. Dabei werden sogenannte Floating Elements verwendet. Hierbei handelt es sich um Linsengruppen, die gegenläufig verschoben werden. Dadurch lassen sich eine bessere Abbildungsqualität im Nahbereich und eine kürzere Naheinstellgrenze erreichen. CRC steht für Close Range Correction.
DC	Nikkore mit gezielter Defokussierung. Objektive mit zuschaltbarer, verstärkter Unschärfefunktion für den außerhalb des Schärfentiefebereichs liegenden Vorder- und Hintergrund. Anwendung speziell im Porträtbereich. DC steht für Defocus Image Control.
DX	Die DX-Serie wurde für die digitalen Nikons mit der Sensorgröße von ca. 16 x 24 mm eingeführt. Der Bildkreis, den ein solches Objektiv belichtet, ist kleiner als das Kleinbildformat von 24 x 36 mm. Diese Objektive können deshalb nur an Kameras im DX-Format verwendet werden. Technisch identisch mit dem AF-G-Typ.
E	Technisch gesehen ein AI-S-Typ, jedoch erheblich preisgünstiger bei teilweise minderer Qualität.
ED	Verwendung von speziellen Glassorten zur Korrektur der chromatischen Aberration. Durch die Lichtbrechung entstehen Farbsäume an den Rändern von dunklen oder hellen Bereichen, da sich die verschiedenen Wellenlängen nicht an einem Punkt auf dem Film oder Sensor treffen. Dieses Problem ist besonders bei längeren Brennweiten zu beobachten. ED steht für Extra low Dispersion.
IF	Innenfokussierung. Bei diesem Objektivtyp erfolgt die Fokussierung innerhalb einer kleinen Linsengruppe, während alle anderen Linsen unbewegt bleiben. Der mechanische Aufwand ist geringer und trägt zur Beschleunigung des Autofokus bei. IF steht für Inner Focusing.
M/A	Verzögerungsfreier Übergang zwischen manueller und Autofokussierung.
Medical	Spezialobjektive mit integriertem Ringblitz, für medizinische Anwendungen entwickelt.
MF	Objektive mit ausschließlich manueller Fokussierung. MF steht für Manual Focus.
Micro	Nikkore für den hohen Abbildungsmaßstab bei kleiner Naheinstellgrenze (Makrobereich). Spezielle Objektive, korrigiert für den Nahbereich, Blendeneinstellung bis 32 oder 45.

KAPITEL 7
OBJEKTIVE FÜR DIE D90

Abkürzung	Bedeutung
N	Nanokristallvergütung, neueste Linsenvergütung zur Verbesserung der optischen Qualitäten.
NIC	Mehrschichtenvergütung. Durch eine Bedampfung der Linsenoberfläche mit Metalloxiden kann eine erhöhte Lichtdurchlässigkeit sowie eine Verminderung unerwünschter Reflexe erreicht werden. NIC steht für Nikon Integrated Coating.
NIKKOR	Bezeichnung für von Nikon ab 1932 hergestellte Objektive.
PC	Nikkore mit Shift-Funktion (Dezentrierungsmöglichkeit). Anwendung beispielsweise in der Architektur- und Produktfotografie. Durch eine seitliche Verschiebung der Linsengruppen können stürzende Linien korrigiert werden. PC steht für Perspective Control.
Reflex	Spiegelteleobjektive mit extrem kurzer Bauweise. Die Objektive verfügen nicht über eine verstellbare Blende, eine Helligkeitsanpassung ist nur über die Belichtungszeit oder durch eine Verwendung von Graufiltern möglich.
RF	Hintergliedfokussierung. Variante der Innenfokussierung, diese liegt im hinteren Bereich des Objektivs, was eine weitere Beschleunigung des Autofokus zur Folge hat. RF steht für Rear Focusing.
SIC	Verfeinerte Mehrschichtenvergütung, verbessert auch die Farbwiedergabe der jeweiligen Objektive. SIC steht für Super Integrated Coating.
SWM	Ultraschallmotor. SWM steht für Silent-Wave-Motor.
VR	Nikkore mit Bildstabilisator. Diese Objektive (seit 2000) können Verwacklungen erkennen und mittels motorengesteuerter beweglicher Linsengruppen kompensieren. Dadurch werden Belichtungen mit einem Gewinn von bis zu drei Blendenstufen aus der Hand möglich. VR steht für Vibration Reduction.
VRII	Verbesserte Verwacklungsreduzierung (seit 2007), bis zu vier Blendenstufen Gewinn bei Belichtungen aus der Hand. Die Funktion erkennt jetzt auch langsamere Bewegungen.

Lichtstärke, Schärfentiefe und Perspektive

Unter dem Begriff Lichtstärke versteht man die maximale Anfangsöffnung der Blende eines Objektivs. Die Bezeichnung entspricht einer Verhältniszahl, z. B. 1:2,8. Diese Angabe bezeichnet die größtmögliche Blende (hier 2,8), die mit diesem Objektiv einstellbar ist. Je größer die maximale Blendenöffnung, umso länger kann auch bei schwachem Licht noch ohne Stativ fotografiert werden. Weitere Effekte einer großen Anfangsöffnung sind ein helleres Sucherbild und die Erweiterung des Schärfentiefebereichs. Lichtschwächere Objektive benötigen zur Verwendung in dunklerer Umgebung eher ein Stativ und den Einsatz längerer Belichtungszeiten, sind aber zumeist leichter und kostengünstiger als besonders lichtstarke Objektive.

AUFNAHMEDATEN	
Brennweite	300 mm
Belichtung	1/125 sek
Blende	f5,6

Aufnahme aus der Hand, Teleobjektiv mit Bildstabilisator (VR). Die Zweige im Nahbereich sind kaum noch zu erkennen. Der Schärfebereich liegt ausschließlich auf der Figur in ca. 100 m Entfernung.

Mit Schärfentiefe bezeichnet der Fotograf den Bereich vor und hinter der eingestellten Schärfeebene, der im Bild noch als scharf erscheint. Die Schärfentiefe, oder auch Tiefenschärfe genannt, wird unter anderem von der Blendenöffnung beeinflusst. Eine große Blendenöffnung (kleine Blendenzahl) ergibt eine geringe Schärfentiefe, eine kleine Blendenöffnung (große Blendenzahl) eine größere. Die Schärfentiefe wird auch beeinflusst von der Brennweite eines Objektivs. Je länger die Brennweite (Teleobjektiv), desto geringer ist die zur Verfügung stehende Schärfentiefe, je kürzer die Brennweite (Weitwinkelobjektiv), desto größer ist die mögliche Schärfentiefe. Auch die Distanz zum Aufnahmeobjekt beeinflusst den Schärfentiefebereich. Eine grafische Darstellung der verschiedenen Möglichkeiten finden Sie im Kapitel "Belichtungssteuerung".

Die Perspektive wird ausschließlich durch die Aufnahmeposition bestimmt. Je nach verwendetem Objektiv verändert sich jedoch die Darstellung im Bild. Weitwinkelobjektive erzeugen eine steile Bilddarstellung, der Vordergrund in einem Bild wird betont groß dargestellt. Bei der Verwendung von Teleobjektiven wird dagegen das Bild komprimiert, Vorder- und Hintergrund erscheinen dichter gedrängt. Tatsächlich ist jedoch der gleiche Effekt, bei einer entsprechenden Ausschnittvergrößerung, auch bei einer Aufnahme mit dem Weitwinkel- oder Normalobjektiv zu erreichen. Die Umsetzung wird jedoch durch die Auflösung des Bildes begrenzt.

Das Bokeh oder die Schönheit der Unschärfe

Der Begriff Bokeh wurde aus dem englischen Sprachgebrauch übernommen und stammt vermutlich ursprünglich von dem japanischen Wort „boke" ab, das so viel wie unscharf oder verschwommen bedeutet. In der Fotografie wird dieser Begriff für eine Qualitätsbezeichnung bei der Darstellung von unscharfen Bildbereichen verwendet. Dabei geht es um eine subjektiv und ästhetisch aufgefasste Art der Darstellung, erzeugt durch das jeweils verwendete Objektiv.

Das Bokeh wird insbesondere durch die im Bild dargestellte Form der Zerstreuungskreise bestimmt. Dabei spielt die verwendete Blendenform eine wesentliche Rolle. Je runder die Blendenlamellen im Objektiv angeordnet sind, desto angenehmer empfindet man in der Regel auch das Bokeh. Zerstreuungskreise erscheinen im Bild als helle Scheiben, erzeugt durch die unscharfe Fokussierung auf helle Punkte oder auch Lichter vor dunklerem Umfeld.

Ein weiterer Faktor in der Beeinflussung des Bokeh ist die Bauart und optische Korrektur des jeweiligen Objektivs. Dabei spielt insbesondere die Korrektur der sphärischen Aberration eine Rolle. Je nach Korrektur verändern sich die Zerstreuungskreise in den Randbereichen. Die Randschärfe oder Kontur dieser Kreise kann zwischen sehr weich und extrem hart mit möglichen Doppelkonturen verlaufen.

Brennweite 70 mm, Blende 4,5.

Brennweite 70 mm, Blende 5,6.

Die Distanzen zwischen Vorder- und Hintergrund müssen besonders groß sein. Das schönste Bokeh erzielen Sie bei maximaler Brennweite.

Je weicher und sanfter der Übergang zwischen helleren und dunkleren Bereichen verläuft, desto angenehmer ist wiederum das Bokeh. Besonders wichtig wird dies bei lichtstarken Objektiven und Teleobjektiven, z. B. bei der Verwendung im Porträt- oder Makrobereich. Hier wird der Effekt einer selektiven Unschärfe besonders oft genutzt, und ein gutes Bokeh steigert die Attraktivität des Bildes.

Ein sogenanntes schlechtes Bokeh erscheint im Bild als unscharfer, aber unruhiger Vorder- oder Hintergrund. Unscharfe Kanten erscheinen verdoppelt, die Abgrenzungen der Farbübergänge sind kontrastreich und weisen möglicherweise auch noch starke Farbsäume auf. Spitzlichter haben eckige Formen und sind scharfkantig gegen die dunkleren Bereiche abgegrenzt.

Die von Nikon angebotenen DC-Objektive (Defocus Control) ermöglichen eine einstellbare sphärische Über- oder Unterkorrektur und beeinflussen dabei die Darstellung des Unschärfebereichs. Besonders konstruierte Objektive erzeugen auch spezifische Unschärfedarstellungen. Bei der Verwendung eines Spiegelteleobjektivs beispielsweise werden die Unschärfescheibchen als Ringe dargestellt.

Die beiden Bilder (links) wurden mit dem Zoomobjektiv AF-S NIKKOR 18-70 mm 1:3,5-4,5G ED aufgenommen.

Diese vier Bilder (rechts) wurden mit dem Zoomobjektiv AF-S NIKKOR 70-300 mm 1:4,5-5,6G aufgenommen.

Konstruktionsbedingte Abbildungsfehler

Bedingt durch die Konstruktion und Bauart weisen einige Objektive immer noch Abbildungsfehler auf, die zwar so weit wie möglich korrigiert wurden, aber sich nicht endgültig entfernen ließen. Die Korrektur solcher Fehler ist zudem ein enormer Kostenfaktor, und so wird diese oftmals auf das Wesentliche beschränkt.

Distorsion oder Verzeichnung

Dies ist ein Abbildungsfehler, der sich als Verformung von geraden Linien oder geometrischen Formen im Bild darstellt. Bei Aufnahmen, die keine solchen Objekte enthalten, fällt diese Art der

Brennweite 70 mm, Blende 4,5.

Brennweite 135 mm, Blende 11.

Brennweite 200 mm, Blende 8.

Brennweite 300 mm, Blende 8.

Bokeh und Unschärfe in Abhängigkeit von Brennweite und Blende

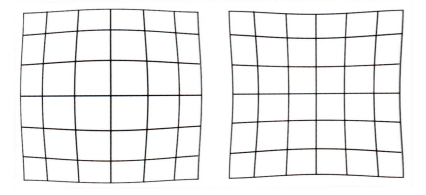

Links eine tonnenförmige, rechts eine kissenförmige Verzeichnung.

Verzerrung oftmals gar nicht auf. Dabei werden im Wesentlichen tonnen- oder kissenförmige Verformungen festgestellt. Es gibt aber auch noch Distorsionsfehler, die zunächst eine gerade Linie (Horizontale) abbilden und dann am Bildrand nach oben oder unten bzw. bei vertikalen Linien nach links oder rechts wegkippen. Dieser Abbildungsfehler wird auch mit Schnurrbarteffekt bezeichnet.

Die Korrektur eines solchen Abbildungsfehlers kann nachträglich in einem Bildbearbeitungsprogramm oder sogar direkt in der D90 erfolgen. Die entsprechende Anwendung finden Sie im Menü *Bildbearbeitung/Verzeichniskorrektur*. Dabei werden jedoch die Bildränder ein wenig beschnitten.

Chromatische Aberration

Die chromatische Aberration, auch Farblängsfehler genannt, entsteht dadurch, dass sich Lichtstrahlen unterschiedlicher Wellenlänge nicht an einem Brennpunkt treffen. Dies führt zu Farbsäumen und Unschärfen im Bild und wird insbesondere bei längeren Brennweiten festgestellt. Der Fehler kann durch die Verwendung spezieller Glassorten korrigiert oder gemindert werden. Nikon verwendet dazu die Gläser mit der Bezeichnung ED bzw. Super-ED (ED = Extra Low Dispersion).

Auch die chromatische Aberration ist mittels der digitalen Bildbearbeitung korrigierbar. Dazu benötigen Sie ein Bildbearbeitungsprogramm, das diese Funktion unterstützt, z. B. Capture NX 2 oder Adobe Photoshop.

Sphärische Aberration

Die sphärische Aberration entsteht dadurch, dass sich die verschiedenen Zonen der Linsen in einem Objektiv nicht am selben Brennpunkt bündeln. Als Effekt entsteht eine ungleichmäßige Schärfeverteilung zwischen den mittleren Zonen und den Randzonen eines Bildes. Dieser Effekt ist insbesondere bei Weitwinkelzoomobjektiven sehr ausgeprägt. Eine Korrektur erfolgt durch speziell geschliffene Gläser, sogenannte asphärische Linsen. Eine nachträgliche Korrektur ist nicht möglich.

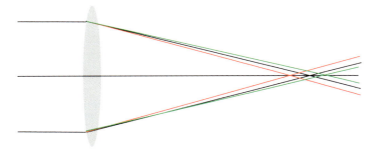

Schematische Darstellung der chromatischen Aberration.

Vignettierung

Die Vignettierung ist im eigentlichen Sinn kein Abbildungsfehler, sondern entsteht durch einen zu kleinen Bildkreis oder eine ungleichmäßige Helligkeitsverteilung zwischen dem Zentrum und den Randbereichen eines Bildes. Dieser Effekt ist besonders bei Weitwinkelobjektiven zu beobachten. Um diese ungleiche Helligkeitsverteilung zu korrigieren, können spezielle Filter mit einem zentrierten, der Vignettierung entgegengesetzten Verlauf verwendet werden. Diese müssen jedoch auf die jeweilige Optik zugeschnitten sein.

Bei geringfügigen Abweichungen genügt oft ein leichtes Abblenden, um den Fehler zu beheben. Auch eine digitale Korrektur bei der anschließenden Bildbearbeitung ist möglich. Geringfügige Vignettierungen lassen sich dann zwar durch digitale Bildbearbeitung entfernen, dabei lässt jedoch in den Randbereichen der Darstellung, je nach Objektiv, auch oftmals die Scharfzeichnung nach.

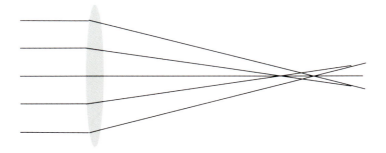

Schematische Darstellung der sphärischen Aberration.

KAPITEL 7
OBJEKTIVE FÜR DIE D90

Die chromatische Aberration wird an den Kanten als farbiger Saum sichtbar.

Ungewollte Vignettierungen entstehen häufig durch die Verwendung von unpassenden Filtern oder Gegenlichtblenden vor dem Objektiv.

Zentrierfehler

Dieser Fehler erzeugt eine ungleichmäßige Schärfeverteilung im Bild, die zur Seite hin wegkippt. Der Fehler basiert auf einer mangelhaften Zentrierung von Linsen und ist insbesondere bei Billigprodukten häufiger anzutreffen. Auch die mangelhafte Anpassung des Objektivs an die Kamera (Objektivauflage) kann eine Ursache dafür sein. Das Auftreten eines solchen Fehlers ist in jedem Fall ein Reklamationsgrund. Kamera und Objektiv sollten daraufhin überprüft werden.

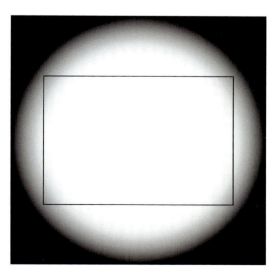

Darstellung eines Bildausschnitts mit Vignettierung.

8

KAMERAPFLEGE UND ZUBEHÖR

KAPITEL 8
KAMERAPFLEGE UND ZUBEHÖR

8

KAPITEL 8
KAMERAPFLEGE
UND ZUBEHÖR

Kamerapflege und Zubehör

Aufbewahrung bei längerer Nichtbenutzung 204

Außenreinigung und Schutzmaßnahmen 205
- Frontlinse der Objektive schützen 205
- Beschädigungen beim Transport vorbeugen 205
- Kameramonitor vor Kratzern schützen 206
- Schutz vor Staub und Nässe 206

Innenreinigung der D90 207

Automatische Sensorreinigung 207

Manuelle Sensorreinigung 207
- Reinigungsmittel aus dem Fotofachhandel 208

Sinnvolles Fotozubehör für die D90 209
- Zubehör für Kamera und Objektive 209
- Zwischenringe und Balgengerät 210
- Netzadapter 210
- Fernauslöser 210
- Batteriehandgriff 211
- Datenübertragung und Fernsteuerung 211
- Graukarten 212
- Farbkeile 212
- Weißabgleichsfilter 212

Kamerastative 213
- Stativkopf mit Schnellkupplung 213
- Lampenstative für Blitzgeräte 213
- Kamerawasserwaage 214

Fernsteuerung für Blitzgeräte 214

Taschen, Fotokoffer, Rucksäcke 215

Digitale Speichermedien 215
- Aufzeichnungskapazitäten 215
- Mobile Datenspeicher 216
- Gelöschte Bilder wiederherstellen 218
- Langfristige Bilddatensicherung 218
- Vorteile externer Festplatten 218
- Datensicherung auf DVD 219

[8] Kamerapflege und Zubehör

Das Kameragehäuse der Nikon D90 ist sehr robust und unempfindlich gegen Verschmutzungen, dennoch kann es vorkommen, dass sich Staub und Schmutzpartikel darauf ablagern. Um dieses weitestgehend zu verhindern, sollten die Kamera und das Zubehör bei Nichtbenutzung in einer Tasche oder Ähnlichem aufbewahrt werden. Besonders empfindlich ist das Innere der Kamera, vor allem der Spiegel und der Sensor sind mit äußerst empfindlichen Oberflächen versehen und dürfen keinesfalls mit den Fingern berührt werden. Das Kameragehäuse sollte deshalb nach Möglichkeit immer fest verschlossen sein.

■ Beim Objektivwechsel ist darauf zu achten, dass dieser in einer möglichst sauberen Umgebung stattfindet. Dennoch können sich im Lauf der Zeit Staub und Schmutzpartikel im Inneren der Kamera ablagern. Auf dem Sensor befindlicher Schmutz zeigt sich im Bild in Form von unscharfen, dunklen Flecken, die insbesondere bei gleichmäßigen Flächen sichtbar werden.

Aufbewahrung bei längerer Nichtbenutzung

Nehmen Sie den Akku aus der Kamera und bewahren Sie diesen in der mitgelieferten Schutzabdeckung auf. Die Kamera und das Zubehör sollten an einem kühlen und trockenen Ort gelagert werden. Achten Sie darauf, dass das Umfeld gut belüftet ist und keine Dämpfe jeglicher Art (z. B. Anti-Mottenmittel) darauf einwirken können. Die Kamera sollte nicht in der Nähe von Geräten gelagert werden, die starke elektromagnetische Strahlungen aussenden, wie z. B. Fernseher, Radios etc. Extreme Temperaturschwankungen und Temperaturen über +50 sowie unter −10 Grad sind nicht zu empfehlen.

Außenreinigung und Schutzmaßnahmen

Staub und trockener Schmutz lassen sich mit einer handelsüblichen Druckluftdose entfernen. Achten Sie darauf, diese immer so zu halten, dass dabei keine Flüssigkeit austreten kann. Bei der Verwendung eines Gummiblasebalgs ist darauf zu achten, dass dieser kein Talkum oder andere Substanzen enthält.
Sandrückstände, Salz und ähnliche klebende Verschmutzungen entfernen Sie ausschließlich mit einem feuchten Tuch und reinem Wasser. Verwenden Sie dazu weder Lösemittel noch Alkohol oder sonstige chemische Substanzen, da diese die Beschichtung der Kamera angreifen. Nach dem feuchten Abwischen benutzen Sie ein nicht fusselndes, trockenes Tuch und blasen die Kamera danach nochmals ab.
Zur Reinigung des Sucherokulars und des Monitors eignen sich weiche Stoff- oder Ledertücher, wie sie auch zur Brillenreinigung verwendet werden. Üben Sie dabei keinen Druck auf den Monitor aus, dieser ist sehr empfindlich und kann dadurch beschädigt werden.

STOPP! KEINE PRESSLUFT AUS KOMPRESSOREN

Verwenden Sie keinesfalls Pressluft aus Kompressoren, da diese Öl und andere Substanzen enthalten können, die dann unter großem Druck auf der Kamera verteilt werden.

KAPITEL 8
KAMERAPFLEGE UND ZUBEHÖR

KLARER FALL FÜR DEN SERVICE

Ein bekanntes Nikon-Problem ist, dass sich die gummierte Ummantelung im Lauf der Zeit teilweise von der Kamera ablösen kann. Versuchen Sie bitte nicht, diese mit irgendwelchen Klebstoffen wieder zu befestigen. Das ist ganz klar ein Fall für die Servicewerkstatt.

Beschädigungen beim Transport vorbeugen

Kamera und Objektive sind stets vor zu großer Hitze und Feuchtigkeit zu schützen. Eine weiche Transportverpackung verhindert Beschädigungen und Verkratzen. In der Tasche oder im Kamerakoffer mitgeführtes Silikagel in Päckchenform nimmt Feuchtigkeit und Kondenswasser auf und lässt sich nach der Benutzung im Backofen bei niedriger Temperatur auch wieder trocknen. Beschädigte Päckchen bitte sofort entsorgen!

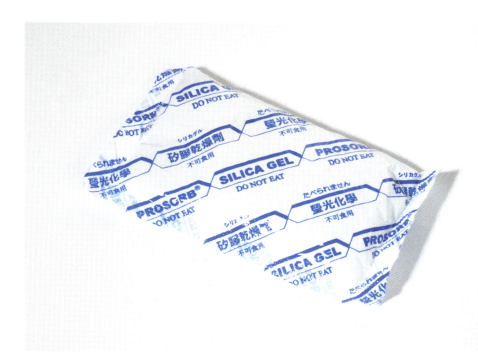

Silikagel nimmt Feuchtigkeit auf und schützt dadurch vor Kondenswasserbildung.

Eine Kamera mit dem Regenschutz der Firma Kata.

Gummiblasebalg zur Reinigung des Kamerainneren.

KRATZER ENTFERNEN

Sollte das Display dennoch einmal verkratzt werden, gibt es im Handel eine feine Paste, mit der die Oberfläche wieder poliert werden kann. Zu starker Druck oder Anschlagen an Kanten können den Monitor jedoch stark beschädigen oder sogar zerstören.

VORSICHT – KONDENSWASSERBILDUNG

Je dichter die Schutzhülle, desto größer ist das Risiko, dass sich darin Kondenswasser bildet. Deshalb gehört in jede Hülle eine ausreichende Menge an Silikagel. Dies sind die kleinen Päckchen, die bei neuen Kameras und anderen elektronischen Geräten oft mit in der Verpackung liegen. Zur Not können Sie auch Reiskörner in einem Stoffsäckchen verwenden.

Kameramonitor vor Kratzern schützen

Der Kameramonitor sollte zum Fotografieren stets mit dem mitgelieferten Schutz aus transparentem Plexiglas abgedeckt sein (Monitorschutz BM-10). Dieser schützt den Monitor vor Kratzern. Alternativ kann eventuell auch eine hauchdünne Kunststofffolie mit leichter Klebewirkung darauf befestigt werden.

Empfehlenswert für die Anwendung im Freien und in hellem Umgebungslicht ist auch eine aufklappbare Displayschutzblende, die zugleich eine bessere Betrachtung des Kameramonitors erlaubt. Einige Modelle verfügen sogar noch über eine aufklappbare Lupe. Besonders nützlich macht sich diese Schutzblende bei Verwendung der Live-View-Funktion. Nachteilig ist, dass sie zum Durchblick durch den Sucher stets wieder zugeklappt oder entfernt werden muss. Nikon selbst bietet dieses Zubehör nicht an, im Fachhandel ist dieses jedoch von anderen Herstellern auch für Ihre Kamera erhältlich.

Schutz vor Staub und Nässe

Um Kamera und Objektiv bei extremen Umweltbedingungen vor Staub und Nässe zu schützen, sind auf dem Markt teilweise wahrhaft abenteuerliche Konstruktionen zu finden. Die meisten basieren auf dem Plastiktütenprinzip mit zuziehbaren Verschlüssen oder Gummibändern. Diese Schutzfunktion ist natürlich begrenzt, aber als einfacher Regen- oder Staubschutz durchaus brauchbar. Wenn die Kamera völlig abgedichtet werden soll, sind beispielsweise die auch bedingt unterwassertauglichen Konstruktionen der Firma Aquatec empfehlenswert.

KAPITEL 8
KAMERAPFLEGE UND ZUBEHÖR

Wenn Sie vorzugsweise unter extremen Bedingungen fotografieren, empfiehlt sich ein zusätzlicher Schutz, um Regen, Dreck und Spritzwasser von der Kamera und dem Objektiv fernzuhalten, so wie der abgebildete Regenschutz. Transparente Plastiktüten und Gummibänder zur Abdichtung am Objektiv sollten Sie nur im Notfall einsetzen.

Innenreinigung der D90

Zur Reinigung des Inneren Ihrer Kamera sind zunächst besondere Vorsichtsmaßnahmen zu treffen. Ihre Umgebung sollte staub- und rauchfrei sein. Sorgen Sie für eine gute Beleuchtung und berühren Sie keine Teile in der Kamera.

Um Staub und anderen nicht klebenden Schmutz aus dem Kamerainneren zu entfernen, pusten Sie diese nur sehr vorsichtig mit einem absolut sauberen und dafür geeigneten Gummiblasebalg aus. Verwenden Sie dazu keine Druckluft oder andere Hilfsmittel und blasen Sie nicht mit dem Mund hinein. Staubsauger jeglicher Art, auch in Miniaturausführung, sind dafür nicht geeignet.

Die Oberfläche des Schwingspiegels besteht aus einer hauchdünnen Silberschicht, die nicht berührt werden sollte. Auch die dazugehörende Mechanik ist äußerst empfindlich, und es darf kein Druck darauf ausgeübt werden. Um den Spiegel zu reinigen, benutzen Sie nur die auch für die manuelle Sensorreinigung vorgesehenen Hilfsmittel.

Automatische Sensorreinigung

Die Nikon D90 verfügt über die Möglichkeit, Staubpartikel von der Oberfläche des Sensors, bzw. dem davorgesetzten Tiefpassfilter, durch Vibration abzuschütteln. Dazu rufen Sie im Menü *System* die Funktion *Bildsensor-Reinigung* auf. Mit der Option *Jetzt reinigen* können Sie eine Anwendung jederzeit durchführen. Alternativ besteht auch die Möglichkeit, beim Ein- oder Ausschalten der Kamera eine Reinigung automatisch vornehmen zu lassen.

Um ein optimales Ergebnis zu erhalten, sollte die Kamera bei der Anwendung auf dem Kameraboden stehen und nicht bewegt werden.

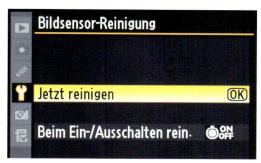

Im Systemmenü lässt sich die Sensorreinigung starten.

Manuelle Sensorreinigung

So wunderbar diese Selbstreinigungsfunktion auch ist: Staub, der sich im Gehäuseinneren befindet, wird sich immer wieder erneut auf dem Sensor absetzen. Klebende Schmutzpartikel lassen sich zudem nicht einfach abschütteln und müssen deshalb manuell entfernt werden.

Eine heikle Angelegenheit, die Sie vielleicht besser der Servicewerkstatt überlassen sollten. Um diese Arbeit dennoch selbst durchzuführen, benötigen Sie ein Netzteil oder einen vollständig geladenen Akku. Bei der Arbeit darf die Stromzuführung keinesfalls unterbrochen werden, da dadurch der Verschluss der Kamera sofort wieder geschlossen wird und durch eingeführte Gegenstände eine Beschädigung der Kamera zu erwarten ist.

[1] Zunächst müssen Sie die Schmutzpartikel lokalisieren. Dazu benötigen Sie eine Aufnahme, die ohne Objektiv durchgeführt werden sollte. Richten Sie dazu die Kamera ohne Objektiv und Frontabdeckung gegen eine helle Wand oder die Zimmerdecke und belichten Sie bei manueller Einstellung mit sehr kurzer Belichtungszeit (z. B. 1/8000 Sekunde). Die Aufnahme sollte eine möglichst gleichmäßige, mittlere Helligkeit aufweisen.

[2] Verschließen Sie die Kamera wieder und übertragen Sie das Bild in ein Bildbearbeitungsprogramm. Bei der anschließenden Bearbeitung verstärken Sie die Helligkeit und den Kontrast.

[3] Untersuchen Sie die Aufnahme bei starker Vergrößerung. Befinden sich auf dem Bild dunkle, unscharfe Flecken, handelt es sich um Schmutzpartikel. Beachten Sie, dass sich diese im Bild wiedergegebenen Flecken spiegelverkehrt auf der Oberfläche des Tiefpassfilters befinden.

[4] Zum Entfernen der Verschmutzungen wählen Sie im Systemmenü die Funktion *Inspektion/Reinigung* aus. Bestätigen Sie die Anwendung mit *OK* und drücken Sie den Auslöser. Mit dem Abschalten der Kamera wird die Aktion beendet.

Bei einer Anwendung ohne Netzteil und mit nicht vollständig geladenem Akku steht diese Option im Menü *System* nicht zur Verfügung.

Reinigungsmittel aus dem Fotofachhandel

Benutzen Sie für die Sensorreinigung bzw. Tiefpassreinigung auf keinen Fall irgendwelche Pinsel, Tücher oder Objektivreinigungspapiere.

- **Staub**: Versuchen Sie, Staubpartikel mit dem Blasebalg wegzupusten. Verwenden Sie dazu ein absolut sauberes Gerät ohne Pinsel und berühren Sie die Sensoroberfläche nicht.

- **Schlieren, klebriger Schmutz**: Benutzen Sie nur spezielle Reinigungsmittel aus dem Fachhandel und handeln Sie genau nach Anweisung. Benutzen Sie keine üblichen Wattestäbchen mit Alkohol, dadurch verschlimmern Sie den Zustand im Allgemeinen nur. Alkohol verursacht zudem beim Verdunsten Rückstände (Schlieren) auf dem Tiefpassfilter.

Im Fotofachhandel erhalten Sie Reinigungsmittel, die nachfolgend kurz erläutert werden.

- **Eclipse**: Ein spezielles Mittel auf Methylalkoholbasis, das keine Rückstände verursachen sollte. Dazu werden spezielle Stäbchen, sogenannte Sensor-Swabs, mit einer breiten Putzfläche verwendet. Jedes der Stäbchen sollte nur einmal benutzt werden, um Verkratzungen auszuschließen. Der Nachteil: Methylalkohol ist hochgiftig und kann zu einer Schädigung des Nervensystems führen.

- **Sensor-Clean**: Ungiftige Substanz, allerdings mit Neigung zur Schlierenbildung. Dabei werden medizinische Wattestäbchen verwendet.

Zur Reinigung muss der Spiegel hochgeklappt werden

KAPITEL 8
KAMERAPFLEGE UND ZUBEHÖR

- **Smear-Away**: Flüssigkeit, die Schlieren und Ölrückstände entfernen kann.

- **Speck-Grabber**: Handgriff mit adhäsiver Spitze. Die Spitze zieht Staub an und kann mit destilliertem Wasser auch wieder gereinigt werden. Der Umgang damit erfordert ein genaues Lokalisieren der Schmutzpartikel, um diese gezielt zu entfernen.

- **Sensor-Brush**: Ein spezieller Nylonpinsel, der durch Druckluft oder Reiben statisch aufgeladen wird und dadurch die Staubpartikel aufnehmen kann. Dazu erhalten Sie spezielle Waschtabletten, um den Pinsel wieder zu reinigen. Eignet sich nur bei lockerem Staub.

Alle diese Reinigungsmittel sind extrem teuer und nur mit äußerster Vorsicht anzuwenden. Eine Beschädigung des Sensors ist nicht ausgeschlossen, und bei starken Verschmutzungen sollte deshalb die Kamera besser zum Kundendienst gegeben werden. Auch einige Fachhändler bieten inzwischen den Service einer Reinigung des Sensors und der Kamera an. Bei besonderen Veranstaltungen und Messen wird der Reinigungsservice gelegentlich sogar kostenlos angeboten.

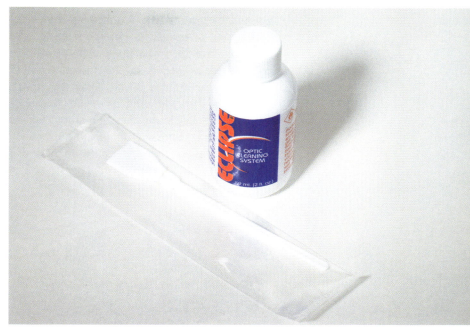

Reinigungsmittel Eclipse und Sensor-Swabs.

VORSORGE IST BESSER

Verhindern Sie, dass Staub und anderes in das Kamerainnere gelingen kann. Blasen Sie die Kamera und die Objektive vor dem Wechsel stets mit einem sauberen Blasebalg ab. Besonders der Bereich um das Objektivbajonett und am Objektivansatz sollte stets sauber gehalten werden. Brillenputztücher, Mikrofasertücher, Objektivreinigungspapiere und andere Mittel sollten ausschließlich zur Reinigung der Linsen an den Objektiven verwendet werden.

Sinnvolles Fotozubehör für die D90

Neben Ihrer Kamera und den entsprechenden Objektiven gibt es noch jede Menge mehr oder weniger sinnvolles Zubehör auf dem Markt. Einiges davon stellt tatsächlich eine wertvolle Ergänzung Ihrer Ausrüstung dar. Nikon und etliche Fremdhersteller bieten dazu ein umfangreiches Sortiment an. In der folgenden Übersicht finden Sie eine Aufstellung der für fast alle Aufnahmebereiche sinnvollen Ergänzungen.

Zubehör für Kamera und Objektive

Nicht in jedem Fall ist das von Nikon angebotene Zubehör die effektivste Lösung. Einige Ergänzungen sind jedoch allein schon aus Qualitätsgründen aus dem Hause Nikon zu bevorzugen. Wenn Sie bereits seit längerer Zeit mit Nikon-Kameras und -Zubehör arbeiten, wird das eine oder andere Teil schon vorhanden sein und eventuell auch zu Ihrer D90 passen.

So ist beispielsweise der eckige Sucheranschluss schon bei vielen vorherigen, auch analogen Kameramodellen verwendet worden. Es kann also durchaus möglich sein, auch einen 20 Jahre alten Winkelsucher oder eine alte Sucherlupe an der neuen D90 zu verwenden.

Ein kleines und nahezu unscheinbar wirkendes Zubehörteil ist bereits im Lieferumfang der D90 enthalten: der Sucherokularverschluss DK-5. Bei Aufnahmen, bei denen Sie nicht durch den Blick durch den Sucher das Okular abdecken, sollten Sie diese Sucherabdeckung verwenden. Lichteinfall kann die Belichtungsmessung stören und zu fehlerhaften Ergebnissen führen. Zur Anwendung ziehen Sie die Augenmuschel nach oben ab und setzen stattdessen das DK-5 auf.

Sucherabdeckung DK-5

Zum Anschluss an den Sucher bietet Nikon einiges an optionalem Zubehör an: eine Sucherlupe mit zweifacher Vergrößerung (dazu benötigen Sie dann auch noch einen Anschlussadapter), einen Winkelsucher mit einer einstellbaren Vergrößerung von 1:1 oder 1:2 sowie das Vergrößerungsokular DK-21M.

Vergrößerungsokular DK-21M

Letzteres ist besonders zu empfehlen, wenn Ihnen das Sucherbild insgesamt etwas zu klein vorkommt. Mit einem Vergrößerungsfaktor von ca. 1,17 sieht das Sucherbild endlich so aus, wie man es sich vorstellt. Zudem erhöht sich die Distanz zwischen Gesicht und Kamera um einige Millimeter. Das Anbringen erfolgt anstelle der mitgelieferten Gummi-Augenmuschel. Danach muss möglicherweise die Dioptrieneinstellung neu angepasst werden. Wenn Sie zum Fotografieren eine Brille tragen, sollten Sie vor dem Kauf testen, ob Sie auch damit noch das gesamte Sucherfeld sehen können.

Zwischenringe und Balgengerät

Für Aufnahmen im Makrobereich sind besonders die Zwischenringe und das Balgengerät interessant. Dieses Zubehör ist jedoch auch von anderen Herstellern zu oftmals günstigeren Preisen erhältlich. Zu den unterschiedlichen Ausführungen und Qualitäten der einzelnen Produkte sollten Sie sich vor dem Kauf unbedingt von einem Fachhändler beraten lassen.

Netzadapter

Wenn Sie viel im Studio fotografieren und womöglich die Kamera auch noch ferngesteuert einsetzen, ist die Anschaffung eines passenden Netzadapters empfehlenswert. Auch wenn Sie die Reinigung des Sensors Ihrer Kamera selbst vornehmen wollen, ist dieser nahezu lebensnotwendig.
Für die D90 ist das Modell mit der Bezeichnung EH-5a erforderlich. Vielleicht verfügen Sie aber noch über das ältere Modell EH-5, es passt ebenfalls. Dieser Netzadapter kann zudem an der D300 und der D700 verwendet werden.

Fernauslöser

Um die Kamera ohne Berührung mit der Hand auszulösen, benötigen Sie die optional erhältliche Fernbedienung ML-L3. Diese arbeitet auf Infrarotbasis und muss zum Funktionieren eine direkte Sichtverbindung mit der Kamera haben. Ein Kabelanschluss zur Fernbedienung ist an der D90 nur für das Fernauslösekabel MC-DC2 vorhanden.

KAPITEL 8
KAMERAPFLEGE UND ZUBEHÖR

Infrarotfernbedienung ML-L3

Datenübertragung und Fernsteuerung

Die D90 kann über ein USB-Kabel direkt an einen Computer angeschlossen werden. Dieser Anschluss ermöglicht auch eine Fernsteuerung der Kamerafunktionen bequem per Tasteneingabe oder Mausklick. Die erstellte Aufnahme wird dabei direkt auf den Computer übertragen und kann hier angesehen, gespeichert und weiterverarbeitet werden. Dazu ist die optional erhältliche Software Camera Control Pro 2 erforderlich. Die maximale Länge des USB-Kabels sollte jedoch zehn Meter nicht überschreiten.

Batteriehandgriff

Der Batteriehandgriff MB-D80 bietet zusätzliche Bedienungsmöglichkeiten bei Hochformataufnahmen. Er kann neben den für die D90 üblichen Batterien vom Typ EN-EL3e auch noch handelsübliche AA-Batterien aufnehmen. Um AA-Batterien zu verwenden, benötigen Sie dazu noch die Batteriehalterung MS-D200.

Die verwendete Batterieart muss in diesem Fall unter *Individualfunktionen d12/MB-D80 Akku-/Batterietyp* angegeben werden, um eine korrekte Funktion zu gewährleisten. Der Griff wird von unten an die Kamera angesetzt, dazu müssen der in der Kamera eingesetzte Akku und die Abdeckklappe entfernt werden.

Die Nikon D90 mit Batteriehandgriff MB-D80.

Batteriehandgriff MB-D80, links mit zwei Akkus EN-EL3e, rechts mit AA-Batterien.

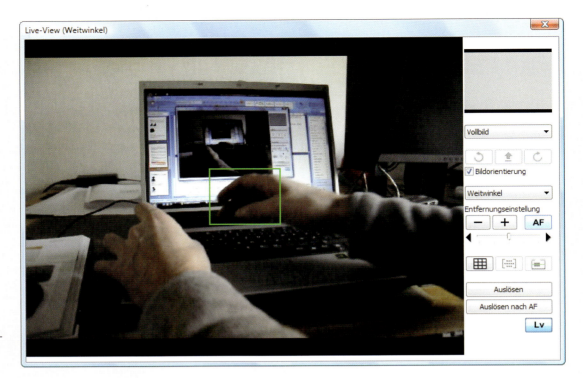

Bildschirmansicht in der Aufnahmeeinstellung Live-View mit Camera-Control Pro 2.

Dabei kann auch die Live-View-Funktion zur Bilddarstellung auf dem Computer genutzt werden, dies ermöglicht eine Bildansicht bereits vor der eigentlichen Aufnahme. Weitere Informationen finden Sie in Kapitel 9, „Nikon-Software".

Eine Übertragung der gespeicherten Bilddaten auf einen Computer kann auch über das mitgelieferte USB-Kabel erfolgen. Dabei wird USB-2.0-High-Speed verwendet. Alternativ dazu kann das verwendete Speichermedium zur Datenübertragung direkt oder mithilfe eines Adapters an den Rechner zur Übertragung und weiteren Bearbeitung angeschlossen werden. Auch eine Ansicht der gespeicherten Bilder über ein TV- oder HDMI-Gerät ist mit einer speziellen Kabelverbindung möglich.

In Verbindung mit passenden PictBridge-kompatiblen Druckern kann ebenfalls ein Ausdruck direkt von der Kamera aus erfolgen (nur JPEG-Formate).

Graukarten

Zur Ermittlung der richtigen Belichtungszeit und als neutraler Messpunkt beim Weißabgleich sowie zur Neutralisierung von Farbstichen bei der digitalen Bildbearbeitung sind genormte Graukarten ein wichtiges Hilfsmittel. Eine matte Oberflächenbeschichtung und ein Reflexionswert von 18 % sind funktionelle Voraussetzungen, wenn die Graukarte auch zur Belichtungsermittlung verwendet werden soll. Im Handel erhältlich sind unterschiedliche Größen und Ausführungen, die teilweise auch noch hellere, weiße und schwarze Felder enthalten. Die älteren Graukarten der Firma Kodak sind jedoch zum Weißabgleich nicht geeignet und können daher nur noch zur Belichtungsermittlung verwendet werden.

Farbkeile

Farbkeile sind ebenfalls ein probates Hilfsmittel zur Farbanpassung in der digitalen Bildbearbeitung. Diese enthalten neben einem abgestuften Graukeil präzise Musterfarben. Der Farb- und Graustufenkeil wird im Motiv platziert und mit aufgenommen. Bei der Nachbearbeitung können die Bildfarben mit den Referenzfarben verglichen und entsprechend angepasst werden.

Weißabgleichsfilter

Weißabgleichsfilter werden direkt vor das Objektiv gesetzt und anstelle einer Graukarte zur Anpassung des Weißabgleichs verwendet. Dabei sollte der Weißabgleich immer unter den Aufnahmebedingungen stattfinden. Es empfiehlt sich, hier einen Filter mit großem Durchmesser zu kaufen, der bei kleineren Objektiven dann einfach vor die Frontlinse gehalten werden kann. Dabei ist jedoch darauf zu achten, dass die Farbe der Finger den Weißabgleich nicht beeinflussen darf.

KAPITEL 8
KAMERAPFLEGE UND ZUBEHÖR

STATIV AUF SCHWINGUNGEN TESTEN

Die Auszugsgröße Ihres Stativs hängt natürlich davon ab, was Sie fotografieren wollen. Generell gilt: Je höher das Stativ ist, desto anfälliger ist es für Schwingungen. Genau diese gilt es jedoch zu vermeiden. Wenn Sie sich also ein neues Stativ zulegen wollen, empfehle ich, dieses zunächst beim Händler in ausgezogenem Zustand zu testen, indem Sie kurz gegen den Stativkopf schlagen. Ein gutes Stativ schwingt sehr schnell aus und vibriert dadurch nicht schon beim kleinsten Windstoß.

Großer Kugelkopf mit Schnellkupplung.

Kamerastative

Das ultimative Kamerastativ ist gepackt sehr klein und leicht, aufgebaut sehr groß und steht bombenfest und schwingungsfrei. Diese Ansprüche sind jedoch in der Praxis nicht leicht zu realisieren. Die Verwendung spezieller leichter und dennoch fester Materialien wie z. B. Karbonfaser schlägt sich sofort in den Kosten nieder. Der wichtigste Punkt bei jedem Stativ ist jedoch der feste Stand und vor allem die Schwingungsfreiheit.

Stativkopf mit Schnellkupplung

Von besonderer Wichtigkeit ist auch der Stativkopf. Wenn Sie schwere Objektive an der Kamera verwenden und sich alle Verstellmöglichkeiten offen halten wollen, ist ein Kugelkopf mit zusätzlicher 360-Grad-Drehfunktion in nicht zu kleiner Größe von Vorteil. Ergänzend dazu ist eine Schnellkupplung zu empfehlen, damit lassen sich Kamera und Stativ schnell und problemlos verbinden.

Kleiner Kugelkopf zur Blitzbefestigung auf einem Lampenstativ.

Lampenstative für Blitzgeräte

Arbeiten Sie mit zusätzlichen Blitzgeräten, werden Sie noch Lampenstative benötigen. Davon gibt es im Fachhandel auch einige leichtere Modelle, die ähnlich wie Notenständer aufgebaut sind. Diese müssen nicht so massiv sein wie das Kamerastativ, es kommt vor allem auf ein leichtes Gewicht und je nach Bedarf die Auszugshöhe an. Um ein Kompaktblitzgerät beweglich befestigen zu können, sollte dazu noch ein kleiner Kugelkopf besorgt werden. Die mit den Blitzgeräten von Nikon mitgelieferten Standfüße lassen sich darauf befestigen, und so wird eine Neigung in jede gewünschte Richtung möglich.

Kamerawasserwaage

Kamerawasserwaage

Für Aufnahmen im Architekturbereich oder andere Aufnahmesituationen, in denen es darauf ankommt, die Kamera absolut gerade zu halten, eignet sich am besten eine am Blitzschuh zu befestigende Wasserwaage. Inzwischen sind im Zubehörhandel auch elektronische Modelle mit LEDs erhältlich. Bessere Modelle sind justierbar und funktionieren je nach Einstellung dann sehr präzise, sind aber nicht billig zu haben.

Fernsteuerung für Blitzgeräte

Nicht in jedem Fall ist das von Nikon favorisierte CLS-Blitzsystem das Nonplusultra, da dieses System auf der Verwendung der Nikon-eigenen Handblitzgeräte beruht und auf unmittelbaren Sichtkontakt bei begrenzter Distanz angewiesen ist. Bei der Anwendung von Studioblitzanlagen oder anderen Outdoorgeräten mit oder ohne Einstelllicht kann dieses System ebenfalls nicht genutzt werden.

Im Handel erhältlich sind deshalb Blitzauslöser auf Infrarotbasis (diese benötigen allerdings ebenfalls Sichtkontakt) oder mittels Funkfernsteuerung. Dazu wird der Sender an der Kamera befestigt und jeweils ein Empfänger an der zu steuernden Blitzleuchte. Auch Kombinationen dieser Technik sind möglich, indem andere Blitze durch die angesteuerten ausgelöst werden. Funkfernsteuerungen bieten dazu den Vorteil, dass sie auch auf weite Entfernung, um die Ecke und auch bei hellem Umgebungslicht zumeist sehr zuverlässig funktionieren.

Die in Ihrer Nikon verwendete i-TTL-Blitzsteuerung kann dabei zur Belichtungssteuerung jedoch nicht verwendet werden, und die richtige Ausleuchtung muss mittels eines externen Blitzbelichtungsmessers und/oder durch Versuche ermittelt werden. Dabei kann die Darstellung des Histogramms auf dem Kameramonitor wichtige Hinweise zur Belichtungseinstellung geben.

Die Aufnahmen werden in solchen Fällen mittels manueller Blenden- und Zeiteinstellung vorgenommen. Hier ist für die Belichtung durch den Blitz in erster Linie die Blende zuständig. Mit dieser wird die Helligkeit an die Blitzleistung angepasst.

Die Zeiteinstellung ist nach unten durch die Blitzsynchronzeit (bei der D90 ist dies 1/200 Sekunde) begrenzt, kann aber nach oben, zur Berücksichtigung des Umgebungslichts durch Langzeitbelichtung, unbegrenzt verlängert werden. Eine Synchronisation erfolgt dabei immer auf den ersten Verschlussvorhang. Dies bedeutet, dass der Blitz unmittelbar nach dem Druck auf den Auslöser erfolgt. Die Nutzung des zweiten Verschlussvorhangs, also zum Ende der Belichtungszeit, ist nur mit den Systemblitzgeräten möglich.

Ein einfaches Auslösen externer Blitzgeräte mit einem eingebauten lichtempfindlichen Sensor kann bei Sichtkontakt eventuell auch durch das in der Kamera eingebaute Blitzlicht erfolgen. Inwieweit sich dadurch die Belichtungsmessung in der Kamera bei Verwendung einer Belichtungsautomatik nützlich macht, muss von Fall zu Fall ermittelt werden. Im Allgemeinen wird jedoch eine manuelle Einstellung erforderlich sein.

KAPITEL 8
KAMERAPFLEGE UND ZUBEHÖR

Taschen, Fotokoffer, Rucksäcke

Je nach Ihren Vorlieben und Ihrem Aufgabengebiet werden Sie eine größere Kameratasche, einen Rucksack oder einen festen Koffer für Ihre Kamera und das Zubehör brauchen. Dabei sind auch Robustheit und Wetterfestigkeit wesentliche Kriterien.

Taschen und Koffer sollten innen gepolstert sein, entweder mit einer anpassbaren Schaumstoffpolsterung oder mithilfe von entsprechend einteilbaren stoßdämpfenden Fächern – von außen Schmutz abweisend sowie eventuell sogar wasser- und staubdicht. Vorsicht Kondenswasserbildung! Ein gepolsterter Tragegurt oder eine Rucksackfunktion kann den Transport wesentlich erleichtern. Für Fernreisen und bei der Aufgabe als Gepäck ist zudem ein gutes Schloss vorteilhaft.

Digitale Speichermedien

Was bei analogen Kameras der Film ist, ist bei den digitalen der Speicher. Dabei ist dieser im Gegensatz zum Film unabhängig von der verwendeten Empfindlichkeit (ISO) der Aufnahmen und wird lediglich durch seine Aufnahmekapazität begrenzt. Je hochauflösender und dadurch größer jedoch die von der Kamera erstellten Bilder sind, desto mehr Speicherplatz ist nötig, um eine größere Anzahl von Aufnahmen zu sichern. Für die Aufzeichnung von Bilddaten sind vor allem die Speicherkapazität und die mögliche Speichergeschwindigkeit (Schreib-/Leserate) des verwendeten Mediums von Bedeutung. In der Nikon D90 können nur SD-Speicherkarten, SDHC-kompatibel, verwendet werden. Diese sind im Fachhandel mit verschiedenen Speicherkapazitäten erhältlich.

Aufzeichnungskapazitäten

Die Speicherkapazität einer SD-Karte ist entscheidend für die mögliche Anzahl der aufzunehmenden Bilder. Handelsüblich sind derzeit Karten mit bis zu 8 GByte. Diese weisen jedoch entsprechend höhere Preise auf. Ein wiederholtes Löschen und Speichern von Daten in großer Anzahl ist bei allen Karten möglich, jedoch tatsächlich nicht unbegrenzt.

SD-/SDHC-Speicherkarte

Obwohl die Karten bei sachgemäßer Behandlung sehr unempfindlich gegen Beschädigungen sind und eine lange Lebensdauer besitzen, können sie dennoch Defekte entwickeln. Der große Vorteil von SD-Speicherkarten ist, dass sie keine mechanischen Teile enthalten. Ein Verschleiß der Steckkontakte durch wiederholtes Ein- und Ausstecken oder ein Knicken der Karte kann diese jedoch irreparabel beschädigen.

Um einem eventuellen Datenverlust vorzubeugen, empfiehlt es sich eventuell, mehrere kleinere als nur eine große Speicherkarte zu verwenden. Die Aufnahmekapazität einer Speicherkarte ist nicht nur von der erzeugten Bildgröße (Auflösung in Pixel) und der verwendeten Farbtiefe (8 Bit, 12 Bit) in der Kamera abhängig, sondern auch von der eingestellten Datenkomprimierung.

Eine Aufzeichnung im RAW-Format mit 12-Bit-Farbtiefe benötigt beispielsweise mehr Speicherplatz als eine Aufnahme im JPEG-Format mit seinen 8 Bit. Dies liegt daran, dass in dieser Datei wesentlich mehr Informationen eingebettet sind. Daten im JPEG-Format sind zudem mit unterschiedlicher Komprimierung einstellbar und benötigen je nach Anwendung daher deutlich weniger Speicherplatz. Allerdings ist eine erhöhte Komprimierung auch immer mit einem Informationsverlust verbunden.

In der folgenden Tabelle finden Sie die Aufzeichnungskapazitäten einer 2-GByte-High-Speed-SD-Speicherkarte. Die tatsächliche Anzahl der aufzunehmenden Bilder richtet sich auch nach der Art des aufgenommenen Motivs und kann je nach Speicherkartenfabrikat ebenfalls unterschiedlich ausfallen. Die Pufferkapazität gibt an, wie viele Bilder unmittelbar nacheinander aufgenommen werden können. Alle Werte sind nur ungefähre Angaben und nicht verbindlich.

Bildqualität	Bildgröße (in Pixel)	Dateigröße (MByte)	Gesamtanzahl der Bilder (ca.)	Pufferkapazität
RAW	wie L	10,8	133	9
JPEG Fine	L (4.288 x 2.848)	6	271	25
	M (3.216 x 2.136)	3,4	480	100
	S (2.144 x 1.424)	1,6	1.000	100
Normal	L	3,0	539	100
	M	1,7	931	100
	S	0,8	2.000	100
Basic	L	1,5	1.000	100
	M	0,9	1.800	100
	S	0,4	3.800	100
RAW + Fine	L	16,9	89	7
	M	14,4	104	7
	S	12,4	118	7
RAW + Normal	L	13,9	106	7
	M	12,6	116	7
	S	11,6	124	7
RAW + Basic	L	12,3	118	7
	M	11,7	123	7
	S	11,2	128	7

Mobile Datenspeicher

Aufgrund der stetig steigenden Auflösungen von Digitalkameras und der damit verbundenen steigenden Speicherplatzanforderung ist ein digitales Zwischenlager bei Aufnahmen vor Ort oder auch im Urlaub für viele Fotografen sehr interessant. Das Angebot an Geräten ist inzwischen schon sehr stark angewachsen, und eine Entscheidung zugunsten eines bestimmten Produkts will gut überlegt sein.

Für den Besitzer einer Nikon D90 kommen tatsächlich nur wenige Modelle infrage. Zunächst muss die in der Kamera verwendete SD-Speicherkarte passen. Bei Verwendung eines Geräts mit eigenem Monitor sind die Größe des Bildschirms und besonders auch dessen Auflösung zu berücksichtigen. Bei vielen Anbietern ist inzwischen eine Monitorgröße von 3,5 Zoll üblich, einige Geräte liegen sogar darüber. Eine wirkliche Beurteilung der Bildschärfe ist jedoch damit nur möglich, wenn Bildvergrößerungen mit entsprechendem Ausschnitt in 100-%-Ansicht darstellbar sind.

Weitere Kriterien sind die Speicherkapazität, die effektive Datenübertragungszeit und die Stromversorgung. Eine mögliche Verwendung von handelsüblichen Batterien ist eventuell der von speziellen Lithium-Ionen-Akkus vorzuziehen, da diese vor Ort schon mal schnell ersetzt werden müssen. Für den Outdooreinsatz sollte das Gerät zudem möglichst robust und unempfindlich sein.

KAPITEL 8
**KAMERAPFLEGE
UND ZUBEHÖR**

Mobiler Datenspeicher der Firma Epson.

Gelöschte Bilder wiederherstellen mit Rescue Pro.

Das Hauptproblem liegt jedoch in der Voransicht der übertragenen Bilddaten. Nahezu alle Geräte können JPEG-Dateien anzeigen, wenn Sie jedoch mit den neuesten RAW-Dateien von Nikon arbeiten, ist bei einigen Geräten keine Voransicht möglich. Dies bedeutet, dass Sie zwar die Daten übertragen und speichern können, aber eine Sichtkontrolle nicht erfolgen kann. Sie arbeiten dadurch sozusagen blind.

Ein weiteres wichtiges Kriterium bei der Anschaffung eines mobilen Datenspeichers ist eine integrierte Verify-Funktion, mit der die übertragenen Daten mit den Originaldaten verglichen und fehlerhafte Übertragungen sofort angezeigt werden.

Die Kosten für ein gutes Gerät liegen enorm hoch, und daher sollte überlegt werden, ob ein mitgeführter Laptop nicht die bessere Lösung darstellt.

Gelöschte Bilder wiederherstellen

Die Firma SanDisk liefert zu ihren Speicherkarten eine Wiederherstellungssoftware namens Rescue Pro. Mit diesem nützlichen Tool können versehentlich gelöschte Bilddaten auf Speichermedien wiederhergestellt werden.

Das Verfahren ist aber äußerst zeitaufwendig und kann je nach Größe der Karte mehrere Stunden in Anspruch nehmen. Wenn die Speicherkarte jedoch nach dem Löschen bereits mit neuen Bildern überschrieben wurde, ist eine Wiederherstellung von zuvor gelöschten Fotos eventuell nur noch teilweise oder gar nicht mehr möglich. Nach einer Formatierung der Speicherkarte ist die Wiederherstellung der Bilder auch mit diesem Programm ausgeschlossen.

Langfristige Bilddatensicherung

Eine Speicherung der Daten allein auf der Festplatte Ihres Rechners ist aus mehreren Gründen nicht zu empfehlen. Zum einen kann eine Festplatte auch einmal ausfallen, zum anderen werden Sie sich irgendwann sicherlich mal wieder einen neuen Computer zulegen wollen. Dabei stoßen wir auf ein großes Problem: Wie kann ich meine digitalen Bilder langfristig und sicher aufbewahren? Welches Dateiformat wird auch in Zukunft von neueren Datenverarbeitungssystemen noch lesbar sein?

Eine 100%ige Beantwortung dieser Fragen ist mir leider auch nicht möglich. Es gibt jedoch Studien, die versuchen, darauf eine Antwort zu geben. Empfohlen wird allgemein das TIFF-Format, da dieses Format eine verlustfreie Speicherung ermöglicht und zumindest derzeit mit allen Rechnerplattformen kompatibel ist. Nicht empfohlen wird dagegen das RAW-Format, da dieses herstellerbedingt unterschiedlich ist und einer ständigen Veränderung der Parameter unterliegt.

So sind beispielsweise die von Nikon erzeugten NEF-Formate der D90 nicht identisch mit denen vorhergehender Kameratypen.

Vom fotografischen Standpunkt aus gesehen ist jedoch die Speicherung des RAW-Formats absolut sinnvoll, da die Originalaufnahme in ihrer ursprünglichen Form unverändert beibehalten wird und deshalb der jeweiligen Anforderung entsprechend neu angepasst werden kann. Wenn es möglich ist, sollte demnach eine Speicherung der Originaldaten und eine der daraus entwickelten TIFF-Dateien stattfinden.

Vorteile externer Festplatten

Als sicherste Speichermedien werden derzeit externe Festplatten gehandelt. Diese können an ein Netzwerk oder direkt an den jeweiligen Rechner angeschlossen werden. Zudem sind dabei enorme Kapazitäten in TByte-Größe realisierbar.

Zu empfehlen ist hier eine Technik, die übernommene Daten gleichzeitig auf zwei oder mehrere verschiedene Festplatten sichert, das RAID-System. Dieses System kann folgende Vorteile für sich in Anspruch nehmen:

- Erhöhung der Ausfallsicherheit – Redundanz.
- Steigerung der Transferratenleistung.
- Aufbau großer logischer Laufwerke.
- Austausch von Festplatten und Erhöhung der Speicherkapazität während des Betriebs.
- Kostenreduktion durch Einsatz mehrerer preiswerter Festplatten.
- Hohe Steigerung der Systemleistungsfähigkeit.

Datensicherung auf DVD

Für viele Anwender kommt nur die Datensicherung auf CD- oder DVD-Speichermedien infrage. Dabei ist deren Haltbarkeit langfristig als eher schlecht zu beurteilen. So wird die Haltbarkeit von selbst gebrannten DVDs mit durchschnittlich fünf bis zehn Jahren angegeben. Einige Hersteller berufen sich jedoch auf eine Lesbarkeit von rund 70 Jahren. Mitverantwortlich für die Lebensdauer ist aber nicht nur das Speichermedium selbst, sondern auch der verwendete Brenner – ein Faktor, der nicht zu berechnen ist.

Durch bei der Herstellung von CDs oder DVDs verwendete Billigmaterialien und insbesondere auch durch die Verwendung von organischen Farbstoffen können die wertvollen Daten möglicherweise schon innerhalb kurzer Zeit nicht mehr lesbar sein.

Tatsache ist, dass die Art der Lagerung für eine kürzere oder längere Haltbarkeit mitverantwortlich ist. Kühl und trocken gelagerte CDs und DVDs halten demnach länger als solche, die ständigen Temperaturschwankungen, Hitze und hoher Luftfeuchtigkeit ausgesetzt sind.

Auch eine mechanische Beschädigung durch Zerkratzen ist nicht auszuschließen. Wichtige Bilder sollten also mindestens doppelt gesichert werden. Dabei kann die zusätzliche Sicherungskopie eventuell auch besser gelagert werden. Zur Sicherheit sollte die Funktionalität der Selbstgebrannten alle zwei bis drei Jahre überprüft werden, um rechtzeitig weitere Kopien herstellen zu können.

KAPITEL 8 KAMERAPFLEGE UND ZUBEHÖR

TBYTE = TERABYTE

Maßeinheit der Speicherkapazität, 1 TByte entspricht ca. 1.000 MByte.

RAID

RAID ist die Abkürzung für Redundant Array of Independent Disks (redundante Anordnung unabhängiger Festplatten).

CD/DVD NACH DEM BRENNEN PRÜFEN

Überprüfen Sie nach dem Brennen die CD oder DVD auf einem weiteren Laufwerk. Es kann durchaus passieren, dass durch eine Dejustierung Ihres Brenners die gespeicherten Daten nur auf diesem Laufwerk lesbar sind, auf einem anderen aber nicht.

9
NIKON-SOFTWARE

KAPITEL 9
NIKON-SOFTWARE

9

KAPITEL 9
NIKON-SOFTWARE

Nikon-Software

Bildübertragung mit Nikon Transfer   225

Bildverwaltung mit Nikon ViewNX   226

Kamera fernsteuern mit Camera Control Pro 2   229

Bildbearbeitung mit Capture NX 2   231

IPTC- und Exif-Daten bearbeiten   234
- IPTC-Daten in Bilddateien einbetten   235
- Vorsicht bei Windows Vista   235
- Vorsicht bei TIFF-Dateien   236
- Exif-Daten gezielt entfernen   236

Kamera-RAW-Daten entwickeln   237
- Nikon Capture NX 2   238
- Adobe Camera Raw   238

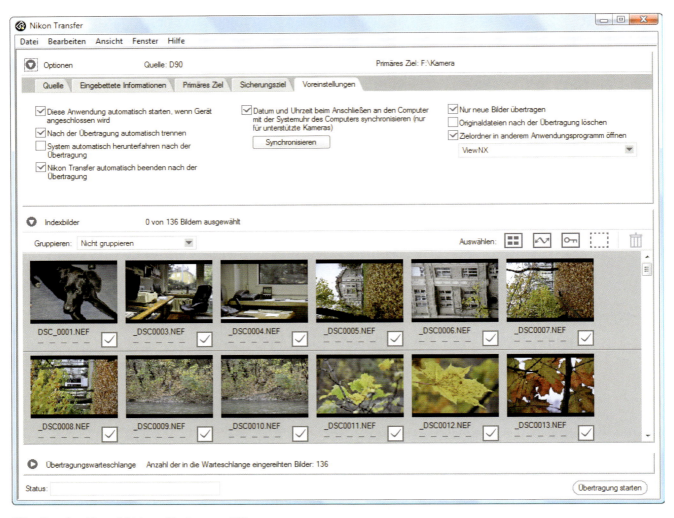

Nikon Transfer – Voransicht der zu übertragenen Bilder.

[9] Nikon-Software

Nikon bietet für die Käufer seiner Kameras spezielle Software an, die entweder bereits mit der Kamera auf CD ausgeliefert wird oder von der Webseite heruntergeladen werden kann. Für registrierte Nutzer sind einige Programme kostenlos, andere müssen bezahlt werden. Auf der mitgelieferten CD finden Sie unter anderem die Programme Nikon Transfer, ViewNX und Apple QuickTime als Player für Videosequenzen. Mit my Picturetown erhalten Sie einen Internetlink mit kostenlosem Zugang zur Bilddatenspeicherung auf einem Server von Nikon.

■ Aktuell erhältlich und besonders interessant für die Nutzer der Nikon D90 sind außerdem die Programme Nikon Capture NX 2 als Bildbearbeitungsprogramm und Camera Control Pro 2 zur Fernsteuerung Ihrer Kamera sowie zur direkten Datenübertragung auf den genutzten Computer.

Besonders empfehlenswert ist es, Ihre Kamera nach dem Kauf bei Nikon zu registrieren, um Zugriff auf eventuelle Upgrades zu erhalten. Dazu rufen Sie die Nikon-Webseite auf, unter *www.Nikon.de/ Service & Support – Registrierung* können Sie Ihre Geräte sowie die Software anmelden.

KAPITEL 9
NIKON-SOFTWARE

REGISTRIERUNG BEI NIKON

Nach dem Kauf Ihrer Kamera und anderer Nikon-Produkte können Sie sich auf der Nikon-Supportseite registrieren lassen. Dazu müssen Sie die Seriennummern Ihrer Nikon-Produkte angeben. Ohne diese Registrierung erhalten Sie keinen Zugriff auf neuere Programmversionen oder Updates zu Ihrer Nikon-Software.

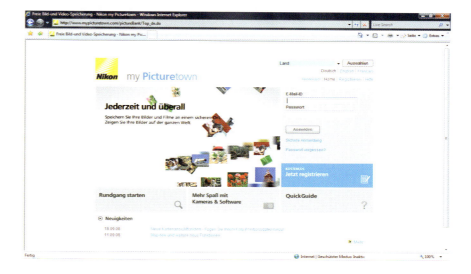

Die Registrierung Ihrer Kameras und Objektive bietet noch den weiteren Vorteil eines Diebstahlschutzes. Sollte Ihnen also eines oder mehrere der wertvollen Teile abhanden kommen, teilen Sie dies Nikon mit. Da fast jede Kamera und auch viele Objektive im Lauf der Zeit irgendwann einmal in die Werkstatt müssen, überprüft der Nikon-Service immer auch die Seriennummer. Wird dabei ein als gestohlen gemeldetes Gerät entdeckt, setzt sich Nikon umgehend mit Ihnen in Verbindung. Dadurch besteht eine gute Chance, ein gestohlenes Teil eventuell doch noch zurückzubekommen.

Bildübertragung mit Nikon Transfer

Dieses Programm ermöglicht die automatische Bildübertragung von der Kamera auf Ihren Rechner. Es befindet sich auf der CD, die Sie beim Kauf der Nikon D90 erhalten haben. Aktuelle Programmversionen können aber auch von registrierten Nutzern im Nikon-Supportcenter kostenlos heruntergeladen werden.

Die Bildübertragung erfolgt dabei mittels USB-Kabel direkt von der Kamera aus. Auch eine Übertragung durch Direktanschluss der Speicherkarte an den Computer ist möglich. Die Verwendung eines neueren High-Speed-Kartenlesers am USB-Anschluss bringt dabei möglicherweise sogar schnellere Übertragungsraten als ein Direktanschluss der Kamera an den Rechner.

Durch die Ansicht der Indexbilder kann bereits vor der Übertragung eine Vorauswahl der Bilder

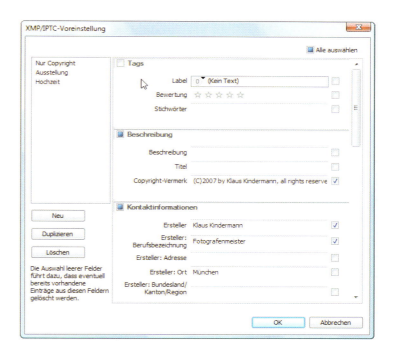

IPTC-Daten festlegen.

durch Markieren erfolgen. Zudem kann eine direkte Verschlagwortung der Fotos mit individuell angepassten IPTC-Informationen vorgenommen werden. Dies ist besonders interessant für Anwender, die ihre Bilder beispielsweise an die Presse oder Bildagenturen weitergeben wollen.

Bildverwaltung mit Nikon ViewNX

ViewNX ist ein äußerst nützliches Werkzeug für die Bildverwaltung und wird ebenfalls auf der beiliegenden CD ausgeliefert. Zum einen kann es als eine Art elektronischer Leuchttisch zur Bildsortierung eingesetzt werden, zum anderen können Sie nach der Installation von Nikon Transfer (siehe weiter oben) die Fotos Ihrer Kamera direkt in das Arbeitsfenster von ViewNX laden.

Nikon ViewNX unterstützt die Bildformate aller Nikon-Kameras, sollte jedoch immer wieder auf eventuelle neuere Programmversionen überprüft und gegebenenfalls aktualisiert werden. Als registrierter Nikon-Kunde erhalten Sie jederzeit Zugriff darauf im Web über die Supportseite von Nikon.

Die übertragenen Fotos werden als Miniaturen in einem Bildindex angezeigt. Ein Mausklick auf ein Indexbild öffnet das zugehörige Foto dann in einem Viewer. Im Viewer können auch die mit der Kamera aufgenommenen Filme wiedergegeben werden. Markierte Fotos können Sie zur weiteren Bearbeitung an Capture NX 2 oder ein anderes Bildbearbeitungsprogramm wie Adobe Photoshop weitergeben.

[i] IPTC-DATEN UND FARBRAUM

In NEF-Dateien enthaltene IPTC-Datenfelder dürfen nur von Nikon-eigenen Programmen bearbeitet werden. Bei Verwendung einer Fremdsoftware besteht die Gefahr, dass die Lesbarkeit der Bilddaten beschädigt wird. Besonders wichtig ist auch die Option *ICC-Farbprofil in übertragene Bilder einbetten*. Wenn Sie beispielsweise den Adobe RGB-Farbraum nutzen, wird das entsprechende Farbprofil in Ihre Bilder eingebettet. Ohne Aktivierung dieser Option kann es passieren, dass Ihre Bilder bei der digitalen Nachbearbeitung versehentlich im falschen Farbraum weiterbearbeitet werden.

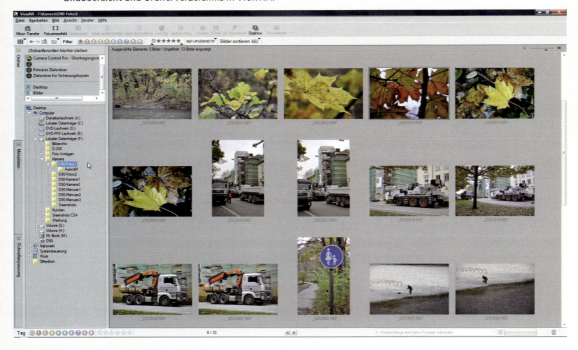

Bildübersicht und Ordnerverzeichnis in ViewNX.

KAPITEL 9
NIKON-SOFTWARE

Ausgewählte Bilder lassen sich einzeln oder in Form eines Kontaktbogens ausdrucken oder auch als E-Mail versenden. Nikon ViewNX unterstützt leider nur die Nikon-eigenen Dateiformate. Eine Texteingabe zur Einbettung in die ausgewählten Fotos (IPTC-Daten) ist unter *Metadaten* ebenfalls möglich.

Das Programm verfügt ebenfalls über eine Schnellanpassung der angezeigten und ausgewählten Bilder. Dabei ist zu beachten, dass Bilddaten, die bereits in einem anderen Bildbearbeitungsprogramm wie z. B. Capture NX 2 bearbeitet wurden, nicht nochmals bearbeitet werden können. Auch die vereinfachte Umwandlung von RAW-Dateien (NEF) in ein anderes Dateiformat ist mit ViewNX möglich.

Möchten Sie Ihre NEF-Dateien jedoch optimal bearbeitet in darstellbare Fotos umwandeln, ist zusätzlich ein Bildbearbeitungsprogramm wie Capture NX 2, ein RAW-Konverter wie Silkypix Developer oder Adobe Camera Raw (Bestandteil von Adobe Photoshop) mit einem entsprechenden Upgrade für das verwendete NEF-Format erforderlich.

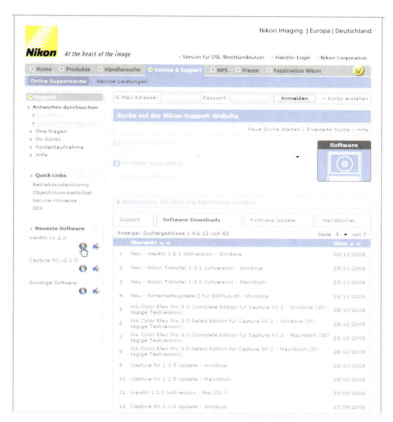

Die aktuelle Version von ViewNX im Nikon-Service & Support-Center herunterladen (www.nikon.de).

Ansicht eines ausgewählten Bildes und die Wiedergabe einer Filmsequenz im Viewer.

Indexansicht mit Metadaten.

Schnellanpassungsmenü und erweiterte Indexansicht in ViewNX.

KAPITEL 9
NIKON-SOFTWARE

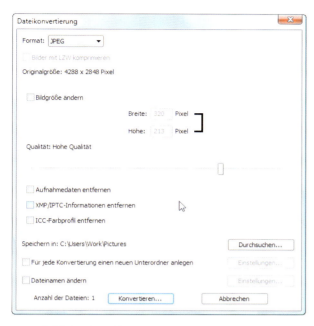

RAW-Datei mit ViewNX in ein anderes Bildformat umwandeln.

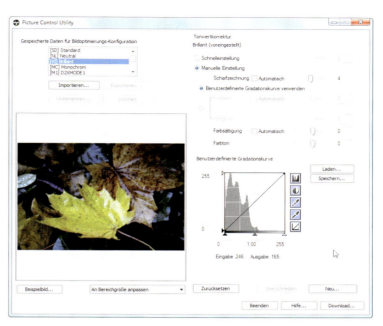

Das Programm Picture Control Utility.

ViewNX enthält auch eine direkte Verbindung zu Camera Control Pro 2. Um dieses Programm zur Fernsteuerung und zur Bildübertragung auf Ihren Computer anzuwenden, muss die Kamera angeschlossen und eingeschaltet sein. Eine gleichzeitige Verwendung von Nikon Transfer ist dabei nicht möglich.

Das Programm beinhaltet zudem das Bildoptimierungstool Picture Control Utility. Damit lassen sich benutzerdefinierte Bildoptimierungen erstellen, speichern und laden. Auch können diese benutzerdefinierten Bildoptimierungen auf der Speicherkarte abgelegt und anschließend in die Kamera zur dortigen Anwendung geladen werden. Als Ausgangsbild muss dazu ein RAW-Foto verwendet werden, das zunächst mit dem Picture Control Utility angepasst wird.

Kamera fernsteuern mit Camera Control Pro 2

Diese Software erhalten Sie zwar nicht kostenlos, aber wenn Sie Ihre Kamera per USB-Kabel (bis zu 10 m) vom Computer aus fernsteuern wollen, haben Sie damit ein fantastisches Werkzeug zur Hand.

Besonders im Studiobereich, z. B. bei Tabletop- und Makroaufnahmen, sind eine Fernsteuerung der Kamera und die direkte Datenübernahme auf den Computer zur weiteren Bearbeitung empfehlenswert. Dabei kann auch eine Stromversorgung über das optional erhältliche Netzteil sinnvoll sein. In der Tierfotografie und in vielen anderen Anwendungen ist dies eine weitere Entwicklung für die digitale Fotografie, die fantastische Möglichkeiten bietet.

Fernsteuerung der Kamera von einem Notebook aus.

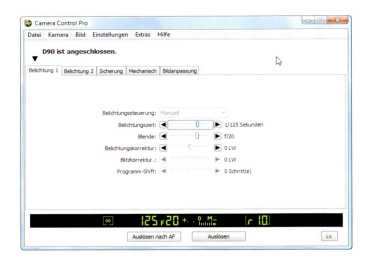

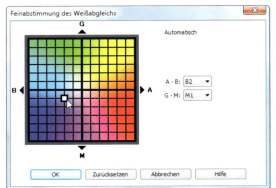

Steuerungsoptionen von Camera Control Pro 2.

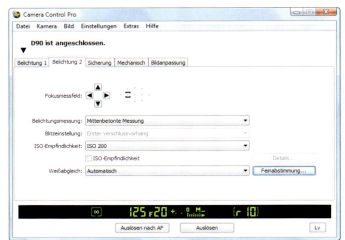

Sämtliche Kamerafunktionen und Voreinstellungen zur Aufnahme sind nach dem Anschluss der Kamera verfügbar und bequem vom Computer aus anzupassen. Dabei können auch eigene Voreinstellungen erstellt, gespeichert und direkt in die Kamera geladen werden.

Camera Control Pro 2 unterstützt ebenfalls die Live-View-Funktionen der D90; damit ist es jetzt möglich, das Bild bereits vor der Aufnahme auf dem Bildschirm des Computers darzustellen. Das Programm erlaubt es dem Anwender in schwierigen Aufnahmesituationen, beispielsweise Bildschärfe und Bilddetails bei einer Ansicht von 100 % direkt am Bildschirm zu beurteilen.

Live-View-Ansicht mit Camera Control Pro 2.

Bildansicht und Kontrolle nach der Aufnahme.

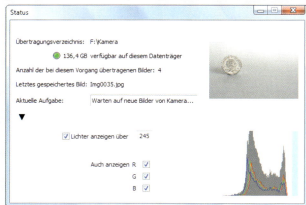

Die Arbeitsumgebung von Capture NX 2.

Bildbearbeitung mit Capture NX 2

Nikons Bildbearbeitungssoftware steht auf der Nikon-Website als 30-Tage-Testversion zum Herunterladen zur Verfügung.

Capture NX 2 bietet neben den üblichen Bildbearbeitungsfunktionen einige spezielle Optionen, die beispielsweise das partielle Bearbeiten von Bildteilen ohne die Verwendung von Masken oder Ebenen erlauben. Dabei werden an bildwichtigen Stellen sogenannte Kontrollpunkte eingefügt, die sich individuell verstellen lassen. Die Originalbilddaten bleiben dabei stets erhalten. Ein Rückgängigmachen einzelner Arbeitsschritte ohne Beeinflussung anderer ist somit jederzeit möglich.

Bildbearbeitung über anpassbare Kontrollpunkte.

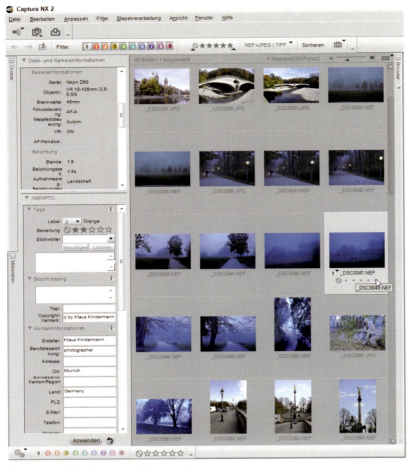

Capture NX 2 bearbeitet Bilder im NEF-, TIFF- und JPEG-Format auf gleiche Weise. Die vorgenommenen Anpassungen können auch gespeichert und mittels einer Stapelverarbeitung sogar auf ganze Ordner automatisch angewendet werden. Bei der Bildbearbeitung kann eine beliebige Anzahl von Bildversionen innerhalb derselben Bilddatei gespeichert werden. Eine Verschlagwortung der Bilder mit IPTC-Daten und eine Übersicht über die von der Kamera gespeicherten Daten sind ebenfalls möglich.

Für die Bearbeitung der unterstützten Bildformate steht unter anderem auch eine Verzeichnungs- und Vignettierungskorrektur zur Verfügung. So ist es beispielsweise möglich, Bilder, die mit dem Nikon-Fisheye-Objektiv 10,5 mm aufgenommen wurden, zu entzerren und als Panoramaaufnahmen zu verwenden. Im Menü findet sich ebenfalls eine Korrekturmöglichkeit der chromatischen Aberration. Auch die D90 selbst korrigiert bereits in der Kamera diesen Fehler, eine restlose Entfernung ist jedoch nicht immer möglich.

Eingabe von IPTC-Daten zur Bildbeschreibung.

Verzeichniskorrektur in Capture NX 2.

KAPITEL 9
NIKON-SOFTWARE

Die D-Lighting-Funktion ermöglicht eine Nachbearbeitung über- oder unterbelichteter Bildbereiche, ohne dabei die korrekt belichteten Bildteile zu verändern. Neben einer Vielzahl von Bildbearbeitungswerkzeugen zur Anpassung von Helligkeit, Farbe und Scharfzeichnung sind auch ein Dateibrowser, eine Metadateneingabe, eine Bearbeitungsliste und Werkzeuge zur Rauschreduzierung in Capture NX 2 integriert. Besonders nützlich ist die Funktion *Bilder vergleichen*, dabei kann eine Bildansicht des Ausgangsbildes und des bearbeiteten Bildes mit demselben Ausschnitt angezeigt werden.

Capture NX 2 unterstützt sämtliche Nikon-NEF-Formate sowie die von Nikon-Kameras verwendeten Formate TIFF und JPEG. Es besteht auch die Möglichkeit, Bilder, die bereits im TIFF- oder JPEG-Format vorliegen, nachträglich im NEF-Format zu speichern.

Weiterhin sehr interessant und vielseitig ist auch das besondere Druckermenü von Capture NX 2. Dieses ermöglicht die Ausgabeanpassung nach Layout und nach Bildgröße. Auch Bildinformationen (Metadaten) können mit den jeweiligen Fotos ausgedruckt werden.

TABU – WINDOWS-BILD-BEARBEITUNGSFUNKTIONEN

Windows XP und Windows Vista bieten ebenfalls eingeschränkte Bildbearbeitungsfunktionen an. Diese sollten Sie jedoch keinesfalls nutzen, da Ihre Exif-Bilddateninformationen (bei JPEG- oder TIFF-Dateien) dadurch geändert oder gar beschädigt werden können. Drehen Sie zum Beispiel keinesfalls die Bilder in der Windows-Fotogalerie mit einem rechten Mausklick. Bei NEF-Daten ist es sogar möglich, dass diese dadurch unbrauchbar werden und von Nikon Capture NX 2 oder Adobe Photoshop nicht mehr geöffnet und weiterbearbeitet werden können. Bearbeiten Sie deshalb die NEF-Dateien nur mit Programmen, die dafür vorgesehen sind.

Bilder vergleichen in Capture NX 2.

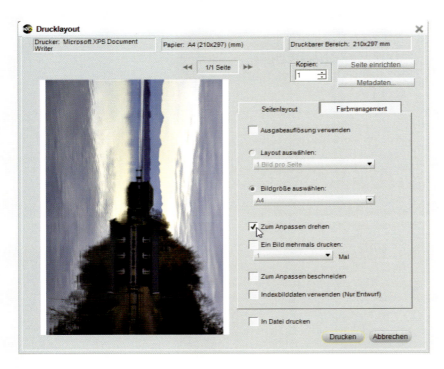

IPTC- und Exif-Daten bearbeiten

Der IPTC-NAA-Standard, kurz IPTC, dient der Speicherung von Textinformationen zu Bildinhalten. Der Standard erlaubt es, den Namen des Autors, Bildtitel und Schlagwörter direkt in der Bilddatei zu speichern. Mit professionellen Bilddatenbanken lassen sich dadurch die Fotos leichter finden und verwalten. Dabei ist genau definiert, welche Informationen in welche Datenfelder eingetragen werden sollen, sowie die Anzahl der für das jeweilige Datenfeld möglichen Zeichen.

Das Exchangeable Image File Format (Exif) ist ein Standard der Japan Electronic and Information Technology Industries Association für das Dateiformat, in dem moderne Digitalkameras Informationen über die aufgenommenen Bilddaten speichern. Dazu gehören die Kamerabezeichnung, die verwendete Blenden- und Zeiteinstellung etc. Diese Daten sind mit üblichen Programmen nicht veränderbar.

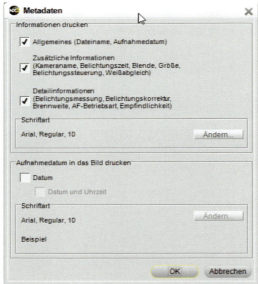

Einstellung des Drucklayouts und Möglichkeiten zum Ausdruck von Metadaten.

IPTC-NAA-STANDARD

Der IPTC-NAA-Standard basiert auf einer Entwicklung des International Press Telecommunications Council (IPTC) und der Newspaper Association of America (NAA).

XMP-FORMAT

Neu ist auch das XMP-Format (Extensible Metadata Platform). Das von der Firma Adobe entwickelte Format wird inzwischen bei allen Adobe-Anwendungen und zunehmend auch von anderen Firmen eingesetzt. XMP-Dateien können in ein Bild eingebettet oder auch als zusätzliche Datei beigefügt werden. Durch dieses Format lassen sich herkömmliche IPTC-Daten verändern, es ist allerdings ebenfalls möglich, dass Programme, die kein XMP unterstützen, diese Dateien anschließend nicht mehr lesen können.

KAPITEL 9
NIKON-SOFTWARE

Beide Formate gehören zur Gruppe der Metadaten; damit bezeichnet man allgemein die Daten, die Informationen über andere Daten (in diesem Fall Fotos) enthalten.

IPTC-Daten in Bilddateien einbetten

Die Eingabe von IPTC-Daten in Bilddateien, die mit Nikon-Kameras erstellt wurden, kann beispielsweise bei der Verwendung von Nikon Transfer zur Datenübertragung auf den Computer erfolgen. Auch die Programme Nikon ViewNX und Capture NX 2 ermöglichen eine nachträgliche Dateneingabe sowie Änderungen an den im jeweiligen Bild enthaltenen Informationen.

Bildbearbeitungsprogramme wie Adobe Photoshop erlauben ebenfalls mittels XMP das Anpassen der IPTC-Informationen von Dateien. Eine manuelle Bearbeitung der von der Kamera eingebetteten Exif-Daten ist dagegen nicht möglich.

Zwischen den verschiedenen Programmen herrscht bezüglich der Informationsfelder leider oftmals keine Übereinstimmung. Deshalb kann es durchaus sein, dass ein bestimmter Eintrag in einem anderen Programm unter einer anderen Bezeichnung auftaucht oder eventuell gar nicht angezeigt wird.

Vorsicht bei Windows Vista

Auch Windows Vista bietet die Möglichkeit, einige Exif-Daten zu Bildern anzuzeigen, zu bearbeiten und persönliche Informationen daraus zu löschen. Die dazu nötige Funktion finden Sie in Windows Vista unter *Eigenschaften/Details*. Um diese Informationen anzeigen zu lassen, klicken Sie mit der rechten Maustaste auf ein im Windows-Explorer angezeigtes Bild und rufen dann mit der linken Maustaste die Eigenschaften auf.

Bei der Anwendung werden Sie gefragt, ob die Originaldatei geändert werden oder eine Kopie mit den Änderungen erstellt werden soll. Sicherheitshalber sollten Sie immer eine Kopie erstellen. Dateien im RAW-Format (NEF) sollten auf keinen Fall verändert werden, da diese dadurch irreparabel beschädigt werden. Ein Öffnen dieser Dateien ist danach nicht mehr möglich!

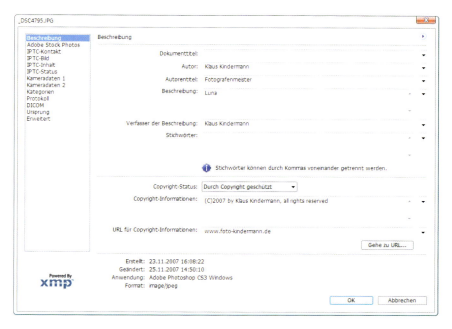

▲ *Bearbeitung der IPTC-Daten in Adobe Photoshop.*

◀ *Bearbeitung der IPTC-Daten in Capture NX 2.*

Anzeige von Exif-Daten in Windows Vista.

Meldung in ViewNX nach der vorherigen Auswahl einer TIFF-Datei aus Photoshop.

Wird eine IPTC-Dateneingabe oder Anpassung hingegen in Adobe Photoshop vorgenommen, lässt sich das Bild nach wie vor öffnen. In der neuesten Version von ViewNX konnte ich diesen Fehler nicht mehr feststellen, dennoch sollten solche Änderungen stets nur auf Duplikate angewendet werden.

Exif-Daten gezielt entfernen

Exif-Daten enthalten Informationen zu Aufnahmedatum und Uhrzeit, Kamera, Objektiv und Brennweite, Belichtungszeit, Blendeneinstellung, ISO-Wert und Belichtungsprogramm. Auch GPS-Koordinaten können darin enthalten sein. Mit entsprechenden Programmen (sogenannten Exif-Readern) können diese Daten gelesen und eventuell sogar geändert werden.

Für den Fotografen sind diese Informationen sehr nützlich, um die Einstellungen mit den erzielten Ergebnissen zu vergleichen. Dadurch kann er sich das Notieren der entsprechenden Informationen sparen.

Vorsicht bei TIFF-Dateien

Eine Veränderung der Metadaten in TIFF-Dateien ist grundsätzlich nicht zu empfehlen, da diese bei einer späteren Bildbearbeitung (z. B. in Adobe Photoshop) möglicherweise nicht mehr geöffnet werden können.

Fehlermeldung in Adobe Photoshop beim Versuch, eine TIFF-Datei zu öffnen, deren Metadaten von einem anderen Programm verändert wurden.

So war es in älteren Nikon ViewNX-Versionen durchaus möglich, IPTC-Daten in TIFF-Bilder einzugeben oder zu verändern. Diese veränderten Bilder konnten jedoch anschließend selbst von ViewNX nicht mehr angezeigt werden.

Erhalten Sie beispielsweise nach der Auswahl einer TIFF-Datei in ViewNX, die in Photoshop oder einem anderen Programm erstellt wurde, die Meldung *Änderungen der XMP/IPTC-Informationen bestätigen*, sollten Sie unbedingt *Nein* auswählen. Ansonsten wird diese Datei irreparabel beschädigt!

EXIFER

Im Internet kostenlos erhältlich ist das Freewareprogramm Exifer. Damit haben Sie die Möglichkeit, Exif- und IPTC-Daten von Bildern im JPEG-Format zu bearbeiten. NEF-Dateien können allerdings nicht angezeigt und verwaltet werden.

KAPITEL 9
NIKON-SOFTWARE

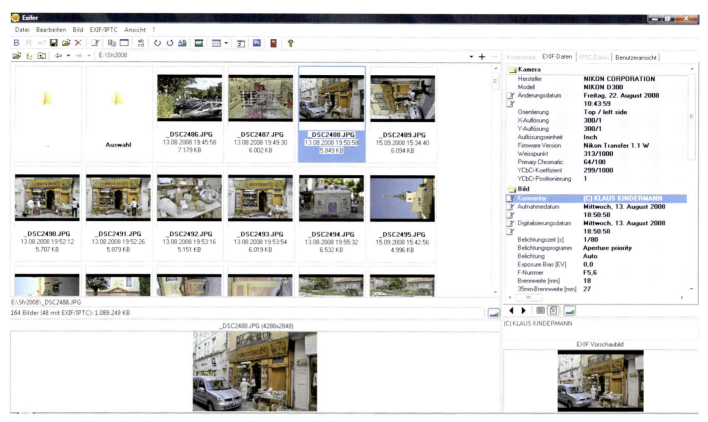

Das Programm Exifer steht im Internet als kostenloser Download zur Verfügung, der Autor hat allerdings eine Vorliebe für Postkarten.

Bei der Weitergabe von digitalem Bildmaterial werden jedoch diese Informationen, integriert in das Bild, ebenfalls weitergegeben. Dies ist vielleicht nicht immer im Sinne des Erzeugers. Mithilfe entsprechender Programme wie z. B. Exifer können Sie deshalb diese Informationen auch entfernen. Um eine Beschädigung des Originals zu vermeiden, sollten dazu jedoch immer Kopien erstellt werden.

Kamera-RAW-Daten entwickeln

Das RAW-Format (NEF) der Nikon D90 erzeugt Bilddateien mit 12 Bit Farbtiefe, dies entspricht einer Anzahl von 2^{12} Tonwerten pro Farbkanal, also umgerechnet 4.096 Abstufungen. Diese verteilen sich über den vom Sensor verarbeitbaren Kontrastumfang – von reinem Weiß bis zu tiefstem Schwarz. Im Vergleich dazu werden im Druck maximal 8 Bit = 256 Abstufungen verwendet. Der nutzbare Kontrastumfang entspricht dabei ca. 5

Bearbeitung von Exif-Daten in Exifer.

Lichtwerten (EV) oder, anders gesagt, einem Kontrast von 1:64. Diese Anzahl von Abstufungen ist für das menschliche Auge absolut ausreichend, um Bildverläufe stufenlos erscheinen zu lassen.

Bei einer Bilddatenaufzeichnung von 8 Bit (entsprechend 256 Tonwertstufen), wie dies auch beim JPEG-Format benutzt wird, ist ein stufenloser Übergang, jedenfalls theoretisch, also absolut vorhanden. In der Realität ist dies jedoch vom jeweiligen Bildmotiv abhängig. Die Tonwerte verteilen sich über den gesamten Aufzeichnungsbereich der Kamera. Nur bei voller Ausnutzung des aufnehmbaren Kontrastumfangs werden demnach auch alle Tonwerte genutzt.

Bei einem geringeren Kontrastumfang wird dagegen lediglich ein Teil der möglichen Tonwertabstufungen in Anspruch genommen. Dies kann bei einer zusätzlichen Bearbeitung der Bilddaten, z. B. durch Spreizung mittels einer Tonwertkorrektur, zu sichtbaren Abrissen führen. Dies bedeutet, ein eigentlich stufenloser Verlauf zeigt plötzlich Abstufungen.

Durch die Darstellung des Bildmotivs mit einer höheren Anzahl von Tonwerten, also feineren Abstufungen wie z. B. bei 12 Bit, wird dieser Fehler demnach nicht so schnell in Erscheinung treten wie bei den üblichen 8 Bit.

Bei der Umwandlung von RAW-Bilddaten in andere Dateiformate kann bei anschließender Verwendung des TIFF-Formats auch ein 16-Bit-Modus beibehalten werden. Bei der Umwandlung in ein komprimierbares JPEG-Format sind dagegen lediglich 8 Bit Farbtiefe möglich.

Einige RAW-Konverter ermöglichen auch eine Bildausgabe mit 16 Bit Farbtiefe. Dabei werden die von der Kamera gelieferten 12 Bit ohne Verluste einfach im 16-Bit-Modus weiterverarbeitet. Dies bedeutet eine enorme Reserve an Tonwerten, die sinnvollerweise erst nach der vollständigen Bearbeitung zur Bildausgabe wieder in 8 Bit umgewandelt werden sollten.

Nikon Capture NX 2

Mit Capture NX 2 bietet Nikon eine Alternative zum weit verbreiteten Adobe Camera Raw. Das Programm kann von der Nikon-Website als 30-Tage-Testversion heruntergeladen werden.

Bei der Arbeit mit Nikon Capture NX wird die Originaldatei (im RAW-Format) nicht verändert, aber die Anpassungen werden immer, anders als in Adobe Camera Raw, direkt in das Bild eingebettet. Andere Programme können diese eingebetteten Informationen jedoch nicht verwenden und öffnen das Bild wie zuvor im unveränderten Zustand. Umgekehrt kann Capture NX die von Photoshop erzeugten und gespeicherten XMP-Daten nicht verwenden. Die Anpassungsoptionen entsprechen jedoch weitestgehend denen von Adobe Camera Raw.

Um eine angepasste Datei, egal aus welchem Programm, zur Ausgabe weiterzugeben, muss diese immer in einem anderen als dem RAW-Format, z. B. als TIFF oder JPEG, gespeichert werden.

Speicheroptionen *für das TIFF-Format festlegen.*

Adobe Camera Raw

Die nachfolgende Beschreibung lässt sich größtenteils auch auf andere RAW-Konverter übertragen. Anders als Nikon Capture NX 2 verfügt der aktuell in Adobe Photoshop integrierte RAW-Konverter jedoch nicht über die Möglichkeit, Objektivverzeichnungen auszugleichen. Für diese Anpassung ist jedoch ein spezieller Filter vorhanden, der nach der Dateiumwandlung genutzt werden kann (siehe auch die Infos zur Verzeichniskorrektur in diesem Kapitel). Damit Sie Ihre mit der D90 erstellten RAW-Dateien mit der Endung *.NEF* in diesem Konverter öffnen können, benötigen Sie zudem die aktuelle Version von Adobe Photoshop.

RAW-Workflow festlegen

Im ersten Schritt laden Sie ganz normal über *Datei/Öffnen* die zu bearbeitende RAW-(NEF-)Datei. Photoshop startet daraufhin automatisch Camera Raw und zeigt das Bild mit all seinen Aufnahmeparametern, so wie diese durch die Kamera bei der Aufnahme festgelegt wurden, an. Das Setzen des Häkchens bei der Option *Vorschau* ermöglicht eine Voransicht der vorgenommenen Veränderungen.

KAPITEL 9
NIKON-SOFTWARE

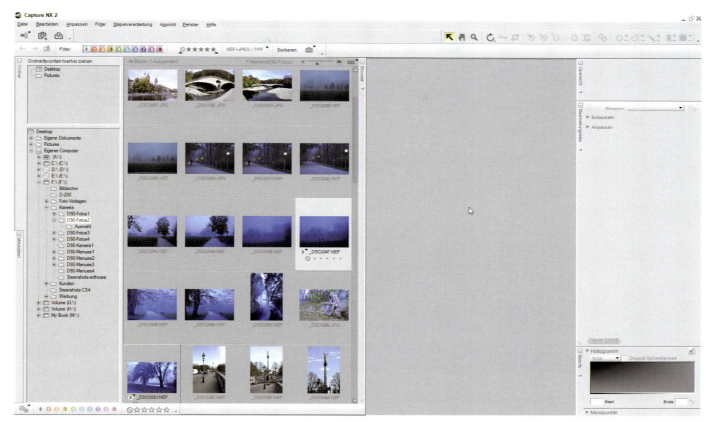

Bildauswahl in Capture NX 2.

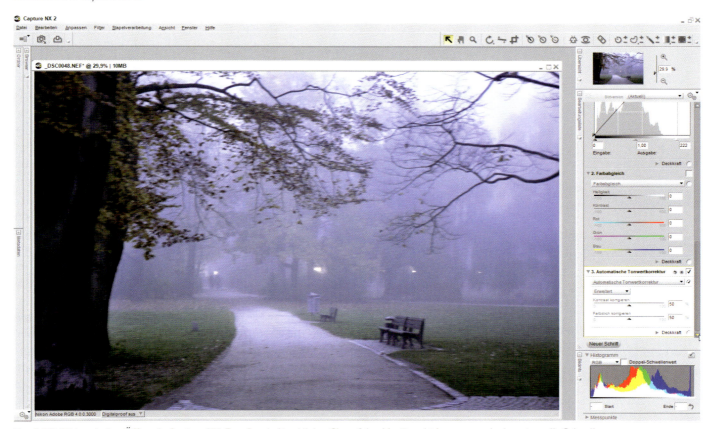

Das RAW-Bild nach dem Öffnen in Capture NX. Zum Bearbeiten klicken Sie auf den Menüpunkt Anpassen oder benutzen die Schnellanpassung auf der rechten Seite zur Bearbeitung der Gradationskurve.

Anpassung des Bildes mit der Funktion **Automatische Tonwertkorrektur**. Durch Anklicken der Option **Erweitert** kann auch eine manuelle Einstellung vorgenommen werden.

Festlegen der Arbeitsablauf-Optionen.

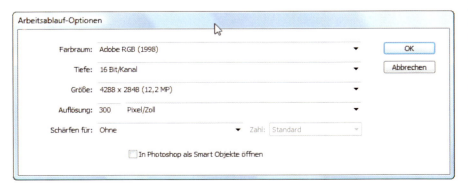

Am unteren Bildrand des Dialogfelds *Camera Raw* finden Sie z. B. den Hyperlink *Adobe RGB (1998); 16 Bit; 4288 x 2848 (12,2MP); 300 ppi*. Über diesen Link erhalten Sie Zugang zu den *Arbeitsablauf-Optionen* für die Bildausgabe. Hier legen Sie *Farbraum*, *Tiefe*, *Größe* und *Auflösung* fest. Dabei ist unter *Größe* auch eine Umrechnung in eine nicht der Kamera entsprechende Bildgröße möglich, gekennzeichnet durch ein Minus- oder Pluszeichen. Die Bezeichnung in diesem Link ändert sich entsprechend Ihren Einstellungen und bleibt bis zur nächsten Änderung erhalten.

Erscheint beim Laden oder bei der Bearbeitung des Bildes am oberen rechten Bildrand ein Warndreieck, ist das Bild noch nicht endgültig geladen und die Vorschau noch nicht abgeschlossen.

Bildeinstellungen festlegen

Wenn Sie mit einem beliebigen Werkzeug über das Bild fahren, werden die der Position zugehörigen RGB-Werte links unter dem Histogramm angezeigt. Daneben werden die bei der Aufnahme verwendeten Kameraeinstellungen angezeigt.

Im Histogramm oben links befindet sich ein Schalter, um die Tiefenbeschneidung (mit blauer Farbe) im Bild anzuzeigen. Der Schalter für die Lichterbeschneidung findet sich oben rechts im Histogramm, diese wird im Bild mit roter Farbe angezeigt.

Unter dem Histogramm sehen Sie die Symbole zum Aufrufen der Bearbeitungsmöglichkeiten. Rechts außen in der Titelleiste *Grundeinstellungen* befindet sich ein Strichsymbol, hinter dem sich die verschiedenen Grundeinstellungen in einem Kontextmenü verbergen.

KAPITEL 9
NIKON-SOFTWARE

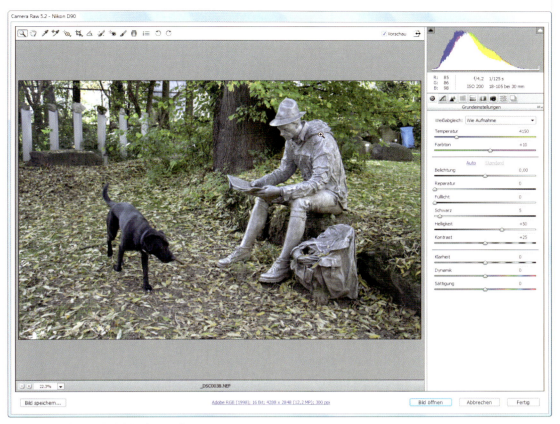

Die Kamerarohdaten in Adobe Camera Raw.

Die Bearbeitungsmöglichkeiten sind von links nach rechts folgende: *Grundeinstellungen, Gradationskurve, Details, HSL/Graustufen, Teiltonung, Objektivkorrekturen, Kamerakalibrierung, Vorgaben* und *Schnappschüsse*.

Camera Raw-Bearbeitungsmöglichkeiten	
Grundeinstellungen	*Weißabgleich*, hier kann unter vorgefertigten Einstellungen ausgewählt werden. Mit *Wie Aufnahme* kehren Sie zur Ausgangseinstellung zurück. Mit den Schiebereglern für *Temperatur* und *Farbton* können Sie den Weißabgleich manuell anpassen. *Belichtung, Reparatur, Fülllicht, Helligkeit, Kontrast, Klarheit, Dynamik* und *Sättigung* sind ebenfalls stufenlos regelbar. Die *Auto*-Funktion passt diese Werte entsprechend der Bildvorlage an. *Standard* setzt sie wieder auf manuell zurück.
Gradationskurve	Ansicht und Bearbeitungsmöglichkeit durch die dem Bild zugehörige Gradationskurve. Es kann zwischen den Einstellungsmöglichkeiten *Parametrisch* und *Punkt* gewechselt werden. Im Auswahlmenü *Punkt* sind auch Voreinstellungen abrufbar. Durch Setzen und Ziehen von Punkten auf der Kurve können Helligkeit und Kontrast individuell bearbeitet werden. Um einen Punkt auf die Kurve zu setzen, klicken Sie mit der linken Maustaste darauf. Um einen Punkt aus der Kurve zu entfernen, ziehen Sie diesen mit der Maus aus dem Diagramm.
Details	Optionen zum *Schärfen* und zur *Rauschreduzierung*. *Luminanz* hat eine leicht weichzeichnende Wirkung und wird wie *Farbe* zur Minderung von Bildrauschen verwendet.
HSL/Graustufen	*HSL/Graustufen* dient der Umwandlung in Graustufenbilder mit entsprechenden Umwandlungsoptionen sowie der Anpassung von *Farbton, Sättigung* und *Luminanz*. *Standard* setzt diese wieder auf null zurück.

Camera Raw–Bearbeitungsmöglichkeiten	
Teiltonung	Im Bereich *Teiltonung* können die *Lichter* und die *Tiefen* in *Farbton* und *Sättigung* getrennt angepasst werden.
Objektivkorrekturen	*Chromatische Aberration* bezeichnet Abbildungsfehler. Mit den Schiebereglern können durch Objektivfehler entstandene Farbsäume neutralisiert oder zumindest verringert werden.
	Objektiv-Vignettierung entfernt oder erzeugt helle oder dunkle Bildecken, wie sie beispielsweise bei der Verwendung von Weitwinkelobjektiven entstehen können. Mit *Mittenwert* kann die Position des Zentrums verändert werden.
Kamerakalibrierung	*Kameraprofil* ermöglicht die Auswahl unter verschiedenen Profilen. Je nach Hersteller und verwendeter Kamera werden dadurch die Grundeinstellungen zur Verarbeitung Ihrer Bilder festgelegt.
	Mit den Reglern für *Tiefen* und *Primärwerte* lassen sich farbliche Unstimmigkeiten im Bild anpassen. Stellen Sie beispielsweise fest, dass bei Ihrer Kamera immer der gleiche Farbfehler auftaucht, korrigieren Sie diesen und speichern die Einstellung als Einstellungsteilmenge mit einer Bezeichnung für Ihre Kamera. So lassen sich ständig auftretende Fehler leicht korrigieren.
Vorgaben	Gespeicherte Vorgaben oder Teilbearbeitungen, die zum Beispiel objektivabhängig sind, können hier aufgelistet und nach Bedarf abgerufen werden.
Schnappschüsse	Damit lassen sich Bearbeitungsstufen speichern und durch Aufrufen in dieser Kopie weiterbearbeiten. Nach dem Schließen eines Bildes werden die Schnappschüsse gelöscht.

Abschließende Verarbeitung

Nachdem Sie alle Entwicklungseinstellungen an der RAW-Datei vorgenommen haben, bestätigen Sie die Bearbeitung mit Klick auf die Schaltfläche *Fertig*. Die vorgenommenen Anpassungen werden entsprechend den Voreinstellungen oder als zusätzliche XMP-Datei gespeichert. Wenn Sie das Bild das nächste Mal öffnen, werden diese gespeicherten Einstellungen direkt angewendet.

Wollen Sie die Original-RAW-Daten weitergeben und der Empfänger besitzt nicht die notwendige Software zu Ihrer Kamera, kann er die Bilder nicht öffnen. Verfügt er jedoch über das Programm Photoshop, können Sie die Dateien im Adobe-eigenen DNG-Format speichern. Dabei werden alle Bildinformationen genau so wie im RAW-Format beibehalten, und der Empfänger kann diese Bilder in seinem Photoshop öffnen.

Scharfzeichnen (links) und Korrektur der chromatischen Aberration (rechts) in Adobe Camera Raw.

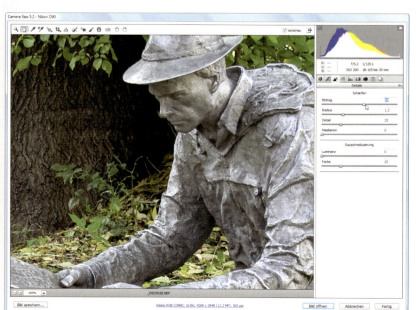
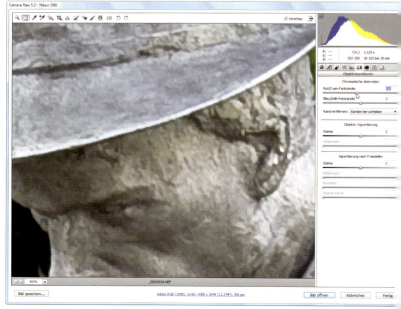

KAPITEL 9
NIKON-SOFTWARE

Um dieser Initiative den nötigen Nachdruck zu verleihen, hat Adobe ein kleines Programm, das ständig weiterentwickelt wird, veröffentlicht, mit dem man bestehende RAW-Dateien ins DNG-Format umwandeln kann – den Adobe Digital Negative Converter. Um diesen aufzurufen, wählen Sie im RAW-Konverter die Option *Bild speichern*.

Der DNG-Konverter wandelt praktisch auf Knopfdruck ganze Verzeichnisse mit RAW-Dateien um. Sie können einen individuellen Speicherort für die DNGs festlegen und die Bilder sogar gleichzeitig zur Konvertierung neu benennen lassen. Außerdem hat das Programm in der aktuellen Version eine Funktion, mit der die Daten sowohl ins DNG-Format umgewandelt als auch im Original als proprietäre RAW-Dateien beibehalten werden. Die Originaldatei wird dazu in die neue DNG-Datei eingebettet. Wenn Sie also auch die Originale behalten möchten, ist das kein Problem, obwohl das natürlich bei der Archivierung den doppelten Speicherplatz kostet.

Da sich DNG noch nicht als unabhängiger Standard für RAW-Bilder durchgesetzt hat, kommt das DNG-Format für die Archivierung nicht uneingeschränkt infrage. Zwar ist davon auszugehen, dass DNG in Zukunft die Basis für eine Standardisierung bildet, wenn Sie aber auf Nummer sicher gehen wollen, sollten Sie Ihre RAW-Dateien in das DNG-Format konvertieren und zusätzlich die Originaldatei im Originalformat (NEF) ebenfalls behalten.

IMMER AUCH ALS XMP-DATEI SPEICHERN

Speichern Sie die Anwendungen immer als zusätzliche XMP-Dateien. So können Sie diese bei Bedarf gefahrlos löschen und setzen damit das Bild in seinen ursprünglichen Zustand zurück.

DNG-FORMAT

Ein wenig Hoffnung für mehr Durchblick im RAW-Formatdschungel gibt eine Initiative des Softwareherstellers Adobe. Adobe hat mit DNG (Digital Negative Format) ein Dateiformat eingeführt, das in Zukunft als gemeinsamer Nenner für RAW-Dateien dienen könnte.

ENTSCHEIDEND FÜR DIE WEITERE BILDQUALITÄT

Der verwendete RAW-Konverter ist entscheidend für die weitere Qualität der ausgegebenen Bilder und sollte über eine große Anzahl an Anpassungsmöglichkeiten verfügen, die vorab, also vor der Umwandlung der Bilddaten in ein reproduzierbares Dateiformat, angewendet werden können. Dies führt in der Regel zu einer schonenderen Anpassung als eine Bearbeitung von Bildern im Endformat.

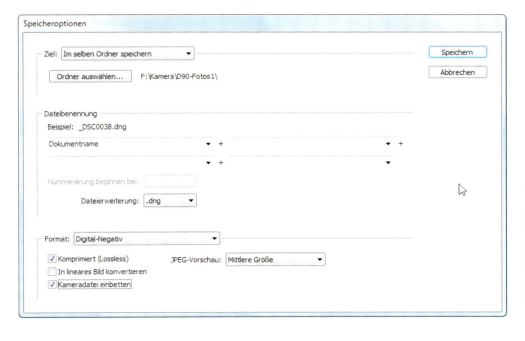

Verwenden Sie die hier gezeigten Voreinstellungen des DNG-Konverters. Die verlustfreie Komprimierung spart Speicherplatz, und die Bildkonvertierungsmethode **Kameradatei erhalten** sorgt dafür, dass tatsächlich die Originalinformationen, die der Sensor aufgenommen hat, erhalten bleiben. Die lineare Umwandlung würde die Daten interpretieren und verändern.

[10] FOTOTIPPS

KAPITEL 10
FOTOTIPPS

Fototipps

Makro-/Nah 249
- Manuell fokussieren 249
- Kleine Blenden 249
- Aufheller verwenden 249
- Stativ und Fernauslöser verwenden 250

Porträt 250
- Große Blenden für unscharfen Hintergrund 250
- Weg vom Hintergrund 251
- Telebrennweiten einsetzen 251
- Mit Blitz – wenn möglich 251
- Auch mal höhere ISO-Werte probieren 251
- Perspektiven wechseln 251

Kinder 251
- Sportprogramm für schnelle Bewegungen 252
- Perspektiven ausprobieren 252
- Blick in die Kamera 252
- Kinder neugierig machen 252
- Keine harten Lichtquellen 252

Blitzlicht 253
- Aufhellblitzen 253
- Indirekt blitzen – wenn möglich 253
- Lange Verschlusszeit für mehr Umgebungslicht 253
- Mit Blitz weiter weg 253
- Wärmeres Blitzlicht 254

Sport-/Bewegung 254
- Nachführender Autofokus 254
- Serienaufnahmen = mehr Ausbeute 255
- Große Blende für kurze Verschlusszeiten 255
- Hohe Empfindlichkeit für kurze Verschlusszeiten 255
- Kurze Brennweiten gegen Verwackeln 255
- Bewegung festhalten und optmieren 255
- Aufnahme in der D90 anpassen 256
- Bewegung mit Blitzlicht einfrieren 256
- Mitziehen – Zoom- und Wischeffekte 256
- Mitziehen und Blitzen kombinieren 257

Architektur 258
- Stürzende Linien vermeiden 258
- Extreme Perspektiven ausprobieren 258
- Auf Details achten 258
- Grauverlaufsfilter für hellen Himmel 259
- Licht am Morgen und Abend 259

Landschaft 259
- Ein Auge zudrücken 259
- Brennweiten variieren 260
- Morgenstund hat Gold im ... 260
- Immer mit Stativ 260
- Markantes im Blickfeld 260
- Grauverlaufsfilter gegen ausgeblichten Himmel 260
- Knackige Farben mit Polfilter 260

Gegenlicht 261
- Belichtungsmessung optimieren 261
- Mit Gegenlichtblende arbeiten 261
- Hohe Kontraste ausgleichen 261
- Blitzlicht für Personen 261
- Belichtungsreihen helfen 262

Sonnenauf-/Untergang 262
- Belichtungsreihen 263
- Manuelle Belichtung 263
- Weißabgleich variieren 263
- Nicht nur Sonne 263
- Mittlere und lange Brennweiten einsetzen 264
- Nicht direkt in die Sonne sehen 264

Glas 264
- Nah ran 264
- Polfilter gegen Reflexe und Spiegelungen 265
- Blitz ist tabu 265
- Getönte Scheiben – Tipp 1 265
- Getönte Scheiben – Tipp 2 265

Tiere 265
- Bildgestaltung durch Nähe 266
- Blitzen für lebendige Augen 266
- Augenhöhe 266
- Bewegungen verfolgen 266
- Große Blendenöffnung 266

D90 Schwarz-Weiß 266
- Bildbearbeitungsoptionen für Schwarz-Weiß-Fotos 266
- Schwarz-Weiß – die Methode der Profis 267
- Schwarz-Weiß-Fotos im Fotolabor ausbelichten lassen 267
- Auf Kontraste achten 267
- Strukturen suchen 269
- Himmel verstärken 269

Schwierige Lichtbedingungen 269
- Fotografieren in dunkler Umgebung 269
- VR-Objektive gleichen Verwackler aus 271
- Aufnahmen zur blauen Stunde 271
- Aufnahmen bei völliger Dunkelheit 272
- Vordergrund anblitzen 273
- Blitzen auf den zweiten Verschlussvorhang 274
- Besser mit Weitwinkelbrennweite 274

Hoher Kontrastumfang 274
- High und Low Dynamic Range 274
- HDR-Bilder mit der Nikon D90 274
- Ablauf der Produktion einer HDR-Aufnahme 275

AUFNAHMEDATEN	
Brennweite	200 mm
Belichtung	1/250 sek
Blende	f9
	Stativ

Man kann auch ohne spezielles Makroobjektiv oder Makrozubehör schöne Nahaufnahmen machen. Hier wurde ein normales Zoomobjektiv (70–200 mm) an einer digitalen Spiegelreflexkamera verwendet.

 Fototipps

Manchmal braucht man gar keine ellenlange Abhandlung über ein bestimmtes Fotothema – man möchte nur mal schnell irgendwo nachlesen, wie man eine Situation am besten mit der Kamera meistert. Denn oft sind es lediglich kleine Tricks und Kniffe, die den Unterschied zwischen einem Nullachtfünfzehn-Bild und einer gelungenen Aufnahme ausmachen. Und eben solche Tipps und Tricks finden Sie hier.

KAPITEL 10
FOTOTIPPS

Makro-/Nah

■ Fast nichts kann man so leicht in den Sand setzen wie ein schönes Makromotiv. Entweder stimmt der Schärfepunkt nicht, oder man verwackelt, manchmal ist die vorhandene Beleuchtung langweilig oder entspricht einfach nicht der Stimmung, die man mit seiner Aufnahme erzeugen möchte. Hier die Tipps, die Ihre Makromotive, von der Blüte über Insekten bis zu winzigen Strukturen, retten können:

Manuell fokussieren

Technisch bedingt ist die Schärfentiefe, also der Bereich vor und hinter dem fokussierten Punkt (Blickfang), bei Makroaufnahmen extrem klein. Wenn also der Punkt, auf den scharf gestellt werden soll, nicht hundertprozentig erwischt wird, ist der Blickfang schnell unscharf. Arbeiten Sie deshalb bei Makroaufnahmen nie mit dem Autofokus! Egal welche Kamera Sie auch nutzen – ein Umstellen auf manuelle Fokussierung sollte immer möglich sein, um den Schärfepunkt exakt zu treffen.

Kleine Blenden

Ganz wichtig für maximale Schärfentiefe: Arbeiten Sie mit kleinen Blenden von z. B. f11 oder f16. Dadurch wird der scharf wiedergegebene Bereich maximal ausgedehnt. Zwar bedeuten kleine Blenden auch eine Verlängerung der für korrekte Belichtungen nötigen Verschlusszeiten; da man Makrofotos aber ohnehin am besten mithilfe eines Stativs macht, spielt das nur eine untergeordnete Rolle.

Aufheller verwenden

Sehen Sie sich Ihr Makromotiv vor dem Fotografieren ganz genau an und analysieren Sie Lichteinfall und Schatten. Von wo kommt das Licht? Wie stark sind die Schatten ausgeprägt? Liegen manche Bereiche so sehr im Dunkeln, dass man auf den Fotos voraussichtlich keine Details mehr erkennen kann? Um das Licht besser – und kostengünstig – zu steuern, können Sie mit Aufhellern arbeiten. Das können weiße, silberne oder goldene Reflektoren aus dem Fachhandel sein, man kann sich aber auch mit einem Stück Styropor helfen oder einem Karton, der mit Alufolie beklebt wird.

AUFNAHMEDATEN	
Brennweite	135 mm
Belichtung	1/180 sek
Blende	f5,6
	Studioblitz
	Zwischenringe
	Stativ

Interessante Strukturen finden sich fast überall. Diese vertrocknete Rose sollte eigentlich in den Müll wandern.

AUFNAHMEDATEN	
Brennweite	45 mm
Belichtung	1/250 sek
Blende	f5,6
Blitz	Studioblitz
Weißabgleich	Kunstlicht

Bei diesem Porträt wurden vor allem zwei Dinge beachtet: der hohe Kamerastandpunkt und der eigentlich falsche Weißabgleich, der zu einem kräftigen Blaustich führte.

Platzieren Sie den Aufheller in jedem Fall gegenüber der Lichtquelle (Lampe, Sonne, Blitzlicht), um das Licht in die Schattenbereiche des Makromotivs zu reflektieren.

Stativ und Fernauslöser verwenden

Wegen der kurzen Entfernung zum Motiv ist die Makrofotografie sehr anfällig für Verwacklungen. Daher ist ein Stativ die wichtigste Grundvoraussetzung für gelungene Bilder. Achten Sie beim Kauf eines Stativs auf einfache Verstellmöglichkeiten, um die Kamera gut justieren zu können. Spezialisten verwenden zusätzlich Makroeinstellschlitten, um die Entfernung von Kamera zu Motiv millimetergenau festlegen zu können. Das beste Stativ nützt allerdings nichts, wenn Sie die Kamera beim Auslösen anfassen und dadurch verwackeln. Deshalb sollten Sie immer mit Fernauslöser (Infrarot, Funk, Kabel) arbeiten, damit die Kamera wirklich absolut erschütterungsfrei arbeiten kann.

Porträt

Porträts sind fast immer eine anspruchsvolle Aufgabe. Denn einfach mal eben einen Menschen anvisieren und drauflosknipsen bringt in den meisten Fällen nichts. Schnappschüsse sind nur selten gute Porträts. Möchten Sie also einen Menschen porträtieren, sollten Sie sich zusammen mit dem oder der Porträtierten vorher ein paar Gedanken machen und die nachfolgenden Tipps beherzigen.

Große Blenden für unscharfen Hintergrund

Um nicht vom Gesicht des Porträtierten abzulenken, ist es üblicherweise angebracht, den Hintergrund aus der Wahrnehmung des Betrachters so weit wie möglich auszuschließen. Das klappt auf verschiedene Weise. Man kann den Porträtierten vor einen einfarbigen Hintergrund, beispielsweise in einem Studio, stellen oder – für Porträts mitten im Leben – die Blende an der Kamera so groß wählen (z. B. f2,8 oder f4), dass der Hintergrund in Unschärfe verschwimmt. Denn wie immer gilt: je größer die Blendenöffnung, desto kleiner die Schärfentiefe. Es wird also nur das Gesicht scharf abgebildet, und der Hintergrund bleibt unscharf.

KAPITEL 10
FOTOTIPPS

Weg vom Hintergrund

Noch ein Tipp für einen unaufdringlichen Hintergrund: Platzieren Sie das Fotomodell so weit wie möglich vom Hintergrund entfernt. Das hilft dabei, den Hintergrund in Unschärfe verschwimmen zu lassen.

Telebrennweiten einsetzen

Und ein weiterer Tipp für kurze Schärfentiefe: Setzen Sie mittlere bis lange Brennweiten zwischen ca. 85 und 135 mm ein. Erstens wird dadurch die Schärfentiefe begrenzt (siehe oben), und zweitens sorgt die leichte Telebrennweite für eine geringe Verdichtung der Perspektive. Das bedeutet, dass die Gesichtsproportionen viel vorteilhafter wiedergegeben werden als bei zu kurzen Brennweiten. Probieren Sie es aus und fotografieren Sie sich mal selbst mit Weitwinkel. Solche Bilder wirken immer ziemlich lächerlich.

Mit Blitz – wenn möglich

Sonne bedeutet Leben. Licht bedeutet Leben. Banal, nicht wahr? Aber leider wird diese banale Weisheit in der (Porträt-)Fotografie immer wieder gern ignoriert. Sobald in den Augen einer porträtierten Person (oder eines Tieres!) ein kleiner Lichtfleck zu sehen ist, wirken die Augen und damit das gesamte Gesicht viel lebendiger und aufgeschlossener. So ein Lichtfleck kann durch die Sonne oder den hellen Himmel erzeugt werden, wenn Sie jedoch im Trüben bzw. in dunkler Umgebung fotografieren, sollten Sie den Kamerablitz einsetzen. Aber Achtung! Reduzieren Sie mithilfe der Blitzleistungskorrektur (siehe Kamerahandbuch) die Lichtleistung um bis zu zwei Stufen, damit das Blitzlicht nicht die natürliche Lichtstimmung überstrahlt.

Auch mal höhere ISO-Werte probieren

Haben Sie sich schon mal gute Schwarz-Weiß-Porträts angesehen, und ist Ihnen dabei die teilweise grobe Körnung der Abzüge aufgefallen? Früher wurden stimmungsvolle Schwarz-Weiß-Aufnahmen häufig mit grobkörnigem, hochempfindlichem Schwarz-Weiß-Film gemacht. Diese besondere Stimmung lässt sich auch in der Digitalfotografie in gewissem Rahmen erzeugen, indem Sie die Empfindlichkeit (ISO) etwas heraufsetzen und z. B. mit ISO 400 oder 800 arbeiten. Ein zusätzlicher Vorteil: Durch die hohe Empfindlichkeit werden die Verschlusszeiten kürzer, und Sie können auch ohne Stativ aus der Hand fotografieren, ohne zu verwackeln.

Perspektiven wechseln

Die Perspektive macht's. Ob Sie jemanden von oben, von vorn oder von unten fotografieren – die Wirkung kann dramatisch anders sein. Im Bereich der Porträtfotografie geht man allerdings selten in extreme Frosch- oder Vogelperspektiven. Hier geht es vielmehr darum, die Perspektive ganz subtil zu nutzen. Ein leicht erhöhter Kamerastandpunkt zeigt einen Menschen eher schwach und zerbrechlich, steht die Kamera dagegen etwas unterhalb der Augenhöhe des Porträtierten, kann der Eindruck von Stärke, Überlegenheit und sogar Überheblichkeit entstehen.

Kinder

Das Lieblingsmotiv junger Eltern sowie von Oma und Opa: Kinder respektive Enkelkinder. Kinder „schön" zu inszenieren, bedeutet meistens: Blick in die Kamera, leicht erhöhter Kamerastandpunkt, weiches Licht, vielleicht ein Haustier im Arm, Kind beim Schlafen. Sollte eigentlich kein Problem sein – wenn man ein paar Tipps beherzigt.

Kinder und Tiere – die ideale Kombination.

AUFNAHMEDATEN	
Brennweite	200 mm
Belichtung	1/640 sek
Blende	f2,8
ISO	200

AUFNAHMEDATEN	
Brennweite	90 mm
Belichtung	1/320 sek
Blende	f5

Rennende Kinder fotografiert man am besten mit dem Aufnahmeprogramm für Sportfotos.

Sportprogramm für schnelle Bewegungen

Wenn Sie Kinder beim Toben fotografieren möchten, sollten Sie an der Kamera das Programm für Sportaufnahmen einstellen. Dann wählt die Kamera eine möglichst kurze Verschlusszeit, damit die Bewegungen eingefroren werden. Trotzdem sollten Sie bei bewegten Fotos auf jeden Fall zusätzlich auf viel Umgebungslicht achten.

Perspektiven ausprobieren

Babys fotografiert man besser nicht einfach von oben. Das wäre langweilig, weil diese Perspektive die übliche eines Erwachsenen ist. Gehen Sie lieber auf Augenhöhe mit dem kleinen Fratz, um eine nicht alltägliche Sichtweise zu dokumentieren.

Blick in die Kamera

Wenn Sie Porträts machen, bewegen Sie die Kinder dazu, in die Kamera zu sehen. Das schafft Vertrautheit und Nähe. Ein leicht erhöhter Kamerastandpunkt sorgt dafür, dass das Kind – je nach Blick – sanft, zerbrechlich, vielleicht auch frech und lustig wirkt.

Kinder neugierig machen

Wenn Ihr Kind Angst vor der Kamera hat, können Sie es eventuell mit Neugierde versuchen. Machen Sie ein paar ungezwungene und vielleicht sogar unbemerkte Schnappschüsse vom Kind und zeigen Sie ihm oder ihr die Fotos sofort auf dem LCD-Monitor der Kamera. Manche Kinder lassen sich auf diese Weise schnell für das Fotografieren begeistern.

Keine harten Lichtquellen

Üblicherweise sollten Sie Kinder in weichem Licht fotografieren; verwenden Sie also keine harten Lichtquellen wie Strahler oder die Mittagssonne, weil dadurch harte Schatten entstehen. Besser ist indirektes Licht oder das diffuse Sonnenlicht an der Nordseite eines Gebäudes.

Hier wurde die Blitzleistung reduziert, um eine ausgewogene Kombination aus natürlicher und Blitzbeleuchtung zu erzielen. Hätte der Blitz mit voller Leistung abgestrahlt, wäre eine flache Aufnahme entstanden. ▶

KAPITEL 10
FOTOTIPPS

Blitzlicht

Beim Blitzen kann man viel falsch machen – aber auch viel richtig. Falsch, oder zumindest unschön, wäre es, wenn Sie z. B. für ein stimmungsvolles Porträt den Kamerablitz mit voller Leistung mitten ins Gesicht des Porträtierten abfeuerten. Solche Bilder werden flach, und man sieht harte Schatten hinter dem Kopf. Hier einige Tipps für bessere Blitzfotos:

Aufhellblitzen

Setzen Sie den Blitz auch draußen in der hellen Sonne ein! Was zunächst unsinnig klingt, machen Profis immer. Denn der Blitz (Aufhellblitz) hellt die durch hartes Sonnenlicht verursachten Schatten auf und bringt Struktur und Farbe in Schattenpartien. Regeln Sie für diese Technik die Blitzleistung um ein bis zwei Stufen herunter, damit der Blitz nicht zu dominant wird. Sollten die Verschlusszeiten kürzer als die Blitzsynchronzeit (ca. 1/250 Sekunde) sein, muss der Blitz die High-Speed-Synchronisation beherrschen. Was das ist und ob Ihr Blitz hier mitspielt, erfahren Sie im Kamera- oder Blitzhandbuch.

Indirekt blitzen – wenn möglich

Wenn Sie in Innenräumen blitzen, sollten Sie für eine weichere Ausleuchtung einen Aufsteckblitz verwenden, den man schwenken oder hochklappen kann. So lässt sich indirekt gegen eine Wand oder die nicht zu hohe (weiße!) Decke blitzen, um das ansonsten harte Blitzlicht zu streuen und die Lichtstimmung weicher zu gestalten.

Lange Verschlusszeit für mehr Umgebungslicht

Können Sie Verschlusszeit und Blende Ihrer Kamera manuell einstellen, fotografieren Sie in dunklen Räumen mit einer längeren Verschlusszeit von z. B. 1/30 Sekunde. Dadurch wird die Mischung aus Blitzlicht und vorhandenem Licht ausgewogener, und die Fotos wirken natürlicher. Falls Sie mit noch kürzeren Verschlusszeiten arbeiten möchten, um das vorhandene Licht weiter zu betonen, benötigen Sie ein Stativ, und das Motiv darf sich nicht bewegen, damit die Bilder nicht verwackeln.

Mit Blitz weiter weg

Fotografieren Sie in schlecht beleuchteten Innenräumen nie in unmittelbarer Nähe zum Motiv mit Blitz. Das Motiv würde vom Blitz kräftig ausgeleuchtet, während schon der unmittelbare Hintergrund im Dunkeln verschwindet. Man spricht hier vom Tunneleffekt. Vermeiden lässt sich der Effekt, wenn Sie ein paar Schritte zurückgehen und mit etwas längerer Brennweite fotografieren.

AUFNAHMEDATEN	
Brennweite	40 mm
Belichtung	1/125 sek
Blende	f5,6
ISO	800
Blitz	Kamerablitz

Wärmeres Blitzlicht

Die Lichtfarbe von Blitzgeräten ist üblicherweise ziemlich kühl. Verwenden Sie einen Aufsteckblitz, lässt sich das Licht etwas wärmer gestalten, wenn Sie eine transparente orangefarbene Filterfolie vor das Blitzgerät kleben. Im Fachhandel gibt es für die meisten Blitzgeräte auch Filter zum Aufstecken, die das Licht wärmer machen.

Sport-/Bewegung

Schnelle Bewegungen sind nicht einfach zu fotografieren. Und da man in den seltensten Fällen nah genug an ein sich bewegendes Motiv herankommt, muss man außerdem noch mit Telebrennweiten fotografieren, was die Probleme beim Fokussieren und Verwackeln nochmals steigert.

Leider ist es eine Tatsache, dass mit steigendem Preis der Kameraausrüstung auch die Ausbeute an guten Sport- und Actionfotos steigt. Möchten Sie nur ab und zu mal Ihre Kinder beim Fußball oder Reiten fotografieren, müssen Sie sich deshalb nicht gleich eine Profikamera mit Mordsobjektiv kaufen. Mithilfe einiger Tricks gelingen auch mit einer einfachen Kompaktkamera ordentliche Actionfotos.

Nachführender Autofokus

Nutzen Sie, wenn Ihre Kamera das unterstützt, den nachführenden Autofokus. Hierbei verfolgt der Autofokus das anvisierte Motiv und stellt die Entfernung ständig neu ein. Die Ausbeute an korrekt fokussierten Bildern steigt dadurch deutlich an.

Um mit ultrakurzer Verschlusszeit fotografieren zu können, wurde die Empfindlichkeit auf ISO 400 erhöht und gleichzeitig die Blende maximal auf f2,8 geöffnet.

AUFNAHMEDATEN	
Brennweite	200 mm
Belichtung	1/1000 sek
Blende	f2,8
ISO	400

KAPITEL 10
FOTOTIPPS

Serienaufnahmen = mehr Ausbeute

Machen Sie Serienaufnahmen. Halten Sie, sobald die Kamera für Serienaufnahmen eingestellt ist (siehe Handbuch), einfach den Auslöser gedrückt. Denn wir leben immerhin im digitalen Zeitalter, und selbst eine Serie von 100 Bildern verursacht keine Kosten.

Große Blende für kurze Verschlusszeiten

Wenn Sie mit dem Programm *Zeitautomatik* (*T* oder *Tv*) arbeiten, können Sie manuell die größtmögliche Blendenöffnung (z. B. f2,8 oder f4) auswählen. Dadurch werden die Verschlusszeiten so kurz wie möglich.

Hohe Empfindlichkeit für kurze Verschlusszeiten

Fotografieren Sie, um die Verschlusszeiten noch weiter zu verringern, mit höherer Empfindlichkeit von z. B. ISO 800 oder mehr. Dann sind die Bilder zwar etwas verrauscht, dafür aber nicht verwackelt. Bildrauschen kann man am Computer bis zu einem gewissen Grad retuschieren, Verwacklungen jedoch sind der Tod jeder Aufnahme.

Kurze Brennweiten gegen Verwackeln

Gehen Sie so nah wie möglich an die bewegten Motive heran und verkürzen Sie die Brennweite. Denn eine lange Brennweite führt unweigerlich zu größerer Verwacklungsgefahr. Je kürzer die Brennweite, desto besser.

Bewegung festhalten und optmieren

Möchten Sie Bewegungen einfangen, sollten Sie schon vorher überlegen, welche dynamischen Abläufe zu erwarten sind und auf welche Weise Sie die Motive zeigen möchten. Um Bewegungen im Bild eindrucksvoll festzuhalten, gibt es zwei unterschiedliche Methoden. Die eine besteht in der langzeitigen Belichtung, in der sich Bewegung durch Verwischung ausdrückt, die andere ist die besonders kurzzeitige Belichtung, das Einfrieren eines kurzen Moments. Beide Methoden können Bilder erzeugen, wie sie der Mensch mit bloßem Auge so nicht wahrnehmen kann, und sind deshalb besonders interessant für den Betrachter.

AUFNAHMEDATEN	
Brennweite	300 mm
Belichtung	1/4000 sek
Blende	f5,6

Aufnahme mit einem Teleobjektiv.

Fließendes Wasser kann ebenso wie jede andere Bewegung auf zwei Arten fotografiert werden: mit kurzer Verschlusszeit, in der die Bewegung erstarrt (je nach Fließgeschwindigkeit z. B. 1/125 Sekunde und weniger), oder mit langer Verschlusszeit (1/15 Sekunde bis zu mehreren Sekunden) für eine romantische Wirkung. Dabei führt lediglich die Bewegung des Wassers zu Unschärfen, und die anderen, unbewegten Elemente des Motivs bleiben scharf. Ohne Stativ oder eine erschütterungsfreie Unterlage sind solche Bilder jedoch nicht zu machen.

Beispiel einer Langzeitbelichtung.

AUFNAHMEDATEN	
Belichtung	1/4 sek
Blende	f25
ISO	200

Aufnahme in der D90 anpassen

Die in der Nikon D90 einstellbaren Bildoptimierungsfunktionen erlauben eine Anpassung der Aufnahmen nach vordefinierten Kriterien. Eine Anwendung wirkt sich, wie bereits erwähnt, auf alle verwendeten Dateiformate aus, bei der RAW-(NEF-)Einstellung allerdings lediglich auf die Vorschau. So sind im RAW-Konverter von Capture NX 2 die verwendeten Einstellungen nach dem Öffnen der Bilder sichtbar, im RAW-Konverter von Adobe Photoshop dagegen nicht. Bei einer Bilddatenaufzeichnung im JPEG-Format werden die Einstellungen immer direkt in das Bild eingebettet.

In der Kamera befinden sich im Aufnahmemenü unter *Bildoptimierung* bereits vordefinierte Einstellungen, die bezüglich Scharfzeichnung, Kontrast, Helligkeit, Farbsättigung und Farbton noch individuell angepasst und unter *Benutzerdefiniert* gespeichert werden können.

Bildoptimierung konfigurieren

Wählen Sie im Menü *Aufnahme* den Eintrag *Bildoptimierung*. Im Menü werden die bereits installierten Konfigurationen aufgelistet. *SD Standard* ist die Einstellung für die meisten Anwendungen. *NL Neutral* wählen Sie bevorzugt für Bilder, die digital nachbearbeitet werden sollen. *PT Porträt* arbeitet ebenfalls weicher, aber mit Schwerpunkt auf der Optimierung der Hauttöne. Mit der Option *VI Brillant* steigern Sie die Farbkontraste, und mit *BW Schwarz-Weiß* erzeugen Sie Schwarz-Weiß-Bilder. *LS Landschaft* ist bei der D90 neu hinzugekommen, und die mit *C* bezeichneten, benutzerdefinierten Optionen ermöglichen Ihre eigenen Einstellungen. Diese legen Sie zunächst im Menü *Konfigurationen verwalten* an.

Bildoptimierung konfigurieren.

Die Bewegung der Flammen wurde durch das Blitzlicht eingefroren (Belichtungszeit: 1/60 Sekunde). Die eigentliche Belichtung erfolgte durch den Blitz mit einer Abbrenndauer von 1/500 bis 1/4000 Sekunde.

Bewegung mit Blitzlicht einfrieren

Um sehr schnelle Bewegungen in unmittelbarer Nähe der Kamera einzufrieren, hilft der integrierte Kamerablitz oder ein externes Zusatzblitzgerät. Die Leuchtdauer eines Blitzes ist viel kürzer als die kürzeste Verschlusszeit der Kamera. Ein sich bewegendes Motiv kann mit Blitzlicht eingefroren werden, weil es nur sehr kurz vom Blitz angestrahlt wird und dieser kurze Lichtausbruch in die längere Verschlusszeit fällt.

Mitziehen – Zoom- und Wischeffekte

Besondere Effekte erzielen Sie auch durch die Verwendung eines Zoomobjektivs, indem Sie bei einer langen Belichtungszeit manuell die Brennweite verändern. Dabei ist jedoch besondere Vorsicht geboten, um das Bild nicht auch noch zusätzlich zu verwackeln.

Auch das Mitziehen der Kamera in Verbindung mit einer langen Belichtungszeit ermöglicht eindrucksvolle Aufnahmen. Die folgenden Aufnahmen wurden mit einem Stativ und einer Belichtungszeit von ca. 2 bis 3 Sekunden gemacht.

KAPITEL 10
FOTOTIPPS

Zoomeffekt durch Verändern der Brennweite bei einer langen Belichtungszeit.

Wischeffekte durch Mitziehen der Kamera bei langen Belichtungszeiten.

Mitziehen und Blitzen kombinieren

Besonders dynamische Aufnahmen erreichen Sie, indem Sie das Mitziehen mit dem Blitzen kombinieren. Kurze Verschlusszeiten oder das kurze Aufleuchten des Blitzes frieren Bewegung ein. Lange Verschlusszeiten und Mitziehen bringen Bewegungsunschärfe ins Bild. Die Kombination aus geblitzter Bewegung und parallel zum Motiv geschwenkter Kamera verstärkt den Eindruck von Dynamik.

Zunächst müssen Sie die richtigen Belichtungswerte (lange Verschlusszeit von 1/30 Sekunde oder länger) manuell festlegen und danach auf einen Punkt fokussieren, den das Motiv passieren wird. Dann sollte der Blitz auf den zweiten Verschlussvorhang (REAR) eingestellt werden. Hierbei löst das Blitzgerät erst kurz vor dem Schließen des Verschlussvorhangs aus. Um perfekte Fotos zu erhalten, müssen Sie während der Mitziehbewegung kurz vor dem fokussierten Punkt auslösen, damit der Blitz (zweiter Verschlussvorhang) an exakt der Stelle aufleuchtet, an der sich das Motiv genau in der Schärfe befindet.

Architektur

Drei Dinge sind es, die professionelle Architekturfotografen vor allem beachten: den Kamerastandpunkt, das Licht und den Bildausschnitt. Wenn Sie unterwegs sind und Bauwerke fotografieren möchten, sollten Sie sich Zeit nehmen. Denn in den seltensten Fällen kommen gute Bilder dabei heraus, wenn man für ein Gebäude nur zwei Minuten Zeit hat. Hier ein paar Tipps für gute Fotos, auch wenn die Zeit mal knapp ist:

Stürzende Linien vermeiden

Versuchen Sie, stürzende Linien und vermeintlich nach hinten kippende Gebäude, hervorgerufen durch einen niedrigen Kamerastandpunkt, zu vermeiden. Fotografieren Sie mit Weitwinkel von unten, scheinen Gebäude auf den Bildern nach hinten zu kippen, weil die eigentlich parallelen Häuserkanten nach oben hin zusammenlaufen. Hier hilft nur, sich weiter vom Gebäude zu entfernen, mit längerer Brennweite zu arbeiten und eventuell den eigenen Standpunkt zu erhöhen.

Extreme Perspektiven ausprobieren

Wenn sich stürzende Linien nicht vermeiden lassen, versuchen Sie es mal mit extremen Perspektiven! Gehen Sie nah an das Gebäude heran, stellen Sie die minimale Weitwinkelbrennweite ein und wählen Sie einen sehr tiefen Kamerastandpunkt. Das führt oft zu extrem dynamischen und ungewöhnlichen Ansichten.

Auf Details achten

Fotografieren Sie nicht nur Gesamtansichten, sondern suchen Sie auch nach markanten Details. Das können Fassadenteile sein, eine Haustür, eine spiegelnde Fensterreihe, eine alte Lampe oder ein Wasserspeier. Fast alles kommt für Detailaufnahmen infrage.

Oft sorgen schräge Perspektiven für einen gelungenen Bildeindruck.

Der Blick nach oben eröffnet manchmal ganz interessante Perspektiven. Das Bild wurde am PC nachbearbeitet, um die Kontraste extrem zu verstärken und einen „gemalten" Look zu erzeugen.

AUFNAHMEDATEN	
Brennweite	26 mm
Belichtung	1/13 sek
Blende	f/8,0
ISO	100

AUFNAHMEDATEN	
Brennweite	15 mm
Belichtung	1/30 sek
Blende	f5
ISO	800

AUFNAHMEDATEN	
Brennweite	100 mm
Belichtung	1/2000 sek
Blende	f5,6

KAPITEL 10
FOTOTIPPS

Grauverlaufsfilter für hellen Himmel

Falls der Himmel mal nicht passt, weil er dunstig oder viel zu hell für korrekte Belichtungen ist, können Sie sich mit einem Grauverlaufsfilter behelfen. Der Filter wird vor das Objektiv geschraubt und so gedreht, dass die grau getönte Seite oben ist. Dadurch wird der zu helle Himmel abgedunkelt, ohne das Motiv darunter allzu sehr zu beeinflussen.

Licht am Morgen und Abend

Warten Sie, wenn es die Zeit erlaubt, auf den späten Nachmittag. Dann ist das Licht für Architekturaufnahmen ideal, weil Sie die Dreidimensionalität eines Bauwerks durch Licht-Schatten-Kontraste besser einfangen können. Gleiches gilt übrigens auch für die frühe Morgensonne.

Landschaft

Landschaften haben meistens einen großen Vorteil: Sie bewegen sich nicht. Also könnte man meinen, man nehme einfach die Kamera in die Hand, visiere die Landschaft bzw. einen Ausschnitt an und drücke auf den Auslöser. Tja, leider läuft es so nicht, wenn Sie vernünftige Bilder möchten und keine Nullachtfünfzehn-Massenware. Ein paar Tipps gefällig?

Ein Auge zudrücken

Wenn Sie mal wieder vor einer atemberaubenden Landschaft stehen und sich kaum noch zurückhalten können, ein paar Fotos zu schießen, atmen Sie erst mal tief durch. Halten Sie sich dann ein Auge zu. Das ist kein Witz! Denn während so manche Landschaft in der dreidimensionalen menschlichen Wahrnehmung (mit zwei Augen) toll aussieht, wirkt sie zweidimensional (mit nur einem Auge bzw. auf einem Foto) plötzlich flach, langweilig oder diffus. Suchen Sie deshalb mit nur einem Auge den Blickfang, der Sie an der landschaftlichen Ansicht gefesselt hat.

Möchten Sie vertikale Strukturen wie hier die hoch aufragenden Bäume betonen, schwenken Sie die Kamera ins Hochformat. Denn wer sagt, dass Landschaften immer im Querformat fotografiert werden müssen?

AUFNAHMEDATEN	
Brennweite	29 mm
Belichtung	1/200 sek
Blende	f11,0
ISO	100

Brennweiten variieren
Fotografieren Sie Landschaften nicht nur mit Weitwinkelbrennweiten. Denn eine ausschweifende Ansicht bedeutet auch meistens, dass viele störende Details, die Ihnen erst auf den zweiten Blick auffallen werden, mit im Bild sind. Reduzieren Sie den Blickwinkel also auch mal mit mittlerer oder langer Brennweite.

Morgenstund hat Gold im ...
Warten Sie wenn möglich auf das passende Licht. In der Landschaftsfotografie sind das meist die frühen Morgenstunden und der späte Nachmittag. Dann fällt das Sonnenlicht schräg auf die Welt und erzeugt durch viele Schatten Plastizität und Tiefe.

Immer mit Stativ
Arbeiten Sie mit Stativ. Denn wenn Sie eine Landschaft mit markantem Vordergrund von vorn bis hinten scharf abbilden möchten, muss die Blende möglichst klein sein (z. B. f11 oder f16). Das führt dazu, dass die Belichtungszeit ziemlich lang werden kann und verwacklungsfreie Fotos aus der Hand nicht mehr möglich sind. Noch besser: Verwenden Sie ein Stativ und einen Fernauslöser, um die Kamera beim Auslösen nicht berühren zu müssen.

Markantes im Blickfeld
Suchen Sie sich ein markantes Vordergrundmotiv. Denn ein seitlich positioniertes – auch noch so banales – Vordergrundmotiv, das scharf abgebildet ist, führt den Blick des Betrachters ganz automatisch ins Bild und macht die Aufnahme dadurch viel interessanter. Als Vordergrundmotiv kommt so ziemlich alles infrage: Blumen, Felsen, Denkmäler, Menschen oder ein Baum.

Grauverlaufsfilter gegen ausgebleichten Himmel
Ist der Himmel mal zu hell, verwenden Sie auch hier einen Grauverlaufsfilter. Der Filter wird vor das Objektiv geschraubt und so gedreht, dass sich die graue Tönung oben befindet. Dann bleicht der Himmel nicht aus, und man sieht auf den Bildern sogar noch ein paar Wolken (falls vorhanden).

Knackige Farben mit Polfilter
Knackig blau wird der Himmel von professionellen Landschaftsaufnahmen immer mit einem ganz besonderen Trick: dem Polarisationsfilter oder kurz Polfilter. Auch dieser Filter wird vor das Objektiv geschraubt und kann gedreht werden. Probieren Sie es, wenn Sie sich einen solchen Filter zulegen (nur zirkulare Polfilter funktionieren an digitalen Spiegelreflexkameras reibungslos), einfach aus. Sie werden schon beim Blick durch den Sucher den Effekt sehen. Kleiner Tipp: Die Wirkung ist dann am intensivsten, wenn die Sonne im 90-Grad-Winkel zur Blickrichtung der Kamera steht.

KAPITEL 10
FOTOTIPPS

Gegenlicht

Jetzt wird's wirklich anspruchsvoll – Gegenlichtaufnahmen! Befindet sich die Hauptlichtquelle (Sonne, Strahler, heller Himmel, Sonnenuntergang) hinter dem Motiv, können Sie jeden automatischen Belichtungsmesser jeder Digitalkamera vergessen. Denn das ins Objektiv fallende Licht verhindert korrekte Messungen. Also, keine Chance für perfekte Aufnahmen im Automatikmodus. Jetzt können Sie zeigen, ob Sie's draufhaben und Ihre Kamera beherrschen. Hier die Tipps der Profis:

Belichtungsmessung optimieren

Wie gesagt, die automatische Standardbelichtungsmessung (Mehrfeldmessung, Matrixmessung – je nach Kameramodell unterschiedlich) wird bei Gegenlichtbildern viel zu dunkle Aufnahmen produzieren und das Hauptmotiv in Schwärze versinken lassen. Hier hilft nur die Spotmessung, bei der die Kamera lediglich einen winzigen Teil (ca. 1 %) der Bildfläche ausmisst. Stellen Sie also die Spotmessung oder eine andere eng begrenzte Messmethode ein (siehe Kamerahandbuch) und richten Sie die Kamera exakt auf das Hauptmotiv, das im Idealfall mittlere Helligkeit hat (Haut, Asphalt, grüne Wiese). Wichtig ist, dass hierbei kein Gegenlicht im Spotmessbereich zu sehen ist. Dann wird die Kamera korrekte Werte für das Hauptmotiv ermitteln.

Mit Gegenlichtblende arbeiten

Wenn das Gegenlicht von der Sonne erzeugt wird und die Sonne relativ hoch am Himmel steht, kann es passieren, dass sie direkt ins Objektiv scheint. Das führt zu Blendenflecken, Reflexionen und Geisterbildern. Nutzen Sie deshalb immer eine Gegenlichtblende, die am Objektiv angebracht wird, um das Objektiv vor der Sonne abzuschatten.

Hohe Kontraste ausgleichen

Gegenlicht erzeugt normalerweise hohe Kontraste. Um diese Kontraste, die manchmal zu extrem ausfallen, zu mildern, können Sie an den meisten Digitalkameras den Bildkontrast über ein Kameramenü reduzieren. Sehen Sie im Kamerahandbuch nach, ob das bei Ihrer Kamera möglich ist.

Blitzlicht für Personen

Fotografieren Sie Personen im Gegenlicht, sollten Sie es auf jeden Fall auch mit Blitzlicht und normaler Belichtungsmessung probieren. Denn der Blitz hellt die ansonsten zu dunkle Person im Vordergrund auf, und Sie bekommen eine ausgewogenere Belichtung über die gesamte Bildfläche.

Gegenlicht kann man immer dazu verwenden, Bilder, die wie Schattenrisse anmuten, zu erzeugen. Die Belichtung ist knifflig, also am besten manuell ausprobieren.

AUFNAHMEDATEN	
Brennweite	170 mm
Belichtung	1/400 sek
Blende	f5,6

AUFNAHMEDATEN	
Brennweite	200 mm
Belichtung	1/30 sek
Blende	f13
ISO	200

Hier wurde eine manuelle Belichtungsreihe von fünf Aufnahmen mit unterschiedlicher Belichtung (Verschlusszeit) angefertigt. Die Blende blieb immer gleich. Eine der Aufnahmen wird schon passen.

Belichtungsreihen helfen

Wenn Sie sich beim Einstellen von Blende, Verschlusszeit und Belichtungsmessmethode nicht sicher sind, können Sie auch versuchen, über eine Belichtungsreihe zumindest eine gute Aufnahme zu erhalten. Machen Sie bei Gegenlichtaufnahmen am besten eine Belichtungsreihe, deren Einzelbilder mindestens eine, vielleicht sogar zwei Belichtungsstufen auseinanderliegen. Dann können Sie ziemlich sicher sein, wenigstens eine korrekt belichtete Aufnahme zu bekommen. Und wenn Sie fit in der Bildbearbeitung sind, können Sie die unterschiedlich belichteten Fotos sogar übereinandermontieren und die jeweils zu dunklen und zu hellen Bereiche löschen.

Sonnenauf-/Untergang

Beliebtes und häufig fotografiertes Urlaubsmotiv, leider beinahe ebenso oft langweilig inszeniert oder einfach falsch belichtet – der Sonnenuntergang. Das muss nicht sein. Wirklich. Denn so schwer sind Sonnenauf- und -untergänge nun auch nicht zu fotografieren. Blättern Sie erst mal kurz zurück und lesen Sie sich die Tipps zur Gegenlichtaufnahme noch mal durch. Das sind schon mal die Grundlagen. Dann kommen Sie wieder hierher zurück und schauen sich die speziellen Wie-fotografiere-ich-einen-Sonnenuntergang-Tipps an.

KAPITEL 10
FOTOTIPPS

Belichtungsreihen
Knifflig ist beim Sonnenuntergang aus technischer Sicht die Belichtung. Daher mein Rat: Machen Sie Belichtungsreihen mit Intervallen von ein bis zwei Belichtungsstufen. Denn bei einer Reihe von drei Bildern mit unterschiedlicher Belichtung können Sie relativ sicher sein, zumindest eine gute Aufnahme im Kasten zu haben.

Manuelle Belichtung
Sie wissen, wie man Blende und Verschlusszeit manuell einstellt? Dann verzichten Sie auf Belichtungsreihen und probieren einfach verschiedene Werte aus, bis Sie mit dem Ergebnis zufrieden sind.

Weißabgleich variieren
Die Weißabgleichsautomatik einer Digitalkamera versucht immer, farblich neutrale Bilder zu produzieren. Das ist bei einem gelb-roten Sonnenuntergang natürlich nicht gewollt. Probieren Sie deshalb lieber die Weißabgleichsvoreinstellungen z. B. für Schatten oder bewölkten Himmel aus, um das Rot des Sonnenuntergangs zu erhalten.

Nicht nur Sonne
Ein Sonnenuntergang ohne Umgebung ist ziemlich öde. Beziehen Sie die Landschaft bzw. den Vordergrund in die Bildgestaltung mit ein. Denn wenn Sie den Sonnenuntergang nicht in den Kontext einbinden, den Sie beim Fotografieren sehen und erleben, werden die Fotos sicher keine Stimmung transportieren. Und schließlich geht es doch genau darum – Stimmung.

Achten Sie bei Sonnenuntergängen immer auf die Bildgestaltung und platzieren Sie die Sonnenscheibe und den Horizont im Goldenen Schnitt oder zumindest außerhalb der Bildmitte. Das macht die Fotos spannender.

AUFNAHMEDATEN	
Brennweite	140 mm
Belichtung	1/250 sek
Blende	f5,6
ISO	200

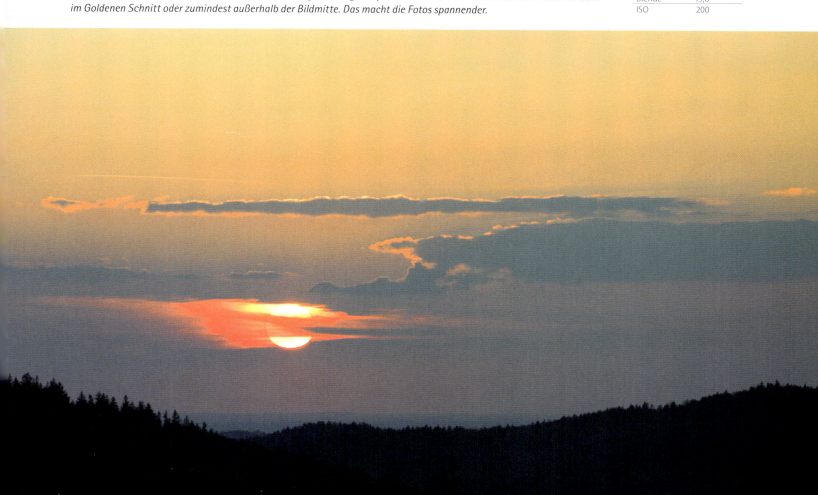

Mittlere und lange Brennweiten einsetzen

Wenn Sie die Umgebung samt unter- oder aufgehender Sonne in einem Foto perspektivisch verdichten möchten, müssen Sie mit mittlerer oder langer Brennweite arbeiten. Fotografieren Sie dagegen mit Weitwinkel, wird die Sonne nur sehr klein im Bild erscheinen. Wählen Sie mit einer längeren Brennweite lieber einen knappen Bildausschnitt und beschränken Sie sich auf das Wesentliche.

Nicht direkt in die Sonne sehen

Gerade beim Fotografieren mit langen Brennweiten (200 mm und mehr) sollten Sie sehr vorsichtig beim Ausrichten der Kamera sein. Beim Blick durch den Sucher (bei Spiegelreflexkameras) wird das Sonnenlicht gebündelt und kann, wenn die Sonne noch höher am Himmel steht, Ihre Augen schädigen. Deshalb bitte niemals bei langer Brennweite direkt in die Sonne sehen!

Glas

Wer mit dem Bus, dem Zug oder dem Flugzeug reist, sieht die Welt durch Fensterscheiben vorbeiziehen. Sitzen Sie an einem völlig verkratzten Fenster, hilft leider kein Trick, um zu guten Fotos zu kommen. Wenn Sie Glück haben und die Scheibe einigermaßen sauber und kratzerfrei ist, lassen sich auch durch Glas oder Kunststoff hindurch tolle Stimmungsbilder für die Reise-Diashow schießen – vor allem, wenn Sie fit in der Bildbearbeitung sind. Und natürlich helfen die folgenden Tipps ebenfalls dabei, exotische Tiere im Zoo hinter Glas abzulichten.

Nah ran

Gehen Sie mit dem Objektiv so nah wie möglich an die Scheibe heran. Dadurch werden Spiegelungen von Ihnen oder dem Geschehen hinter Ihnen vermieden.

Fotografieren Sie durch ein Glas oder eine Scheibe, sollte die Oberfläche absolut sauber sein. Sie würden in den meisten Fällen sonst jeden noch so kleinen Fussel oder Kratzer sehen.

KAPITEL 10
FOTOTIPPS

Polfilter gegen Reflexe und Spiegelungen

Besorgen Sie sich einen Polfilter, den Sie vor das Objektiv schrauben. Der Polfilter wird einfach so lange gedreht, bis möglichst sämtliche Reflexionen in der Scheibe verschwunden sind. Polfilter sind zwar nicht ganz billig, dafür aber nicht nur für Fotos durch Scheiben nützlich. Auch in der Landschaftsfotografie sorgen Polfilter für satte Farben und weniger störende Reflexionen.

Blitz ist tabu

Achten Sie darauf, dass Ihre Kamera nicht automatisch blitzt. Wählen Sie ein Aufnahmeprogramm, bei dem Sie bestimmen, ob es blitzt. Denn der Blitz würde in der Scheibe einen grellen Lichtpunkt erzeugen.

Getönte Scheiben – Tipp 1

Ist die Scheibe, durch die Sie fotografieren möchten, getönt oder gefärbt, kann es Probleme mit dem Weißabgleich geben. Achten Sie in diesem Fall darauf, dass Sie zumindest auf einem Ihrer Bilder etwas nahezu Weißes (eine Fassade, ein weißes Hemd) im Bild haben. Diese weiße Fläche kann später bei der Bildbearbeitung als Referenz dienen, mit der sich Farbstiche durch die getönte Scheibe korrigieren lassen.

Getönte Scheiben – Tipp 2

Noch eleganter, wenn auch mit ein wenig Hilfe, klappt die Farbkorrektur einer getönten Scheibe, wenn Sie jemanden dabeihaben, der ein weißes Blatt Papier von außen an die Scheibe halten kann. Denn dann können Sie einen manuellen Weißabgleich vornehmen (siehe Kamerahandbuch) und die Kamera so einstellen, dass sie automatisch richtige Farben aufnimmt.

Tiere

Tiere daheim, im Zoo und in freier Wildbahn sind immer ein fotografischer Hingucker, wenn die Aufnahmen gelungen sind. Wie bei vielen Motiven kann man allerdings auch hier eine Menge falsch machen. Da Sie aber vermutlich lieber wissen möchten, wie man's richtig macht, folgen ein paar handfeste Tipps und Tricks zum Thema Tierfotografie.

AUFNAHMEDATEN	
Brennweite	135 mm
Belichtung	1/500 sek
Blende	f2,8

So nah kommt man normalerweise nicht an einen Uhu heran. Das eindringliche Tierporträt entstand auf einer Vogelschau. Der Vogel saß auf dem Arm seines Besitzers, im Hintergrund sieht man noch verschwommen einen neugierigen Besucher.

Bildgestaltung durch Nähe

Tiere kann man fast ebenso wie Menschen porträtieren. Der wichtigste Aspekt – neben der Beleuchtung – ist dabei die Bildgestaltung. Konzentrieren Sie sich auf das Wesentliche und wählen Sie einen knappen Bildausschnitt. Denn oft stört zu viel „Drumherum" nur und lenkt vom Tier ab.

Blitzen für lebendige Augen

Zu welcher Tageszeit und unter welchen Lichtbedingungen auch immer – fotografieren Sie Tiere so oft es geht mit Blitz. Reduzieren Sie gegebenenfalls die Blitzleistung (siehe Kamerahandbuch), damit der Blitz im Vergleich zum natürlichen Licht nicht zu dominant wird. Das kleine, vom Blitz erzeugte Spitzlicht in den Augen macht jedes Tierporträt gleich viel lebendiger. Liegen die Augen im Dunkeln, wirken die meisten Porträts nicht.

Augenhöhe

Begeben Sie sich wenn möglich auf Augenhöhe mit dem tierischen Motiv. Denn diese Perspektive ist in den meisten Fällen ungewöhnlich und hält den Betrachter Ihrer Bilder länger gefesselt. Eine Katze aus der üblichen Perspektive von oben zu fotografieren reproduziert lediglich die übliche, alltägliche Sichtweise. Langweilig.

Bewegungen verfolgen

Wenn Sie Tiere in der Bewegung fotografieren möchten, sollten Sie so bald wie möglich anfangen zu üben. Denn ein Tier mit der Kamera zu verfolgen und dabei scharfe Fotos zu machen, ist eine ziemlich anspruchsvolle Aufgabe. Zur Unterstützung: Schalten Sie das Sportaufnahmeprogramm ein oder wählen Sie manuell eine sehr kurze Verschlusszeit vor. Falls Ihre Kamera das kann, aktivieren Sie den nachführenden Autofokus. Die Scharfeinstellung wird dann von der Kamera ständig neu justiert, damit das Motiv im Fokus bleibt.

Große Blendenöffnung

Arbeiten Sie mit großen Blendenöffnungen (z. B. f2,8 oder f4), damit der Hintergrund in Unschärfe verschwimmt. Denn nichts lenkt mehr von einem schönen Vogelporträt oder dem verträumten Blick einer Katze am Fenster ab als ein relativ scharfer, unruhiger Hintergrund.

D90 Schwarz-Weiß

Beabsichtigen Sie, mit Ihrer Nikon D90 von einem Motiv Schwarz-Weiß-Fotos anzufertigen, finden Sie im Menü *Aufnahme/Bildoptimierung konfigurieren/Monochrom* die Option *Schwarz-Weiß (B&W)*. In dieser Einstellung können auch typische Schwarz-Weiß-Filterfunktionen genutzt werden. Arbeiten Sie mit Bildern im JPEG-Format, werden diese direkt in Graustufenbilder umgewandelt und können nicht mehr farbig dargestellt werden, obwohl sie nach wie vor im RGB-Farbraum vorliegen. Beispiele für Filterwirkungen finden Sie im Kapitel zum Kameramenü *Aufnahme/Anpassungen für MC-Monochrom*.

Neben der hier vorgestellten Bildoptimierungsfunktion *Schwarz-Weiß* stehen Ihnen mit *Tonen* weitere Funktionen zur monochromen Darstellung zur Verfügung. Arbeiten Sie mit dem NEF-(RAW-)Format, erscheint zwar eine Vorschau mit den entsprechenden Anpassungen, das Bild wird jedoch immer in Farbe aufgezeichnet. Dadurch wird auch noch eine spätere Anpassung ermöglicht.

Menü Aufnahme/Bildoptimierung/Monochrom.

Bildbearbeitungsoptionen für Schwarz-Weiß-Fotos

Die D90 bietet ebenfalls die Möglichkeit, bereits in Farbe aufgenommene Fotos nachträglich in Schwarz-Weiß-Bilder umzuwandeln (Menü *Bildbearbeitung/Monochrom*). Auch eine Anpassung für *Sepia* und *Blauton* steht hier zur Verfügung. Dabei bleibt das Originalbild stets erhalten, und es wird eine Kopie erstellt. Genauere Informationen zur Vorgehensweise finden Sie im Kapitel zur Bildbearbeitung.

KAPITEL 10
FOTOTIPPS

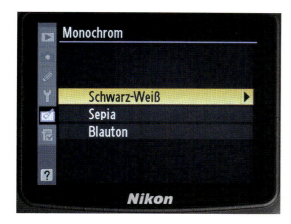

Über das Bildbearbeitungsmenü Schwarz-Weiß-Bilder erstellen.

Schwarz-Weiß – die Methode der Profis

Möchten Sie ein Farbfoto in ein Schwarz-Weiß-Foto umwandeln, ist dies mit einem entsprechenden Bildbearbeitungsprogramm wie Photoshop prinzipiell problemlos möglich. Meist reicht hierzu nur ein Mausklick. Für einen Liebhaber der Schwarz-Weiß-Fotografie ist diese Methode jedoch unzulänglich. Um aus einer Farbaufnahme ein perfektes Graustufenbild zu erzeugen, erfordert es einiges mehr.

Professionelle Fotografen wissen, dass Schwarz-Weiß-Bilder eine andere Beleuchtungssituation erfordern als Farbaufnahmen. In den meisten Fällen ist deshalb eine einfache Umsetzung von Farbe in Graustufen ohne besondere Anpassungen nicht gut genug. Während Farbaufnahmen mit geringen Beleuchtungskontrasten die besseren Ergebnisse erzielen, benötigen Schwarz-Weiß-Bilder normalerweise einen höheren Beleuchtungskontrast, wenn sie nicht einfach nur grau in grau erscheinen sollen. Es wird also sehr oft eine zusätzliche Kontrasterhöhung erforderlich sein.

In der gehobenen Schwarz-Weiß-Fotografie werden zudem noch, je nach Motiv, zusätzliche Farbfilter verwendet, um bei der Umsetzung von Farbe weitere Differenzierungen zu ermöglichen. Am bekanntesten ist hierbei der Gelbfilter. Dieser ermöglicht eine bessere Differenzierung zwischen den in der Natur häufig vorkommenden Blau- und Grüntönen, z. B. Himmel und Wiesen. Bei einer direkten Umsetzung von Farbe in Graustufen sind die Unterschiede zwischen diesen beiden Farben sehr gering, der Himmel weist unter Umständen den gleichen Grauton auf wie die Wiese.

Schwarz-Weiß-Fotos im Fotolabor ausbelichten lassen

Falls Sie Ihre schwarz-weißen Fotos in einem Fotolabor ausbelichten lassen wollen, sollten Sie den RGB-Modus beibehalten. Dies führt in der Regel zu besseren Ergebnissen. Allerdings müssen Sie immer mit einem leichten Farbstich rechnen, da auch die Graustufenbilder auf farbigem Fotopapier ausbelichtet werden. Auch die mit der Nikon D90 direkt in Schwarz-Weiß aufgenommenen Bilder liegen noch im RGB-Format vor, selbst wenn diese keine Farben mehr enthalten.

Auf Kontraste achten

Schwarz-Weiß-Bilder leben mehr noch als Farbfotos von Kontrasten, also bewusst gesteuerten Unterschieden zwischen Licht und Schatten. Der Schwarz-Weiß-Fotograf steht nun vor der Herausforderung, seine Umwelt in Helligkeitsabstufungen wahrnehmen zu müssen und sich nicht von Farben ablenken zu lassen. Die Schwierigkeit soll ein Beispiel verdeutlichen: Fotografiert man zwei farbige Fotokartons – einen in mittlerem Rot, den anderen in mittlerem Grün –, erkennt man auf einem Farbbild natürlich sofort den Unterschied. Anders in Schwarz-Weiß. Im Extremfall sind die Helligkeiten der beiden Flächen nahezu identisch. In der Praxis heißt dies, dass z. B. ein Mensch mit rotem Pulli sich kaum von einem grünen Hintergrund abhebt, wenn die Helligkeiten der beiden Farben annähernd gleich sind.

AUFNAHMEDATEN	
Brennweite	85 mm
Belichtung	1/80 sek

Strukturen wie diese Ähren tragen in einem Schwarz-Weiß-Bild viel mehr als in einem Farbfoto zur Bildgestaltung bei.

KAPITEL 10
FOTOTIPPS

Strukturen suchen

Schwarz-Weiß-Bilder leben von Kontrasten und Strukturen. Strukturen geben dem Blick des Betrachters Halt und Richtung ins Bild hinein – was nicht bedeutet, dass eine gleichförmig helle Fläche nicht auch zur gelungenen Bildgestaltung beitragen kann. Achten Sie darauf, dass sich ein Blickfang findet, dessen Strukturen das Foto dominieren. Welcher Art die Strukturen sind, ob es sich um organische (z. B. Blätter eines Baums) oder mechanische (z. B. eine Häuserfassade) handelt, spielt keine Rolle, Hauptsache, die Strukturen sind klar als Gestaltungselemente erkennbar.

Himmel verstärken

Viele schwarz-weiße Landschaftsaufnahmen beeindrucken durch den geradezu dramatischen Himmel. Weiße Wolken vor fast schwarzem Himmel – das gibt auch eher eintönigen Bildern noch einen kleinen Kick in Richtung Profibild. Um Kontraste am Himmel zu verstärken, gibt es mehrere Tricks. Natürlich sollten zunächst einmal Wolken am Himmel sein. Dann kann man mit einem Grauverlaufsfilter den Himmel abdunkeln. Der Filter wird dazu so gedreht, dass sein dunkelster Bereich den Himmel abdeckt. Eine weitere Methode ist der Einsatz eines Polfilters, der bei entsprechender Ausrichtung die Kontraste zwischen Himmelsblau und Wolken teilweise derart verstärkt, dass das Himmelsblau fast schwarz wird.

Schwierige Lichtbedingungen

Fotografieren unter den jeweils vorhandenen Lichtbedingungen ist ein Bereich der Fotografie, in dem Sie auch Ihre Nikon D90 erfolgreich einsetzen können. Dabei wird auf zusätzliche Ausleuchtungen mit Blitz- oder Kunstlicht verzichtet, um die vorhandene Atmosphäre und Stimmung möglichst unverändert einzufangen. Da dabei sehr oft auch kein Stativ benutzt wird, werden für diesen Bereich der Fotografie besonders hohe Empfindlichkeitseinstellungen und lichtstarke Objektive benötigt.

Fotografieren in dunkler Umgebung

Die D90 ist mit ihrer Empfindlichkeitseinstellung von ISO 200 bis ISO 6400 (Hi1) besonders gut dazu geeignet, in einer relativ dunklen Umgebung zu arbeiten. Dabei ist die ISO-Automatik besonders gut einsetzbar. Allerdings ist auch zu berücksichtigen, dass mit zunehmender Empfindlichkeit das Bildrauschen ansteigt. Bei der Anwendung der maximalen Empfindlichkeit von ISO 6400 (Hi1) ist dieses bereits so stark, dass sich auch gröbere Bilddetails bei einer Vergrößerung der Bilder in farbige Bildpunkte auflösen. Zudem lässt die Farbintensität ebenfalls deutlich nach.

AUFNAHMEDATEN	
Brennweite	95 mm
Belichtung	1/15 sek
Blende	f5,3
ISO	3200

Jede Menge Möglichkeiten um Fehler zu machen: dunkles Motiv, heller Hintergrund und siegelnde Flächen.

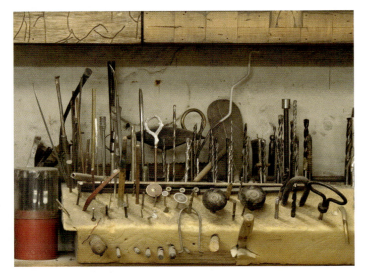

ISO 100 (Lo1), Blende 4,8, Belichtungszeit 0,6 Sekunden.

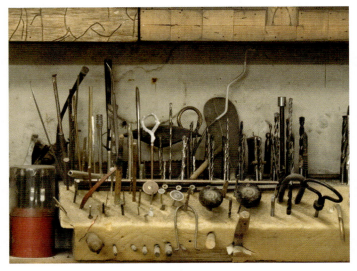

ISO 800, Blende 4,8, Belichtungszeit 1/13 Sekunde.

ISO 200, Blende 4,8, Belichtungszeit 0,3 Sekunden.

ISO 1600, Blende 4,8, Belichtungszeit 1/25 Sekunde.

ISO 400, Blende 4,8, Belichtungszeit 1/6 Sekunde.

ISO 3200, Blende 4,8, Belichtungszeit 1/50 Sekunde.

KAPITEL 10
FOTOTIPPS

ISO 6400 (Hi1), Blende 4,8, Belichtungszeit 1/100 Sekunde.

Die Aufnahmen oben und links erfolgten unmittelbar hintereinander durch Variierung der Belichtungszeit. Dabei wurden die Bilder in der Nachbearbeitung absolut identisch behandelt. Die Rauschreduzierung bei ISO+ und Langzeitbelichtung war abgeschaltet.

Der Fotograf wird demnach bemüht sein, eine möglichst geringe Empfindlichkeit für seine Aufnahmen zu verwenden. Dies erfordert jedoch in der Regel eine längere Belichtungszeit, was bei Aufnahmen aus der Hand leicht zu Verwacklungsunschärfen führt. Unschärfen, die z. B. durch Bewegung im Bild erzeugt werden, sind dagegen je nach Motiv hinnehmbar oder sogar erwünscht.

Zudem wird bei längeren Belichtungszeiten und einer niedrigeren Empfindlichkeit das Grundrauschen im Bild ebenfalls zunehmen. Ab einer Belichtungszeit von 8 Sekunden wird dieses in Abhängigkeit von der verwendeten ISO-Einstellung zunehmend sichtbar. Die einzige Lösung stellt die Verwendung von lichtstarken Objektiven dar. So kann beispielsweise ein Normalobjektiv mit 50 mm Brennweite aus dem Bereich der analogen Fotografie oder dem FX-Format mit einer hohen Anfangslichtstärke von 1,4 oder 1,8 noch relativ preisgünstig erworben werden. Dies entspricht unter Berücksichtigung des Crop-Faktors von 1,5 einer nutzbaren Brennweite von 75 mm. Ein sehr schönes Porträtobjektiv also.

VR-Objektive gleichen Verwackler aus

Eine hohe Lichtstärke bringt zudem noch einen weiteren Vorteil mit sich. Der Autofokus der D90 benötigt ebenfalls sehr viel Licht, um korrekt arbeiten zu können. Bei der Verwendung von Objektiven mit einer Anfangslichtstärke von 5,6 oder noch weniger ist eine Nutzung des Autofokus in der Available-Light-Fotografie kaum mehr möglich. Da übliche Zoomobjektive gemeinhin mit einer Anfangsöffnung von 3,5 bis 4,5 ausgestattet sind, sind diese unter ungünstigen Lichtbedingungen bereits kaum noch einsetzbar. Ein Fortschritt in dieser Hinsicht ist die Entwicklung der VR-Objektive (Objektive mit optischer Vibrationsreduzierung). Durch deren Fähigkeit, Verwacklungen mit bis zu 4 Blendenstufen ausgleichen zu können, wird das Fotografieren aus der Hand deutlich vereinfacht. Leider ist diese Funktion bislang nur bei wenigen und vorwiegend auch nur bei längeren Brennweiten vorzufinden.

Aufnahmen zur blauen Stunde

Um bei Nachtaufnahmen das vorhandene Restlicht besser auszunutzen, werden viele besonders stimmungsvolle Aufnahmen in der sogenannten blauen Stunde, also in der kurzen Zeit zwischen Tag und Nacht, aufgenommen. Dabei spielen oftmals auch die bereits eingeschalteten Lichter (z. B. Straßenleuchten, Fenster etc.) eine wichtige Rolle. Dadurch entstehende Farbverschiebungen, und diese Mischlichtsituationen können besonders reizvoll sein.

Als blaue Stunde wird die Zeit zwischen Sonnenuntergang und Nacht bezeichnet. Dabei beeinflussen die rötlichen Farben des restlichen Tageslichts oder der noch vorhandene blaue Himmel die Aufnahmen besonders intensiv. Deshalb liegt die farbige Wirkung des Bildes oftmals deutlich über dem Eindruck des Fotografen bei der Aufnahme. Da die Zeit bis zum endgültigen Sonnenuntergang jedoch sehr kurz ist, sollte der Aufnahmestandpunkt bereits im Vorfeld gewählt werden, um den richtigen Moment nicht zu verpassen.

Damit die wertvollen Aufnahmen später noch optimal angepasst werden können, ist die Verwendung der Bildaufzeichnung im RAW-Modus besonders empfehlenswert. So können der nachträgliche Weißabgleich bzw. eine Anpassung der Farbtemperatur sowie die Anpassung von Helligkeit, Kontrast und anderen Optionen besonders effektiv und qualitätserhaltend vorgenommen werden.

Aufnahmen bei völliger Dunkelheit

Um in völliger Dunkelheit zu fotografieren, ist das Benutzen eines Stativs nahezu unumgänglich. Zudem werden eine hohe Empfindlichkeit und die Verwendung von langen Belichtungszeiten erforderlich. Lichtquellen im Bild stechen besonders hervor und bringen eine Farbigkeit ins Bild, die mit bloßem Auge kaum wahrzunehmen ist. Auch regennasse Straßen, Nebel und bewegte Lichter können wunderbare Effekte erzeugen.

Bei der Verwendung eines Stativs ist auch der Einsatz eines Fernauslösers absolut sinnvoll, da ansonsten die Gefahr der unbeabsichtigten Verwacklung durch manuelles Betätigen des Auslösers zunimmt. Für die D90 benötigen Sie dazu den Infrarotfernauslöser DL-L3 oder den Kabelfernauslöser MC-DC2.

Notfalls kann auch der Selbstauslöser zu Hilfe kommen. Um die Gefahr von Unschärfen durch Windeinfluss zu verringern, empfiehlt es sich möglicherweise ebenfalls, den Umhängegurt an der Kamera zu entfernen.

Aufnahmen, die bei völliger Dunkelheit erstellt wurden, erfordern häufig noch eine digitale Nachbearbeitung. Deshalb ist unbedingt die Verwendung

Aufnahme zur blauen Stunde.

AUFNAHMEDATEN	
Belichtung	2 sek
Blende	f8
ISO	200

KAPITEL 10
FOTOTIPPS

Nachtaufnahme mit einem Stativ.

des RAW-Formats zu empfehlen, damit kann eine Anpassung der Aufnahmen bereits im RAW-Konverter am schonendsten vorgenommen werden.

Individueller Weißabgleich

Nächtliche Lichter und Lampen erzeugen zum Teil völlig unterschiedliche Lichtfarben. Das heißt, der automatische Weißabgleich Ihrer Kamera hat wirklich zu kämpfen. Besser wäre es, wenn Sie ein paar Probeaufnahmen mit unterschiedlichem Weißabgleich machten (siehe Kamerahandbuch) und sich dann für die stimmungsvollste Variante entschieden.

Vordergrund anblitzen

Manchmal kann es kann hübsch aussehen, wenn Sie ein markantes Vordergrundmotiv mit dem Blitz ausleuchten. Allerdings sollten Sie dann mit langer Verschlusszeit (am besten im Modus *A* oder *Av* – Blendenvorwahl) fotografieren, damit der Hintergrund nicht völlig schwarz wird. Stellen Sie als Blende z. B. 4 ein, die Kamera wählt dann die Verschlusszeit automatisch. Auch hier gilt wieder: immer mit Stativ arbeiten, weil die Verschlusszeit lang ist und die Bilder sonst verwackeln.

AUFNAHMEDATEN	
Belichtung	1/30 sek
Blende	f4,5
ISO	320

Dieselbe Aufnahme vor (oben) und nach der Nachbearbeitung.

Blitzen auf den zweiten Verschlussvorhang

Wenn Sie Fahrzeuge in der Nacht fotografieren, erzeugen die Scheinwerfer Lichtspuren. Blitzen Sie die Fahrzeuge zusätzlich an, um sie sichtbar zu machen, muss der Blitzmodus *Blitzen auf den 2. Verschlussvorhang* eingestellt sein (siehe Kamerahandbuch). Dann leuchtet der Blitz erst am Schluss der Belichtungszeit auf, und im Bild ist die Leuchtspur hinter dem Fahrzeug zu sehen.

Besser mit Weitwinkelbrennweite

Weitwinkelaufnahmen sind nicht so anfällig für das Verwackeln wie Teleaufnahmen. Wenn möglich, arbeiten Sie daher mit Weitwinkelbrennweiten.

Hoher Kontrastumfang

Bilder mit hohem Kontrastumfang, HDR-Bilder, verwenden den 32-Bit-Modus und können dadurch den gesamten sichtbaren Bereich eines Bildes umfassen. HDR ist die Abkürzung für den englischen Begriff „High Dynamic Range", zu Deutsch „Hoher Dynamikumfang". Das menschliche Auge kann sich zwar an verschiedene Helligkeiten der Umgebung anpassen, den gesamten Helligkeitsumfang aber nicht auf einmal erfassen. Auch eine normale fotografische Aufnahme enthält immer nur einen Teil des sichtbaren Bereichs. Zu große Helligkeitsunterschiede (Kontraste) werden nicht mehr aufgezeichnet. Damit ein HDR-Bild entsprechend unseren Vorstellungen sichtbar gemacht werden kann, wird zur Bildausgabe eine Beschneidung der darin enthaltenen Informationen vorgenommen.

High und Low Dynamic Range

Wer mit seiner Kamera Fotos schießt, macht LDR-Bilder (Low Dynamic Range), also Bilder mit niedrigem Dynamikumfang. Normale Digitalkameras sind nicht in der Lage, auf Knopfdruck HDR-Fotos zu machen, der Sensor unterliegt Beschränkungen bezüglich des Erfassens von realen Kontrasten. Die Farbtiefe in Bit angegeben, ermöglicht dabei nur die Einteilung in feine Abstufungen, der Dynamik- oder Kontrastumfang ist auch bei einer hohen Farbtiefe von 12 oder 16 Bit davon nicht betroffen. Entweder lassen sich 8-Bit-Fotos im JPEG-Format oder 16-Bit-Fotos über das RAW-Format und die anschließende Konvertierung machen. Die D90 erstellt dabei im RAW-Format Bilder mit 12 Bit, die anschließend zur weiteren Bearbeitung in das 16-Bit-Format übernommen werden können.

8-Bit-Bilder

Bei einem 8-Bit-Bild erhält jeder einzelne Bildpunkt pro Farbkanal (Rot, Grün, Blau) jeweils 8 Bit an Informationen (24 Bit pro Bildpunkt). Das bedeutet, pro Farbkanal können jeweils 256 Helligkeitsabstufungen erfasst werden. Insgesamt kann dadurch jeder Bildpunkt ca. 16 Millionen Farben (3 Farbkanäle, 256 x 256 x 256) annehmen.

16-Bit-Bilder

Bei einem 16-Bit-Bild wird jeder Farbkanal nicht nur über 256 Helligkeitsabstufungen, sondern über 65.536 Abstufungen beschrieben (48 Bit pro Pixel). Das heißt in der Praxis, ein 16-Bit-Bild könnte theoretisch einen Kontrastumfang von 65.536:1 enthalten. Da aber der Digitalkamerasensor einen Dynamikumfang von lediglich ca. 400:1 nutzbar macht, erhält man mit der Entwicklung eines RAW-Bildes in eine 16-Bit-Datei lediglich präzisere Bilddetails, nicht aber mehr Kontraste. Auch ein 16-Bit-Bild ist zunächst einmal nur ein LDR-Foto.

HDR-Bilder mit der Nikon D90

Um mit Ihrer D90 ein 32-Bit-HDR-Bild zu erzeugen, fotografieren Sie mehrere Teilaufnahmen desselben Motivs mit unterschiedlichen Belichtungseinstellungen. Dazu benötigen Sie ein Stativ, und das fotografierte Objekt darf sich nicht bewegen. Die Teilaufnahmen sollten die hellsten und die dunkelsten Stellen mit allen darin enthaltenen Informationen (Durchzeichnung der Details) enthalten. Diese Teilbilder werden dann in einer Software zu einem Gesamtbild, dem HDR-Bild, im 32-Bit-Modus montiert. Sie erstellen dadurch eine Art digitales Negativ, das je nach Ausarbeitung bzw. Wiedergabeeinstellungen sehr unterschiedlich ausfallen kann.

Verändern Sie zur Helligkeitsanpassung nur die Belichtungszeiten mit gleichbleibendem Blendenwert. Bei unterschiedlichen Blendenwerten verändert sich die Schärfentiefe der Teilbilder, und dies macht eine realistische Montage unmöglich. Zur optischen Darstellung, z. B. auf dem Monitor oder im Druck, müssen die HDR-Bilder wieder in den 16- oder 8-Bit-Modus zurückgesetzt werden. Dabei ist durch die Steuerung der Belichtung/Ausarbeitung das Bild individuell anpassbar. Da das Aussehen von HDR-Bildern für unsere Sehgewohnheiten sehr ungewöhnlich ist, können solche Bilder auch leicht abstrakt wirken.

Ablauf der Produktion einer HDR-Aufnahme

Das folgende Beispiel zeigt den typischen Ablauf einer HDR-Bilderzeugung; hierbei werden vier unterschiedlich belichtete Aufnahmen erstellt.

Probeaufnahmen anfertigen

Wenn Sie vor einem Motiv mit großem Tonwertumfang stehen, das Sie gern als HDR-Aufnahme sehen möchten, bauen Sie zunächst Ihre Kamera samt Stativ im Sinne guter Bildgestaltung auf. Wählen Sie den richtigen Bildausschnitt und machen Sie eine Probeaufnahme mit den von der Kamera ermittelten Belichtungswerten.

Belichtung und Blende einstellen

Fotografieren Sie am besten mit dem manuellen Belichtungsprogramm und stellen Sie die für die gewünschte Schärfentiefe notwendige Blende ein. Achten Sie darauf, dass der Blendenwert nun nicht mehr verändert wird. Wählen Sie entsprechend der Belichtungsstufenanzeige im Display oder auf dem Monitor eine passende Verschlusszeit.

Tonwertverteilung kontrollieren

Kontrollieren Sie die Probeaufnahme auf dem Monitor. Verwenden Sie auch das von den meisten Digitalkameras angebotene Histogramm zur Kontrolle der Tonwertverteilung.

Start einer Belichtungsreihe

Haben Sie die Blende-Verschlusszeit-Kombination gefunden, die die mittleren Tonwerte perfekt erfasst, starten Sie nun eine Belichtungsreihe. Je nach Tonwertumfang des Motivs sind ca. drei bis sechs Variationen mit unterschiedlichen Verschlusszeiten notwendig, um das gesamte Tonwertspektrum von den dunkelsten bis zu den hellsten Bereichen zu erfassen.

**KAPITEL 10
FOTOTIPPS**

FAKTOREN FÜR BESTE ERGEBNISSE

Die besten Ergebnisse erzielen Sie in der Regel durch drei bis fünf Teilaufnahmen mit einem Helligkeitsunterschied von jeweils 2 Lichtwerten (1 EV oder Lichtwert entspricht jeweils einer Zeitstufe, z. B. von 1/60 auf 1/125 Sekunde). Die Aufnahmen müssen (deutlich!) unterschiedlich belichtet sein, um den tatsächlichen Dynamikumfang einer Szene komplett zu erfassen. Damit die Einzelbilder möglichst exakt übereinstimmen, müssen Sie mit einem Stativ fotografieren. Bei der Belichtungsreihe muss die Blende gleich bleiben, während die Verschlusszeit variiert wird. Die Veränderung der Blende würde zu unterschiedlicher Schärfentiefe in den Bildern führen, was das Resultat verschwimmen ließe.

Fotografieren Sie in Intervallen von jeweils zwei Belichtungsschritten (2 EV). Beginnen Sie also z. B. mit 1/2 Sekunde und erhöhen Sie die Verschlusszeit dann auf 1/8 Sekunde, 1/30 Sekunde, 1/125 Sekunde etc. Wer es besonders genau nimmt, arbeitet mit Intervallen von einem Belichtungsschritt (1 EV), muss dann aber auch doppelt so viele Bilder schießen und verarbeiten. In der Regel sind so kleine Intervalle nicht notwendig. Kontrollieren Sie das hellste bzw. das dunkelste der Bilder auf dem Display. Im hellsten Bild (längste Verschlusszeit) sollten die dunkelsten Motivteile perfekt belichtet sein, im dunkelsten Bild (kürzeste Verschlusszeit) müssen die hellsten Bildstellen korrekt gezeigt werden. Bei der Kontrolle hilft auch wieder das Histogramm.

VERWACKLER SIND GIFT

Um eine brauchbare Belichtungsreihe zu schießen, die zu einem HDR-Bild kombiniert werden kann, sollten Sie so penibel wie möglich beim Betätigen der Kamera vorgehen. Selbst wenn nur ein Einzelbild verwackelt ist, führt die Kombination der Fotos wahrscheinlich zu „matschigen" HDRs. Verwenden Sie daher bei längeren Belichtungszeiten auf jeden Fall ein stabiles Stativ und einen Fern- oder Selbstauslöser. Und wenn Sie mit einer digitalen Spiegelreflexkamera arbeiten, informieren Sie sich im Kamerahandbuch darüber, ob Ihre Kamera die Spiegelvorauslösung unterstützt. Dabei wird der Schwingspiegel vor der eigentlichen Aufnahme hochgeklappt, um Vibrationen durch den schweren Spiegel zu verhindern. Und noch ein Tipp für unverwackelte Bilder: Falls Sie draußen fotografieren, achten Sie auf den Wind! Schützen Sie Ihre Kamera vor Böen und montieren Sie den Kameragurt ab. Pendelt der Gurt hin und her, führt das ebenfalls schnell zu Verwacklungen.

INDEX

Symbole
16-Bit-Bild 274
3D-Colormatrixmessung 132
8-Bit-Bild 274

A
Abbildungsfehler 197
Adobe Digital Negative Converter 243
Adobe Photoshop CS4 28
Adobe RGB 31, 77
AF 194
AF-D 194
AF-G 194
AF-Hilfslicht 34, 39, 124, 153
AF-I 194
AF-S 194
AI 194
AI-S 194
Akku 17
Aktives D-Lighting 20, 77
Allroundzoom 182
Antialiasing 23
APS-Film 174
Architektur 258
ASP 194
Aufhellblitz 253
Aufnahme 256
Aufnahmeeinstellungen 47
Aufnahmekonfiguration 62
Aufnahmemenü 66
Aufnahmeprogramme 35, 39
Auslöser 34
Außenreinigung 205
Autofokus 19, 38, 118
    Einzelautofokus 120
    in der Praxis 122
    kontinuierlicher 120
    Messfeldsteuerung 120
    Messzellenanordnung 118
    Phasendifferenzmessung 119
    Problem und Lösung 124

Autofokusmesswertspeicher 120, 123
Automatische Messfeldgruppierung 121
Automatischer Weißabgleich 103
AWL-Blitzsteuerung 156

B
Bajonettanschluss 175
Bajonettfassung 179
Balgengeräte 179, 210
Batteriehandgriff MB-D80 211
Batterien 18
Bayer-Filter 22
Bedeckter Himmel 102
Bedienelemente 32
Beleuchtungsbeispiele 156
Belichtung 255
    beurteilen 142
    kontrollieren 142
Belichtungskorrekturen 136
Belichtungsmesser 131, 140
Belichtungsmesswerte 44
Belichtungsmesswertspeicher 38
Belichtungsprogramme 39
Belichtungsreihen 139, 262, 263
Belichtungsskala 41
Belichtungssteuerung 130
    3D-Colormatrixmessung 132
    Belichtungszeit 133
    Blendenautomatik 133
    Messwertspeicher 138
    mittenbetonte Messung 132
    Spotmessung 132
    Tonwerte 131
    Zeitautomatik 134
Belichtungszeit 40, 133
Benutzerdefiniertes Menü 97
Betriebsartenwähler 17
Bewegung 254
    einfrieren 256
    festhalten 255
Bildbearbeitung 88

Bildbeurteilung 29
Bilder
    übertragen 225
    wiederherstellen 218
Bildgröße 72
Bildinformationen 141
Bildmontage 94
Bildoptimierung 256
Bildpunkte 22
Bildrauschen 26
Bildrauschen reduzieren 25
Bildschärfe 27, 67
Bildstabilisator 152
Bildverzeichnis 55
Blauer Himmel 102
Blaue Stunde 271
Blende 40, 195
Blendenautomatik 40, 133
Blendenberechnung 161
Blendeneinstellung 143
Blendenflecken 261
Blendenstufe 131
Blitz aus 39
Blitzbelichtungskorrektur 160
Blitzbelichtungsmesswertspeicher 153
Blitzbelichtungsreihen 139
Blitzgerät
    Blitzfunktionen 151
    externes 152
    integriertes 150
    konfigurieren 159
    Nikon SB-600 154
    Nikon SB-800 152
    SB-R200 155
    SU-800 155
Blitzlicht 150, 253, 256
Blitzsteuerung 20
Blitzsynchronisation 158
Blitzsynchronzeit 20, 158
Blitztechniken 163
Blooming 21, 30

Bokeh 196
Brennweite 174, 196
Bubble Jet Direct 65
bulb 20

C

Camera Control Pro 2 229
Capture NX 231
Chromatische Aberration 198
CLS-Blitzsystem 214
Color-Blooming 26
CPU 194
CPU-Objektiv 25
CRC 194
Crop-Faktor 173

D

D-Lighting 89
Dateiformate 30
Datensicherung 219
Datenübertragung 212
DC 194
DC-Objektive 197
Dead-Pixel 24
Diashow 20, 64
Diffusorkalotte 140
Dioptrienokularlinsen 19
Display 49
Displayschutzblende 206
Distorsion 197
DNG-Format 243
DPOF 65
Druckauftrag 64
Dunkelrauschen 24
Dunkle Umgebung 269
Dunst 102
DX 194
DX-Format 173
DX-Telezoom 186
Dynamikumfang 27, 29
Dynamische Messfeldsteuerung 121

INDEX

E

E 194
Eclipse 208
ED 194, 198
Einstellebene 178
Einstellrad 41
Einzelautofokus 120
Einzelbilddarstellung 54
Einzelbildwiedergabe 20
Einzelfeldsteuerung 121
Elektronenblitz 102, 103
Empfindlichkeitsbereich 20
Erster Verschlussvorhang 158
EV 29
Exif-Daten 233, 236
EXPEED-Prozessor 21
Exposure Value. *Siehe* EV

F

Farbfilter 267
Farbfilterfolien 163
Farbinterpolation 22
Farbkanal 274
Farbkeile 212
Farbkontrast 28
Farbraum 226
    Adobe RGB 31
    sRGB 31
Farbräume 77
Farbsättigung 28
Farbtemperatur messen 102
Farbtemperaturübertragung 153
Fernauslöser 272, 275
Fernsteuerung 211, 229
Fernsteuerung für Blitzgeräte 214
Festbrennweiten 176
Feuchtigkeit 205
Filmen 45
Filmsequenzen 45
Fisheye-Objektive 177, 192
Fokusindikator 52
Fokusmessfeldwahl 122
Fokuspunkte 51
Formatieren 86
Fotokoffer 215
Fotozubehör 204, 209
    Balgengerät 210
    Batteriehandgriff 211
    Farbkeile 212
    Fernsteuerung für Blitzgeräte 214
    Fotokoffer 215
    Graukarten 212
    Netzadapter 210
    Rucksäcke 215
    Speicherkarten 215
    Stative 213
    Taschen 215
    USB-Kabel 212
    Weißabgleichsfilter 212
    Zwischenringe 210
Foveon-Sensor 23
Freier Arbeitsabstand 178
Frontlinse 178, 205
Funktionswählrad 35

G

Gebäude 258
Gegenlicht 261
Gegenlichtblenden 179, 261
Geisterbilder 261
Gelbfilter 267
Getönte Scheiben 265
Glas 264
Glasvergütung 175
Glühlampe 102
GPS-Empfänger 88
Graukarten 104, 212
Grauverlaufsfilter 259, 260

H

Halogenlampe 102
Handbelichtungsmesser 140
Hauttöne 39
HD-fähiges Fernsehgerät 45
HD-Filmsequenzen 45
HD-Movie-Funktion 18
HDMI-Format 87
HDMI-Gerät anschließen 44
HDMI-Kabel 46
HDMI-Schnittstelle 45
HDR-Bilder 274
    Belichtung 275
    Belichtungsreihe 275
    Bildausschnitt 275
    Blende einstellen 275
    Fernauslöser 275
    für beste Ergebnisse 275
    mit der D90 274
    Selbstauslöser 275
    Stativ 275
    Tonwertverteilung 275
    Verwackler 275
Helligkeitsregelung 20
Histogramm 20, 54, 55, 142, 275
Hot-Pixel 24

I

i-TTL-Aufhellblitz 151
i-TTL-Steuerung 153
ICC-Profil 30
IF 194
Indexansicht 20, 55
Individualfunktionen 80
IPTC-Daten 226, 235
ISO-Automatik 20, 135
ISO-Einstellung 26
ISO-Einstellung, dunkle Umgebung 269
ISO-Empfindlichkeit 20, 74

J

JPEG-Format 31
JPEG Basic 30
JPEG Fine 30
JPEG Normal 30

K

Kameramenü 19
Kamerapflege 204
    Außenreinigung 205
    Displayschutzblende 206
    Frontlinse 205
    Gummiblasebalg 207
    Innenreinigung 207
    Kameramonitor 206
    Kratzer entfernen 206
    Nässe 206
    Pressluft 205
    Regenschutz 207
    Schwingspiegel 207
    Sensorreinigung 207
    Silikagel 205
    Staub 206
Kamerawasserwaage 214
Kelvin 102, 107
Kerzenlicht 102
Kinder 251
Kit
    AF-S DX NIKKOR 16-85 mm 16
    AF-S DX NIKKOR 18-105 mm 16
    AF-S DX NIKKOR 18-200 mm 16
Klares Nordlicht 102
Klemmfassung 179
Kondenswasser 205, 206
Kontinuierlicher Autofokus 120

L

Ladungsrauschen 24
Lampenstative 213

INDEX

Landschaften 39, 259
Langzeitaufnahmen 26
Langzeitbelichtungen 39
Langzeitsynchronisation 158
LDR-Bilder 274
Leitzahl 20, 152
Lichter 55
Lichtmenge 131
Lichtstärke 195
Lichtwert 20, 29, 131
Live-View 206
Live-View-Modus 44
Lv-Taste 45

M
M/A 194
Makro 249
    Aufheller verwenden 249
    Fernauslöser 250
    kleine Blenden 249
    manuell fokussieren 249
Makroaufnahmen 229
Makroobjektive 177, 190
Manuelle Belichtungskorrektur 40
Manuelle Belichtungssteuerung 134
Manuelle Belichtungszeit 40
Manueller Weißabgleich 103
Master-Blitz 156
Matrixmessung 40, 136
Medical 194
Mehrfachbelichtung 79
Messfeldauswahl 44
Messfeldgröße 122
Messfeldsteuerung 120
Messwertspeicher 105
Messzellenanordnung 118
Metadaten 54
MF 194
Micro 194
Micro-Objektive 177
Micro-PC-Objektiv 178

Mired 107
Mischlichtsituationen 109
Mittenbetonte Messung 132
Mittleres Tageslicht 102
Mitziehen 256
Mitziehen und Blitzen 257
Mobile Datenspeicher 216
Monitor
    Ansichten 47
    Bildpunkte 20
    Einstellungen 47
Motivhelligkeit 131
Motivkontrast 131
MultiCAM 1000 118
Multifunktionswähler 17, 42

N
N (Vergütung) 195
Nachführender Autofokus 254
Nachtaufnahmen 269, 271
Nachtporträt 40
Nahaufnahme/Makro 39
Nahlinsen 179
Nanokristalle 175
Nässe 206
Nebel 102
NEF (RAW) 30
NEF-Daten entwickeln 237
NEF-Format 31, 94
Netzadapter 210
NIC 195
NIKKOR 195
Nikon 172
    Abkürzungen 179, 193
    Objektive 174
Nikon-F-Bajonett 175
Nikon-Software 224
    Camera Control Pro 2 229
    Capture NX 231
    Nikon Transfer 225
    Registrierung 225
    ViewNX 226

Nikon-System 173
Nikon Capture NX 192
Nikon Capture NX 2 238
Normalobjektive 176
Nylonpinsel 209

O
Objektive 172
    Abkürzungen 193
    AF-Objektive 174
    AF-S DX 18-135 184
    AF-S DX NIKKOR 16-85 182
    AF-S DX VR Zoom-NIKKOR 55-200 186
    AF-S DX Zoom-NIKKOR 12-24 181
    AF-S DX Zoom-NIKKOR 17-55 182
    AF-S MICRO NIKKOR 60 190
    AF-S VR MICRO-NIKKOR 105 190
    AF-S VR NIKKOR 200 187
    AF-S VR NIKKOR 400 189
    AF-S VR Zoom-NIKKOR 24-120 186
    AF DX Fisheye-NIKKOR 10,5 192
    ältere Objektive 173
    Balgengeräte 179
    DC-Objektive 197
    Festbrennweiten 176
    Fisheye-Objektive 177
    Gegenlichtblenden 179
    Makroobjektive 177
    mechanischer Blendenring 174
    Micro-Objektive 177
    Nahlinsen 179
    Nikon-F-Bajonett 175
    Nikon-Objektive 180
    Nikon D90 173
    Normalobjektive 176
    PC-E NIKKOR 24 191
    Schärfeleistung 27
    Siemensstern 27
    Telekonverter 192
    Teleobjektive 176
    testen 27
    VR-Einheit 176
    Weitwinkelobjektive 176
    Zoomobjektive 177
    Zwischenringe 179
OK-Taste 17
Optische Aufheller 110
Optische Vibrationsreduzierung 271
Ordner 78

P
PC 195
Perspektive 191, 196, 251, 258
Phasendifferenzmessung 119
PictBridge 65
Pictmotion 64
Polfilter 260, 265
Porträt 39
Porträts 250
    Telebrennweiten 251
    unscharfer Hintergrund 250
Programmautomatik 40
Programmverschiebung 40
Programmwahlrad 17

R
Randreserve 19
Rauschfilter 25
Rauschreduzierung 77
RAW-Daten
    entwickeln 237
    Nikon Capture NX 238
RAW-Format 31
Referenzdaten 25
Reflektor 164
Reflex 195
Reflexionen 261
RF 195
Rote-Augen-Effekt 160
Rucksäcke 215

INDEX

S

SB-600 154
SB-800 152
SB-900 150, 151, 154
SB-R200 155
Schärfe 27
Schärfeindikator 119
Schärfeleistung 27
Schärfentiefe 143, 144, 178, 196
Scharfstellung 119
Scheiben 264
Schlitzverschluss 20
Schraubfassung 179
Schwarz-Weiß-Fotografie 267
Schwarz-Weiß-Fotos
    ausbelichten lassen 267
    Methode der Profis 267
    Methode Photoshop 267
    mit der D90 266
Schwarzlichtleuchte 110
Selbstauslöser 275
Sensor 131
    CCD 21
    CMOS 21, 174
    Dynamikumfang 29
    Foveon 23
    Funktionsweise 22
    klebriger Schmutz 208
    Lebensdauer 26
    manuell reinigen 208
    Referenzbild 24
    reinigen 207
    Schlieren 208
    Sensoreinheit 21
    Sensorrauschen 24
    Staub 208
    versus Film 23
Sensor-Brush 209
Sensor-Clean 208
Sensor-Swabs 208
Sensorrauschen 24
Sensorreinigung 19
    manuell 208
    Reinigungsmittel 208
    Sensor-Swabs 208
    Staubpartikel 207
    Vibration 207
Serienbildfunktion 19
Serienblitzaufnahmen 162
SIC 195
Siemensstern 27
Signal-Clipping 28
Silikagel 205
Slave-Blitz 156
Smear-Away 209
Smearing 30
Software-CD 17
Sonnenaufgang 262
Sonnenuntergang 262
Speck-Grabber 209
Speicherkarte 18
Spezialobjektiv 191
Sphärische Aberration 198
Spiegelreflexkamera 175
Spiegelteleobjektiv 197
Sport 39, 254
    große Blende 255
    Serienaufnahmen 255
Spotmessung 132
Spotmeter 140
sRGB 31, 77
Stativ 39
    Kamerawasserwaage 214
    Kugelkopf 213
    Lampenstativ 213
    Stativkopf 213
    testen 213
Staub 206

Staubentfernung 25
Steckfassung 179
Stroboskopblitztechnik 165
Stromversorgung 18
Studioblitzanlagen 157
Stürzende Linien 258
SU-800 155
Sucheransichten 51
Sucherokularverschluss 210
Super-ED 198
Superteleobjektiv 189
SWM 195
Systemmenü 86

T
Tabletop 229
Taschen 215
Telekonverter 177, 192
Teleobjektive 187, 196
Telezoomobjektiv 184
Tiefenschärfe 144
Tiefpassfilter 23
Tiere 265
Tierfotografie 229
TIFF-Format 31
Tonwertabstufungen 131
Trageriemen 18
Transfer 225

U
Universalzoomobjektiv 182
Unscharf maskieren 27
Unterbelichtungen 103
USB-Kabel 225
USB-Kartenleser 18
UV-Filter 205
UV-Lampen 110

V
Verschlusszeit 255
Verwacklungen 39
Verzeichnung 197
Videoeinstellungen 45, 79
Videokabel 66
ViewNX 226
Vignettierung 198
VR 195
VR-Einheit 176
VR-Objektive 271
VRII 195

W
Wanderblitztechnik 166
Wasser 255
Weißabgleich 72, 102
    Adobe Photoshop 108
    automatischer 103
    Einstellungen 106
    Feinabstimmung 107
    JPEG-Bilder 108
    manueller 103
    Messwertspeicher 105
    Mischlichtsituationen 109
    RAW-Bilder 107
    Schwarzlichtleuchte 110
    TIFF-Bilder 108
Weißabgleichsfilter 212
Weitwinkelobjektive 176, 196
Weitwinkelzoomobjektiv 181
Wiedergabemenü 63
Wischeffekte 256

X
XMP-Dateien 243
XMP-Format 234

INDEX

Z

Zeit-Blende-Kombination 131
Zeitautomatik 40
Zentrierfehler 199
Zoomeffekte 256
Zoomobjektive 177, 186
Zubehör 209
    Balgengerät 210
    Batteriehandgriff 211
    Farbkeile 212
    Fernsteuerung für Blitzgeräte 214
    Fotokoffer 215
    Graukarten 212
    Netzadapter 210
    Rucksäcke 215
    Speicherkarten 215
    Stative 213
    Taschen 215
    USB-Kabel 212
    Weißabgleichsfilter 212
    Zwischenringe 210
Zubehöranschluss 18
Zweiter Verschlussvorhang 274
Zwischenringe 179, 210

BILDNACHWEIS

1
- Klaus Kindermann
- Nikon Deutschland
- SanDisk Corporation
- Panasonic Deutschland
- Klaus Kindermann

2
- Nikon Deutschland
- Klaus Kindermann

3
- MEV Verlag
- Klaus Kindermann

4
- MEV Verlag
- Klaus Kindermann

5
- Nikon Deutschland
- MEV Verlag
- Klaus Kindermann

6
- Nikon Deutschland
- Klaus Kindermann

7
- Nikon Deutschland
- Klaus Kindermann

8
- Nikon Deutschland
- Klaus Kindermann
- SanDisk Corporation
- Epson Deutschland

9
- Klaus Kindermann

10
- Christian Haasz
- Klaus Kindermann